José Pedro Da Ros

Ecoturismo de conocimiento / turismo científico

José Pedro Da Ros

Ecoturismo de conocimiento / turismo científico

**posibilidad sostenible de la universisdad pública
para áreas protegidas brasileñas**

Editorial Académica Española

Imprint
Any brand names and product names mentioned in this book are subject to trademark, brand or patent protection and are trademarks or registered trademarks of their respective holders. The use of brand names, product names, common names, trade names, product descriptions etc. even without a particular marking in this work is in no way to be construed to mean that such names may be regarded as unrestricted in respect of trademark and brand protection legislation and could thus be used by anyone.

Cover image: www.ingimage.com

Publisher:
Editorial Académica Española
is a trademark of
Dodo Books Indian Ocean Ltd. and OmniScriptum S.R.L publishing group

120 High Road, East Finchley, London, N2 9ED, United Kingdom
Str. Armeneasca 28/1, office 1, Chisinau MD-2012, Republic of Moldova, Europe
Managing Directors: Ieva Konstantinova, Victoria Ursu
info@omniscriptum.com

Printed at: see last page
ISBN: 978-620-0-04063-3

A mis padres, Sílvia y Marco, por hacer lo posible para el éxito de sus hijos.

A Tatiana y Giovanna por lo apoyo y comprensión en la lucha diaria.

A mi director de tesis Enrique por la paciencia y sabiduría.

ÍNDICE

GLOSARIO DE SIGLAS Y ABREVIATURAS

AAGEMAM - Associação de Guias e Auxiliares de Ecoturismo
ABONG - Associação Brasileira de Organizações Não Governamentais
ACVCV - Associação dos Condutores de Visitantes da Chapada dos Veadeiros
AMB - Articulação de Mulheres Brasileiras
AMLD - Associação Mico-Leão-Dourado
APA - Área de Proteção Ambiental
ARPA - Projeto Áreas Protegidas da Amazônia
ASJOR - Associação de Moradores de São Jorge
ASPAC - Associação de Silves pela Preservação Ambiental e Cultural
BID - Banco Interamericano de Desenvolvimento
BINGOs - *Big International Non Governamental Organizations*
C&T - Ciência e Tecnologia
CBTS - Conselho Brasileiro de Turismo Sustentável
CEA - Centro de Educação Ambiental
CEPAM - Centro de Estudos e Pesquisas de Administração
CEU - Centro Excursionista Universitário
CI-Br (ou CI) - Conservação Internacional – Brasil
CNPq - Conselho Nacional de Desenvolvimento Científico e Tecnológico
COMTUR - Conselho Municipal de Turismo
CONECOTUR - Congresso Nacional de Ecoturismo
COPPE - Coordenação dos Programas de Pós-graduação em Engenharia
COPs - Conferências das Partes da Convenção-Quadro das Nações Unidas sobre Mudança do Clima
CPI - Comissão Parlamentar de Inquérito
CR - *Conflict Resolution*
CRN - Casa Renascer
CT - *Conflict Transformation*
CTI - Centro de Trabalho Indigenista
ECOPORÉ - Ação Ecológica Guaporé
Ecoturismo-Br - Rede Brasileira de Ecoturismo
EcoUC - Encontro Interdisciplinar de Ecoturismo em Unidades de Conservação
EMAE – Empresa Metropolitana de Água e Energia S/A
EMBRATUR – Instituto Brasileiro de Turismo
EWI - *Earthwatch Institute*
FAPERJ -Fundação de Amparo a Pesquisa do Estado do Rio de Janeiro
FBOMS - Fórum Brasileiro de ONGs e Movimentos Sociais para o Meio Ambiente e o Desenvolvimento
FLONA - Floresta Nacional
FRN (ou RN) - Fazenda Rio Negro
FUNBIO - Fundo Brasileiro para a Biodiversidade
FUNDHAM - Fundação Museu do Homem Americano
FVA - Fundação Vitória Amazônica
IAD – *Institutional Analysis and Development*
IBAMA - Instituto Brasileiro do Meio Ambiente e Recursos Naturais Renováveis
IBJ - Instituto Baleia Jubarte
ICMBio – Instituto Chico Mendes de Conservação da Biodiversidade
IDSM - Instituto de Desenvolvimento Sustentável Mamirauá
IESB - Instituto de Estudos Socioambientais do Sul da Bahia

IF - Instituto Florestal
ING ONG - Instituto Ing Ong de Planejamento Socioambiental
IPCC - Painel Intergovernamental sobre Mudanças Climáticas
IPÊ - Instituto de Pesquisas Ecológicas
IPHAN - Instituto do Patrimônio Histórico e Artístico Nacional
ISA – Instituto SócioAmbiental
ISER - Instituto de Estudos da Religião
IUCN - *The World Conservation Union*
IVT-RJ - Instituto Virtual de Turismo do Estado do Rio de Janeiro
KIT - *Royal Tropical Institute*
LTDS - Laboratório de Tecnologia e Desenvolvimento Social
MEC – Ministério da Educação
MMA – Ministério do Meio Ambiente
MPE - Programa Melhores Práticas para o Ecoturismo
MTur - Ministério do Turismo
OMT - Organização Mundial do Turismo
ONGs - Organizações Não Governamentais
ONU - Organização das Nações Unidas
OSCIP - Organização da Sociedade Civil de Interesse Público
PADS - Programa de Apoio ao Desenvolvimento Sustentável
PB - Projeto Bagagem
PCTS - Programa de Certificação em Turismo Sustentável
PDA - Programa Demonstrativo
PETAR - Parque Estadual Turístico do Alto Ribeira
PHYSIS – Instituto Physis – Cultura & Ambiente
PNE - Parque Nacional das Emas
PNUD - Programa das Nações Unidas para o Desenvolvimento
PPG-7 – Programa Piloto Para a Proteção das Florestas Tropicais do Brasil
PRODETUR - Projeto de Desenvolvimento do Turismo no Nordeste
PROECOTUR - Programa de Desenvolvimento do Ecoturismo na Amazônia Legal
RBEcotur - Revista Brasileira de Ecoturismo
RDS - Reserva de Desenvolvimento Sustentável
Rede Tucum - Rede Cearense de Turismo Comunitário
REDTURS - Rede de Destinos de Turismo Comunitário da América Latina Rede
Turisol - Rede de Turismo Solidário Comunitário do Brasil
RESEX - Reservas Extrativistas
Rio-92/Eco-92 - IIª Conferência das Nações Unidas sobre Ambiente e desenvolvimento Sustentável
Rio+10 – Cúpula Mundial sobre Desenvolvimento Sustentável
RPPN - Reserva Particular do Patrimônio Natural
SAPIS - Seminário Brasileiro sobre Áreas Protegidas e Inclusão Social
SBEcotur - Sociedade Brasileira de Ecoturismo
SCM - Sociedade Civil Mamirauá
SEBRAE - Serviço Brasileiro de Apoio às Micro e Pequenas Empresas
SENAC – Serviço Nacional de Aprendizagem Comercial
SESC- Serviço Social do Comércio
SITS - Seminário Internacional de Turismo Sustentável
SLS - São Lourenço da Serra
SMA - Secretaria Estadual do Meio Ambiente do Estado de São Paulo
SMOs - *Social Movement Organization*

SPVS - Sociedade de Pesquisa em Vida Selvagem e Educação Ambiental
Tamar - Projeto Tartaruga Marinha
TBC - Turismo de Base Comunitária
TIES - *The International Ecotourism Society*
TNC – *The Nature Conservancy*
TS – Turismo Sustentável
UCs - Unidades de Conservação
UFRJ - Universidade Federal do Rio de Janeiro
UFSCar - Universidade Federal de São Carlos
UNEP - *United Nations Environment Programme* (Organização das Nações Unidas para o Meio Ambiente)
UNESCO - Organização das Nações Unidas para a Educação, a Ciência e a Cultura
USTOA - *United States Tour Operators Association*
VC - Instituto Vitae Civilis
WCF – Instituto *World Childhood Foundation* - Brasil
WCWC - Comitê de Áreas Selvagens do Canadá Ocidental
WTTC - Conselho Mundial de Viagens e Turismo
WWF – *World Wildlife Fund*
WWF-Br– *World Wildlife Fund* -Brasil

Capítulo I. INTRODUCCIÓN

I.1. PRESENTACIÓN

La presente tesis fue elaborada teniendo como tema general de investigación el ecoturismo en áreas protegidas y su interfaz con las nuevas demandas del turismo, relacionadas a la búsqueda de conocimientos. Es decir, a la caracterización de un tipo de turismo, o más específicamente un tipo de ecoturismo, que no se limita, como generalmente ocurre en la práctica, a la simple contemplación de los bienes "naturales" o culturales. Lo que pretende, en oposición a esas ideas, es la interacción efectiva de los ecoturistas con esos bienes, mediada por acciones que involucran el 'conocer'. Por ello, el llamado objeto de investigación propiamente dicho, se refirió a los elementos imprescindibles en el dibujo propositivo de una tipología ecoturística, un modelo de ecoturismo de base local, que involucra a la producción y socialización de conocimientos científicos y populares, mediado por universidades públicas e instituciones afines, en las áreas protegidas por el Sistema Nacional de Unidades de Conservación de la Naturaleza, con un recorte socio-espacial referido al recorrido turístico integrado en la Ruta de las Emociones, en el nordeste brasileño.

Las preguntas que suscitaron la realización de estudios conectados a lo anteriormente destacado, y consecuentemente lo balizaron, fueron fundamentalmente:

- Si el denominado turismo de masa, de la forma como es realizado, se considera predatorio e indeseable como promotor de IDH e inadecuado para las áreas protegidas por ser expoliar el medioambiente, ¿de qué manera el ecoturismo, que se desarrolle en Unidades de Conservación, puede presentar propuestas innovadoras frente a esta realidad?

- Si hay una tendencia significativa de la parte de los ecoturistas, por la búsqueda de actividades relacionadas a la adquisición o profundización de conocimientos, ¿de qué manera se pueden encaminar alternativas dirigidas a esta cuestión en áreas protegidas?

- ¿El recorrido integrado de la Ruta de las Emociones en el nordeste brasileño, con su gama de potencialidades, está amplia y suficientemente desarrollado turísticamente como posibilidad para actividades del ecoturismo que involucren conocimiento?

- ¿De qué forma los cursos superiores de turismo de universidades públicas e instituciones públicas afines, dirigidas a cuestiones socio-ambientales, podrían mediar en el proceso de implementación de propuestas (acciones) que involucren el ecoturismo de base local con énfasis en la elaboración de actividades sobre el conocimiento?

Frente a las mismas, se concluyó que el problema de la investigación podría ser formulado del siguiente modo: El recorrido turístico integrado Ruta de las Emociones (situado en áreas protegidas del nordeste brasileño, y que fue elegido por el Ministerio del Turismo como el mejor de Brasil en 2009) alberga ricas posibilidades para el desarrollo del ecoturismo, con actividades que pueden integrar la interacción de algunos conocimientos científicos y populares, y que hasta la fecha, está siendo tímidamente explotado.

Considerando que en la actualidad existe una búsqueda creciente, por parte del turista, de locales de visitación que proporcionen interacciones directas con la "naturaleza", aventuras, vivencias con poblaciones de culturas singulares y, además, acceso a los saberes en general y a proyectos científicos específicos en los propios locales, así como la necesidad imperiosa de construir alternativas al turismo predatorio, la presente investigación tiene como objetivos:

Objetivo General:

Investigar y caracterizar una nueva tipología de ecoturismo de base local dirigida a la producción, socialización e interacción de conocimientos científicos y populares en áreas protegidas brasileñas, mediada por los cursos superiores de turismo de universidades públicas.

Objetivos Específicos:

- Describir fusiones e interfaces posibles del ecoturismo con otros segmentos y tipologías turísticas tales como: turismo científico, cultural, de aventura, de base local, social, entre otros, con la perspectiva del aquí llamado "ecoturismo de conocimiento";

- Detectar formas de contribución y sugerir posibilidades de participación de cursos superiores de turismo de universidades públicas e instituciones afines generando perspectivas para la enseñanza, investigación y extensión además de interdisciplinaridad con otros cursos en el desarrollo de este tipo de ecoturismo;

- Evidenciar potencialidades locales para la proposición del dibujo de la tipología de ecoturismo aquí propuesta, en las Áreas Protegidas (Unidades de Conservación) del recorrido turístico integrado de la Ruta de las Emociones en el nordeste brasileño, según tendencias turísticas de la actualidad como la busca por conocimiento;

- Establecer indicadores para el desarrollo de la tipología "ecoturismo de conocimiento" en las áreas que sean consideradas prioritarias, o en locales/proyectos existentes en la RE;

El plano metodológico privilegiado en la presente tesis se apoyó en los constructos que caracterizan la investigación aplicada de cuño cualitativo. Según Lakatos (2001), la primera "objetiva generar conocimientos para aplicación práctica, dirigidos a la solución de problemas específicos. Involucra (...) intereses locales". Brandão afirma que: se trata de un enfoque de investigación social por medio del cual se busca plena participación de la comunidad en el análisis de su propia realidad, con el objetivo de promover la participación social para el beneficio de los participantes de la investigación (BRANDÃO, 1986). En cuanto al carácter cualitativo, se destaca, según Silva (2001, p.20) que "El proceso y su significado son los focos principales del abordaje".

Fueron realizadas, también, investigaciones bibliográficas elaboradas a partir de material ya publicado (tesis, disertaciones, libros, artículos, revistas y material disponible en *internet*) e investigación documental. Además de visitas para observar *in loco* prácticas consolidadas de ecoturismo con énfasis en el conocimiento científico, como proyectos "ambientales" de áreas protegidas con potencialidad para tal. Como ejemplo, se destacan: los Parques Nacionales de los Lençóis Maranhenses, de Jericoacoara, de Ubajara, de la Serra da Capivara, de Sete Cidades, Serra das Confusões, de las Montanhas do Tumucumaque, del cabo Orange, de São Joaquim, de la Serra do Itajaí, de Serra Geral, de los Aparados da Serra, entre otros. Igualmente, aunque con más visitas, el área de Protección Ambiental Delta do Parnaíba; algunos proyectos ambientales brasileños como el Projeto Tamar (Bahia), el Projeto Lontra (Santa Catarina), el Projeto Peixe-Boi de Itamaracá (Pernambuco), el Projeto Tartarugas Marinhas y el Peixe-Boi Marinho (Piauí), entre otros.

En estas visitas, se privilegió la técnica de observación que fue mediada por la necesidad de enfocar la atención en las características básicas de las experiencias para extraer de ellas el diferencial específico de lo que se llamó de ecoturismo de conocimiento (EC). O sea: aquellos criterios que permiten que el EC se constituya como una tipología con especificidades propias. Tales criterios quedaron así establecidos inicialmente: participación activa de la comunidad local en la gestión y desarrollo de las actividades del EC: constitución de asociación con los demás actores en ella involucrados (profesores y alumnos de los cursos de turismo de universidades públicas, interdisciplinarmente asociados a cursos afines), interacción con profesionales/investigadores de otras instituciones públicas conectadas a cuestiones socioambientales.

La forma de observación, predominante en el presente trabajo, fue la sistemática y participante, es decir, aquella donde el investigador permanece dentro de la realidad en estudio, involucrándose en la misma.

El carácter descriptivo de la investigación se firmó en el hecho de pudiera explicitar, descriptivamente, el llamado ecoturismo de conocimiento, así como las posibles fusiones conceptuales e interfaces con otras tipologías de turismo, y demás consideraciones sobre la base teórico/práctica presentada.

La realización de esa tesis requirió algunas etapas, con metodologías diferentes, conforme su función y relación al objetivo propuesto por la investigación. Así, por ejemplo, tras los estudios teóricos, análisis de algunas prácticas nacionales e internacionales de turismo y, más específicamente de ecoturismo, visita a las Unidades de Conservación, consulta de datos que evidencian las tendencias del turismo en la actualidad, aplicación de cuestionarios con pregunta dirigida, conversaciones informales con profesores y alumnos del Curso Superior de Turismo de la Universidad Federal de Piauí y profesionales de otras instituciones públicas, fue aplicada la Técnica Delphi con especialistas. En esta, el análisis de los datos recibió tratamiento estadístico que será descrito en un capítulo específico.

El recurso metodológico denominado de Técnica Delphi, con dos o tres "rounds" o momentos distintos, conforme Gordon (1994) y Wright (et al, 2000), objetiva un consenso nivelador con respecto a las opiniones convergentes entre los especialistas involucrados en una investigación. Tales opiniones se constituyen en apoyo para evaluaciones o estimativas sobre posibilidades de efectivación de una propuesta.

El número de especialistas que participó en la presente investigación fue de 14 personas, lo que corresponde a lo estimado como aceptable, pues el panel de especialistas normalmente se compone de 10 a 50 miembros para un grupo homogéneo, siendo aconsejable más de cien componentes en caso grupal heterogéneo (Gordon 1994). Se consideró al grupo de la presente investigación como homogéneo, por estar todos directamente involucrados en la temática turismo y "medio ambiente", ser profesores de enseñanza superior en turismo de universidad pública y tener como mínimo maestría en el área, o profesionales de instituciones conectadas a cuestiones socioambientales públicas y, también, conocedores del área. El empleo de esta técnica fue privilegiado en función de las características propositivas de esta tesis.

Considerado un clásico de los sistemas de previsión y convergencia de ideas sobre un tema, este método o técnica, trata de realizar consideraciones acerca de un asunto completamente nuevo o "cuando los datos estadísticos no existen, son irrelevantes o no son fiables" Wright (et al, 2000).

El desarrollo de esta técnica consiste en la utilización de cuestionarios, en dos o tres etapas, en las que los especialistas opinan acerca de un asunto específico. La técnica, según Gordon (1994) "no se preocupa por extrapolar las tendencias actuales, aunque sí en tener diferentes visiones hipotéticas acerca de la organización del futuro," no preocupándose solo en determinar los acontecimientos futuros, y sí contribuir en las decisiones que serán tomas acerca de determinado asunto. En función de esto, se genera un consenso de un grupo representativo del área, donde la subjetividad y el anonimato están presentes, para privilegiar la convergencia de ideas por parte de los especialistas. Los análisis constarán del capítulo IV.

Otro recurso metodológico utilizado en paralelo, en este mismo capítulo, fue una investigación, a través de consulta directa, realizada con algunos participantes sobre qué tipo de producción de conocimiento sería más atractiva en una visita turística, según el imaginario de los entrevistados. Se preguntó sobre las preferencias, como turistas, a la hora de participar en actividades ecoturísticas, involucrando interacción con investigaciones científicas/producción de conocimiento. Con la finalidad de establecer parámetros que colaboraran en la elección de prioridades para el dibujo de un producto de ecoturismo de conocimiento en áreas protegidas brasileñas. Tal pregunta posee un carácter bien general, intencionadamente no se mencionó la Ruta de las Emociones como *locus* específico, objetivando constatar y cotejar estas preferencias con las potencialidades de la región.

La presente tesis está compuesta por esta presentación, una introducción donde se destacan cuestiones importantes en el desarrollo de los estudios realizados, y las bases teóricas que orientaron la elección de la línea metodológicos adoptada. Su primer capítulo versa sobre el ecoturismo en la actualidad y sus tendencias, así como las posibilidades de su efectivación en las áreas protegidas brasileñas, enfatizando la concepción de que la naturaleza y el medioambiente no pueden ser vistos tal cual, sino en su dimensión social e histórica. En esta perspectiva, se discute: el discurso sobre la sostenibilidad; el turismo de masa predatorio; determinados conceptos sobre el ecoturismo; la discrepancia entre teoría y práctica; las políticas públicas, entre otras.

El segundo capítulo trata la caracterización del Ecoturismo de Conocimiento como propuesta a ser desarrollada en las áreas protegidas; sus interfaces con otras tipologías como el turismo científico, turismo cultural, turismo de base local, turismo de aventura y otras. Se discute, también, la relación entre las universidades públicas y el turismo de conocimiento: enseñanza, investigación y extensión dentro de una perspectiva interdisciplinar entre algunos cursos, mediada por los cursos superiores de turismo y la posibilidad de participación de otras instituciones públicas conectadas a cuestiones socioambientales.

En el tercero, se presenta el recorrido integrado de la Ruta de las Emociones y sus Unidades de Conservación: el Parque Nacional de Jericoacoara, el Parque Nacional dos Lençóis Maranhenses y APA Delta do Parnaíba. Algunas imágenes expresan lo que se resaltó como significativo en las Unidades de Conservación citadas.

El cuarto capítulo apunta al área prioritaria para el desarrollo del ecoturismo de conocimiento, la APA Delta do Parnaíba con su realidad paradoxal: "naturaleza" exuberante y bajísimo IDH. También, los proyectos de investigación de mayor relevancia a la región y, finalmente, la definición de los indicadores relativos al EC. Se discute más ampliamente, en el indicador "demandas del conocimiento", el análisis de informaciones obtenidas en las investigaciones realizadas con un grupo de turistas potenciales, que fueron algunos alumnos de un curso superior de turismo de una universidad pública, profesores del mismo y, también, con profesionales de instituciones públicas conectadas a la cuestión socioambiental. Se aplica, después de un denominado "mini-Delphi-local", utilizando los indicadores para calificar la relevancia de dos proyectos ambientales/locales para el desarrollo del Ecoturismo de Conocimiento con especialistas en el tema, algunos profesores del curso superior de turismo de la Universidad Federal de Piauí, entre otros.

Antes de formular las consideraciones finales, se discurrió sobre algunos puntos que permitieron encaminarlas. Así, el contenido del capítulo quinto que enseña que "inconcluir" es preciso, trata de proposiciones, toda vez que la presente tesis se anunció como propositiva.

Después, se presentaron las consideraciones finales, referencias y anexos.

En tiempo: se justifica el porqué de subrayar, siempre que sea necesario, algunos términos como naturaleza, natural, medio ambiente, ambiente, a lo largo del texto: para que no quede velada la comprensión de que el "ambiente natural" es, antes de nada, social e histórico.

I.2. PALABRAS INTRODUCTÓRIAS

1- Cuestiones generales

Se vive, en la sociedad actual, oprimido por la necesidad imperiosa de la búsqueda de nuevos conocimientos, al contrario que en el modelo clásico donde la transmisión de los mismos estaba relacionada con la acumulación de informaciones en el estilo saber-saber, donde lo cuantitativo tenía gran valor y la memorización de datos relativos a los grandes eventos, relativos a la vida de grandes personalidades agrandaban al sujeto del saber, del conocer.

Como contrapunto a este modelo surgió, con el Iluminismo, otra forma de conocer: el que imputa a la razón científica el punto central de la producción de conocimientos. Este estilo echa por tierra el gran conjunto de creencias, principalmente las de carácter religioso, que componían el caudal de saberes que gestionaban el vivir de hombres y mujeres. En su desarrollo la razón instrumental trajo el saber-hacer, científicamente explicado, controlado y reproducible.

En las últimas décadas del siglo pasado, en especial, y también en la actualidad, todavía predomina este saber-hacer de la ciencia, aun existiendo críticas severas a este modo científico de pensar. Convive con él, ahora, casi un hacer-hacer que atiende a las necesidades de la producción capitalista que demanda informaciones asociadas a las complejas tecnologías del momento. Un gran volumen específico de informaciones vinculadas a los prestigiosos instrumentos electrónicos, a la robótica, a los medios de comunicación sofisticados, entre otras, que componen el conjunto de los medios de producción de la sociedad que exigen, hoy, del trabajador, entrenamiento para la adquisición de destrezas específicas para operar con el mundo de la información.

Es innegable que muchos cambios se están produciendo y ganando espacio en diferentes actividades, no solamente en el ámbito de la producción, sino en el de la enseñanza formal y en aquellos donde el conocer, constantemente, acompaña a hombres y mujeres en su cotidiano: la profesión; las tareas caseras; las actividades deportivas; el turismo; la relación con las medios; entre otras actividades, influenciados por nuevas tecnologías cargadas de informaciones, que demandan procesamientos con nuevas maneras de gestionar este cotidiano. Es incuestionable que hay que buscar nuevos conocimientos. Pero no podemos negar, también, que hay que tener cuidado para no caer en las trampas de las teorías de la sociedad de la información o sociedad del conocimiento, en sus objetivos primarios, o sea, atender, sin restricción, las necesidades de las relaciones económicas actuales.

En la presente tesis se hablará mucho sobre la producción y socialización del conocimiento, sobre el ecoturismo de conocimiento como una de las alternativas al turismo de masa, que en el contexto de esta tesis, con preocupaciones ambientales y sociales, es caracterizado como predatorio. Sin embargo, las bases teóricas que sostienen las formulaciones en ella presentes no se combinan con las ideas que fundamentan el concepto específico de sociedad del conocimiento, donde todos tienen acceso a la información, disminuyendo distancias entre las clases sociales. Concepto que se oculta detrás de ciertos argots para construir herramientas afiladas que tienen por meta ampliar la productividad demandada por la economía actual produciendo, así, formas de exclusión en gran escala.

A las nuevas formas de producción, nuevos perfiles de trabajadores: correspondencia biunívoca donde el motor se mueve por el conocimiento de las tecnologías necesarias a un hacer acrítico, apartado de toda teoría que no sea aquella que ayude a implementar el uso de las afinadas técnicas. Técnicas que, sin lugar a duda, han traído posibilidades de las más avanzadas en términos de producción y socialización de conocimientos, pero cuyo destino está orientado al acúmulo de capital a ser usufructuado por los de la iniciativa privada.

Detrás de este concepto de conocimiento, se fomentan otras ideas como aquellas conectadas a la sostenibilidad que, de un modo general, quieren preservar a las personas y a la "naturaleza" de los males del engranaje económico extirpando las diferencias, la depredación, la pobreza, como si fuera posible, solamente y con simples acciones sostenibles, hacer que esto ocurra en la sociedad en que vivimos.

Los paquetes de conocimiento, supuestamente dinámicos, claman por creatividad, reformas en los modos de gestión, innovaciones de todas las órdenes, siempre orbitando en torno a los mismos objetivos. Paquetes repletos de habilidades y cualificaciones técnicas que puedan gestionar esta sociedad, que exige determinados conocimientos, adaptado a las demandas de "un simple 'saber-hacer', aceptando su *status quo*" (MARCODES DE MORAES, 2003, p.18), y que tiene como meta los intereses privados, como ya fue mencionado anteriormente, y no los de las colectividades.

Con el Turismo no es diferente. Se multiplican cada día, en la misma proporción que aumentan los porcentajes de la "industria del turismo", emprendimientos que benefician a las oficinas, agencias y negocios económicamente compatibles con apurados modelos excluyentes de la mayoría de la población.

Los paquetes de viajes, estancias en hoteles o entradas para parques temáticos, museos y shows en una ciudad tras otra, son grandes, numéricamente saturados y repletos de informaciones que resbalan por las mentes que consumen, frenéticamente, estos productos y estas informaciones como las más nuevas y seductoras. Claro está, con el carácter liviano y superficial de lo inmediato, y de lo episódico, la mayoría de las veces.

Frente a esta realidad, que evidentemente no es la única elegida por las personas para relacionarse con su entorno, hay críticas y acciones, tanto cuantitativa y cualitativamente, que se articulan en sentido contrario.

Así, cabe observar, que el perfil del turista tradicional que, contemplativo, registraba lo que veía acumulando informaciones (por ejemplo con imágenes fotográficas para, posteriormente, revisitarlas como objeto de consumo), cede lugar a alguien más dinámico que quiere registrar sus experiencias y la forma en que, cualitativamente, participó en las mismas. El "estéril" archivo de datos se va sustituyendo por saberes donde el propio turista también es autor de los conocimientos producidos, y socializados, interactuando con las poblaciones a las que visita.

El ecoturismo constituye terreno fértil para dicha tarea, y puede representar una alternativa significativa para las personas que buscan estas interacciones directas con el "medio ambiente" que es comprendido, siempre, en la perspectiva de un ambiente social e históricamente caracterizado. Añadiéndose ahí, un sentimiento de aventura que puede acompañar al ecoturista en las vivencias con culturas singulares y en el cambio de conocimientos entre ambos. Hay casos, también, de aquellos ecoturistas que buscan tener acceso a determinados conocimiento a través de su participación activa en algunas investigaciones científicas, e incluso en estudios e investigaciones, que poseen como foco el conocimiento popular. También para experimentar diferentes culturas, ver curiosidades biológicas, geográficas, o atracción por el conocimiento en sí mismo, entre otros.

En el presente contexto histórico lo que se quiere es que ya no se piense en turismo sin asentarlo en bases semejantes a las del ecoturismo y de lo que se va a llamar de sostenibilidad efectiva o ética. O sea, aunque las acciones de esta naturaleza posean límites bien marcados por los pilares que sostienen las relaciones sociales de la actualidad cuyo fin último, a costa de la depredación de la vida, es el lucro, las acciones sostenibles pretendidas intentan ser aquellas que se distancian de la "ética" del capital. Pretende ser dirigida por una ética pautada en el esfuerzo incondicional que camina en sentido contrario a aquel que fortalece la "ética" de la destrucción. Hay que reconocer que del modo de producción capitalista resultó en un acumulo impar, en relación a los modos anteriores, de riquezas materiales y simbólicas, sin embargo, y considerando las contradicciones que existen entre esta inmensa acumulación y la inmensa miseria en la que vive la mayoría de la población mundial, es que se intenta ir hacia otra dirección.

En este sentido, el turismo como "economía del ocio", como es definido por muchos, demanda reflexiones sobre esta temática considerando la perspectiva de que los lucros no sean, como en el turismo de masa, el referencial de las acciones.

Existen, sin duda, innumerables registros de prácticas de turismo predatorio en las localidades visitadas en diferentes partes del mundo. Pero hay, también, acciones que documentan otras tendencias, o sea, aquellas que se fortalecen al estar pautadas por la comprensión de que los discursos que claman y defienden la "sostenibilidad ambiental, social y también económica", con el fin de compatibilizarlas, no pueden cumplir con sus promesas cuando se piensa en el turismo como un "fenómeno" de la sociedad actual, cuyas ofertas y demandas nacionales e internacionales, expresan y fundamentan las relaciones sociales vigentes.

De esta forma, es necesario entender dicha actividad dentro de un contexto social e histórico, pensando el turismo/ecoturismo de manera que podamos reconocerlo en su totalidad, en su contenido capitalista. Entender lo que significa en la sociedad actual, asumiendo que es hegemónico en su producción y, por tanto, reproduce la ideología dominante. De esta manera se podría comprender la complejidad del tema. ¿No hay nada que se pueda hacer?

Tal vez, pero se deben considerar los espacios de contradicción. Ya que por un lado generan riqueza y miseria como interdependientes y, por otro lado, también recrea el binomio imposibilidad/posibilidad. Se deben buscar otras formas de pensar y hacer turismo. Intentando que el ocio no se concentre solo en el hedonismo predatorio de una minoría que usufructúa las riquezas producidas socialmente.

En este sentido, se observa un esfuerzo de los propios turistas y más específicamente de los ecoturistas al demostrar, hoy día, fuerte interés por actividades orientadas hacia una perspectiva de acciones "sostenibles", dentro de lo posible, y que revelan compromiso al sentirse involucrados con las causas "ambientales" y sociales entendiendo, tal vez, que las mismas no se separan. Es posible constatar este movimiento en la alta demanda de viajes caracterizados, fundamentalmente, por la búsqueda de conocimientos relativos a la dinámica del "medio ambiente", diferentes culturas, por ejemplo, e incluso por la vida salvaje en excursiones diferenciadas del espíritu de los grandes y dispendiosos safaris.

Hay que resaltar, también, el número significativo de accesos, para la población en general, a informaciones y vídeos sobre "naturaleza", en la 'web'. También los espacios, cada vez mayores, dados por la medios en programas y canales de televisión, sobre temas relacionados al "medio ambiente" y ecoturismo, además de secciones de viajes de los periódicos, revistas de turismo y los anuncios de paquetes ecoturísticos que aumentaron significativamente en los últimos años.

Para reflexionar sobre el panorama del turismo, en la forma en la que se expresan las fuerzas de la economía capitalista, es interesante conocer algunas informaciones consistentes sobre la situación real de la sociedad como un todo, cuyas determinaciones desorientan el turismo en sus especificidades. Basta cruzar algunos de los datos que se presentarán abajo, con la realidad del turismo para que se constate porque depreda y es privilegio de unos pocos.

El documento "Estado del Mundo 2010", del Instituto Akatu (2010), producido anualmente por el Worldwatch Institute (WWI) – organización con sede en Washington (EUA) – trae un balance anual con números actualizados y reflexiones sobre cuestiones que envuelven patrones de consumo, su relación con el "medio ambiente" y, consecuentemente, sobre cuestiones que están directamente relacionadas con el tema central de esta tesis: el ecoturismo de conocimiento y sus posibilidades de enfrentamiento con el turismo predatorio.

Este documento es una importante publicación periódica mundial sobre sostenibilidad (como concepto promisor de transformaciones aún en la sociedad de exclusiones inconmensurables...). Entre otras afirmativas significativas, leemos: "sin un cambio cultural que valore la sostenibilidad en vez del consumismo, nada podrá salvar la humanidad de los riesgos ambientales y de cambios climáticos".

El informe afirma, también, que en la última década la humanidad aumentó su consumo de bienes y servicios un 28%. Siendo que, para producir tantos bienes, es necesario usar cada vez más recursos naturales, manteniendo de este modo los patrones de consumo desigual. Actualmente, un europeo consume en media 43 kilos en recursos naturales diariamente – mientras un norteamericano consume 88 kilos, más que el propio peso de la mayor parte de la población. Además de excesivo, el consumo provoca disparidades significativas. En el año de 2006, los 65 países con mayor renta, que suman el 16% de la población mundial, fueron responsables por el 78% de los gastos en bienes y servicios. Así se puede afirmar que solo una sexta parte de la humanidad consume prácticamente el 80% de todo lo que es producido en el mundo. Solamente los norteamericanos, con el 5% de la población mundial, fueron responsables por el 32% del consumo global. Si todos vivieran como los norteamericanos, el planeta comportaría una población de 1,4 mil millones de personas, hoy en día es de aproximadamente 7 mil millones.

Actualmente, parte creciente de este consumo de la población mundial, está relacionado con el ocio, entre ellos la actividad turística. Entendiendo ocio como derecho social que muchas veces, a ejemplo de lo que se puede constatar en las informaciones arriba, tampoco puede estar garantizado para todos debido a los cuadros de subdesarrollo de gran parte de la sociedad. Aún así, nunca se viajó tanto: las personas cuando pueden viajan en su tiempo libre. Krippendorf (2003), refiriéndose a esa nueva y creciente necesidad de viajar, creó metáforas para explicarla cómo: "higiene psíquica, ciclo de la renovación", o aún, "huida de lo cotidiano", olvidándose, únicamente, de explicitar quienes son aquellos que pueden darse el derecho de huir de lo cotidiano.

El crecimiento del turismo, según la Organización Mundial del Turismo (OMT, 2010), presentará una tasa del 4,1% hasta 2020. Afirman, aún, que el segmento receptivo del turismo está creciendo a un ritmo anual del 11,2%, lo que representa el doble del crecimiento de la actividad económica mundial. Sin embargo, es conveniente llamar la atención hacia el hecho de que las oportunidades de usufructuar el turismo/ocio o educación de calidad o de los derechos a la salud, por ejemplo, incumbe a unos pocos y no a la mayoría de la población.

Otro hecho importante es que, además de excluyente, el turismo puede ser, también, un "cuchillo de doble filo", principalmente si se considera el ritmo acelerado de este crecimiento. O sea, dentro de la propia actividad turística hay una dualidad toda vez que los impactos causados por la misma, pueden ser extremadamente negativos, ya que interfieren cualitativamente en la vida de los llamados autóctonos y de los locales considerados como turísticos. Existen, también, diversas metáforas para ilustrar este hecho, como por ejemplo, "el turismo es como el fuego, sirve para traer comodidad, pero puede incendiar el local". En la opinión de Swarbrooke (2000), hay varios factores que determinan el resultado de los impactos socio-culturales, tanto los positivos como los negativos. Entre ellos: la fuerza y la coherencia de la sociedad y cultura locales; la naturaleza del turismo en la localidad; el grado de desarrollo social y económico de la población local en relación a los turistas; las medidas tomadas por el sector público para administrar el turismo para minimizar los impactos socioculturales.

Para Faria (2008), los "costes" o "impactos" sociales y culturales derivados de la actividad turística, se expresan en cambios cualitativos siendo de difícil percepción, inclusive para los propios habitantes de las localidades turísticas.

Ambos autores, especifican cuestiones que parecen desconsiderar la realidad de la sociedad contemporánea, en la cual el "grado de desarrollo" entre visitantes y visitados, no explican los costes/impactos citados. Y no será la sostenibilidad, citada de forma general sin ser calificada, que favorecerá otros rumbos en el turismo, como actividad de asombrosa expansión.

En lo que se refiere a Brasil, la actividad turística está obteniendo un apoyo adecuado por parte de políticas públicas orientadas e innovadoras prácticas "sostenibles" en términos de participación comunitaria, aunque aún aisladas y modestas. Es importante aclarar que desde 2002 el país posee un Ministerio exclusivo para el Turismo, con políticas públicas formuladas para el fomento del mismo.

Los marcos conceptuales utilizados por el Ministerio del Turismo (MTur) están fundamentados en la definición establecida por la Organización Mundial de Turismo y fueron adoptadas oficialmente en Brasil, entendiendo el turismo como:

> "una actividad económica representada por el conjunto de transacciones – compra y venta de servicios turísticos – efectuados entre los agentes económicos del turismo, generado por el desplazamiento voluntario y temporal de personas hacia fuera de los límites del área o región en que tienen residencia fija, por diferentes motivos, exceptuándo el de ejercer alguna actividad remunerada en el local que visita" (BRASIL, 2009).

Según dados del MTur (2010), en 2009 Brasil recibió 4,8 millones de turistas extranjeros, que la mayoría de las veces vienen en búsqueda del consolidado segmento turístico: sol y playa. Se considera escaso para su gran potencialidad, pero por otro lado, muy significativo para la posibilidad del desarrollo del turismo en sus áreas protegidas. Para hacerse una idea, solamente la "Costa del Sol" en el mediterráneo español recibe aproximadamente 10 millones al año.

El *World Travel and Tourism Council* (WTTC, 2010), que discute las tendencias del turismo para los próximos años, en su estudio de la Cuenta Satélite del Turismo Mundial, dice que Brasil se caracteriza como el 14º país del mundo en la economía de turismo. Sin embargo el mercado doméstico de turismo, en el caso brasileño, es mucho mayor en cantidad de turistas que los del mercado internacional. Obviamente el turista extranjero tiene mayor poder de compra, propiciando más beneficios económicos que el turista doméstico, pero el creciente turismo doméstico está siendo significativo actualmente.

La imagen internacional de Brasil está, seguramente, conectada a la "naturaleza": País de la Amazonia, por ejemplo; a la alegría del pueblo, carnaval, fútbol; la tolerancia con diversidades culturales, religiosas; buen clima, entre otros. Tales atributos pueden ser verificados en una breve investigación realizada por el MTur (2010), en una entrevista con turistas internacionales basada en la siguiente pregunta: "¿Qué es lo mejor que Brasil tiene?". Las respuestas más significativas fueron: "Naturaleza – 75% y Pueblo (alegría) – 52%". Interesante notar que la mayoría resaltó la naturaleza como un gran potencial para el turismo. Se puede entender que, uniendo las diversas riquezas naturales con la hospitalidad (recibir bien, alegría intrínseca al comportamiento del brasileño), es posible desarrollar grandes productos turísticos que no sean, fundamentalmente, los del segmento de sol y playa, ya consolidados.

En lo que se refiere a la presente tesis - el ecoturismo y su interfaz con el conocimiento - se nota que tal interés comienza a ganar fuerza como actividad turística, o sea, la búsqueda de conocimiento pasa a ser una gran motivación para el visitante. Esta cuestión fue esencial en la investigación que fundamentó la elaboración de esta tesis y que visa el fomento de este tipo de turismo en áreas protegidas que están con poco o aún sin flujo turístico, pero con grandes posibilidades. Esa tipología turística es, entonces, alternativa al turismo de masa presente en un gran número de destinos en Brasil, muchas veces practicado con expolio, sin planificación o gestión adecuada. En ese sentido, se destaca una vez más que el ecoturismo, por su parte, puede constituirse en alternativa por tener, por encima de todo, sus premisas pautadas en el respeto al "medio ambiente".

Sin embargo, en Brasil tales premisas no siempre son respetadas, aún estando claramente presentes en su definición. En la mayoría de las veces es entendido simplemente como turismo realizado en la naturaleza. Un punto que ciertamente agrava esta situación es el hecho de que no son, o tímidamente son, recolectados datos estadísticos del mercado doméstico sobre este movimiento y, de esa forma, la inconsistencia de las informaciones, crea dificultades para la gestión del mismo, además de equívocos para gestionar su desarrollo.

Considerando que el locus de estudios de la presente tesis es el ecoturismo en las áreas protegidas, llamadas en Brasil de Unidades de Conservación (UC), es expresivo informar que en la actualidad el número y extensión de estas áreas en todo el planeta, ha crecido de forma significativa: cubren 18,8 millones de kilómetros cuadrados, lo que equivale al 12,56% de la superficie terrestre (IUCN, 2004). Sin embargo, estas áreas que son en su gran mayoría públicas, cuentan con inexpresivas inversiones, lo que favorece una búsqueda por otras fuentes de financiación para las iniciativas relacionadas al ecoturismo, aún siendo este la única posibilidad/segmento de turismo en la mayoría de estas áreas y que surge como una notable alternativa orientada hacia una efectiva sostenibilidad: recordando, como se afirmó arriba, que tal perspectiva tiene evidentes límites en la sociedad actual.

Las áreas protegidas en Brasil cubren una extensa superficie y actualmente están generando poca o ninguna ganancia real en términos de la promoción de una conservación más "sostenible". Consideradas áreas de elevado valor ecológico, se constituyen como punto importante para el desarrollo de un destino ecoturístico de éxito. Aún existen numerosos locales que necesitan una valorización de su potencial, muchas veces o poco visitados. El ejemplo mencionado por Barros ilustra el caso cuando habla de una región del estado de Amapá:

> La región tiene características muy semejantes a la de Bonito, en Mato Grosso do Sul que posee ríos y lagos en condiciones inigualables de transparencia del agua, dentro de la floresta amazónica y los habitantes de la región pasan por dificultades,

aunque sentados sobre un tesoro de valor incalculable para el turismo (BARROS, in LAGE; MILONE, 2000, p.89).

Está claro que tales dificultades no transcurren de la ausencia de turismo en el local y sí de la distribución desigual de la renta que interfiere directamente en los Índices de Desarrollo Humano (IDH) de la comunidad local, pero la misma podría, sin duda, beneficiarse con las actividades ecoturísticas desarrolladas y así, posiblemente, tener mejores condiciones de vida con alternativas económicas para implementar su renta o como fuente principal de sus ganancias. Con el ecoturismo de conocimiento, más específicamente, podrían sentirse valorados en sus saberes prestando y apropiándose de informaciones con el fin de conservar el local donde nacieron. El cambio de conocimientos y experiencias entre los nativos y los visitantes ciertamente podría enriquecer a ambos.

La actividad turística como un todo, puede constituir bases para potenciar la economía de los lugares alcanzando la vida personal y social de los sujetos que allí viven. No se quiere con esto sobrevalorar la actividad turística colocando sobre ella responsabilidades que trascienden su ámbito de aplicación. Pero tampoco se quiere olvidar que el cambio provocado por el contacto entre distintas culturas, tiene que ser cuidadosamente pensado y acompañado, pues puede dar margen a problemas serios como importación acrítica de valores, patrones negativos, discriminaciones de todo tipo, o la retratada explotación de menores encontrada a gran escala en algunos destinos del turismo de masa en Brasil. Se desea solo destacar las potencialidades del turismo como forma de mejora de la calidad de vida, aunque encuadrada dentro de las imposibilidades del capitalismo, principalmente en locales donde la población se ve más afectada por las dificultades por las que pasa la economía mundial.

En este sentido, es interesante la reflexión de Carvalho, ex-presidente del Instituto Brasileño de Turismo (EMBRATUR),

> No basta saber que la tierra que nos fue dada por nacimiento es marcada por la belleza natural, por la diversidad biológica, por la riqueza histórico-cultural y, a la vez, por la modernidad de su arquitectura y también por la grandeza inolvidable de su folclore y de sus fiestas populares. Es preciso garantizar, en primer lugar, que todas estas cualidades innegables de la tierra brasileña contribuyan para una mejor calidad de vida de sus ciudadanos y pueda hacer de ellos personas plenamente satisfechas en sus necesidades (CARVALHO, *apud* LAJE; MILONE, 2000, p. 81).

En este sentido, es expresiva la constatación de algunas potencialidades de Brasil, considerado como el país de mayor biodiversidad del mundo (CI-BR, 2010), y que posee miles de kilómetros cuadrados de áreas protegidas sin beneficiarse de tamaña riqueza. Como ejemplo, de los 67 Parques Nacionales existentes, que son la más difundida y reconocida área protegida para uso turístico en el mundo, solamente 21 están estructurados y abiertos a la visitación. Para establecer un parámetro de comparación, según Janér (2002), en los Estados Unidos, la frecuencia anual de visitantes a estas áreas protegidas es de 270 millones; en Brasil, es de solo 3,5 millones de visitas.

Brasil protege 1.278.190 km² de tierra, siendo el cuarto mayor sistema de áreas protegidas del mundo (ICMBIO, 2010), la mayoría de ellas bajo forma de Unidades de Conservación que corresponden al 8,5% del territorio brasileño (ídem). Posee la mayor porción de floresta tropical del planeta (Cuenca Amazónica), la mayor llanura anegable de agua dulce del mundo (el Pantanal), el mayor río del mundo (el Amazonas), cascadas notables con visitas internacionales (Foz do Iguaçu), el mayor parque de floresta tropical del mundo (Parque Nacional das Montanhas do Tumucumaque, con 3,8 millones de hectáreas), cañones y casi nueve mil kilómetros de litoral con buen clima, entre otros atractivos expresivos.

Siguiendo la tendencia mundial se apostó por la creación de las UCs como estrategia para la protección del patrimonio natural. Pero paralelamente a esa necesidad ambiental, es importante resaltar que existen poblaciones pasando dificultades en el entorno de esos locales, áreas que por su parte podrían generar, y tienen potencialidad para tal, inclusión social, además de la deseada conservación de los ecosistemas.

Las áreas protegidas brasileñas, en su gran mayoría, lo son únicamente en el papel, o sea, presentan grandes déficits en relación al control y gestión, entre otros, principalmente relacionados a la falta de inversión pública. Muchas están cerradas con una tímida fiscalización lo que acarrea crímenes "ambientales" de todo tipo y pérdida del patrimonio natural. Con un uso público adecuado, serían más conocidas y ganarían el favor de la opinión pública, algo que necesitan para protegerse de los predadores económicos y sociales.

Así se destaca que Brasil posee muchas posibilidades y necesidades en estas áreas protegidas, donde el ecoturismo bien planeado y gestionado parece caracterizarse como una herramienta transformadora de esa realidad. Pero hay una considerable distancia entre potencialidades "naturales" y productos turísticos formateados y listos para recibir visitantes. Es lo que afirma Beni,

> Esta incomprensión, que hasta hoy provoca espanto ante el hecho de que países europeos, dotados de recursos naturales limitados comparados con nuestra exuberancia tropical, capten flujos turísticos muy superiores al de la demanda extranjera total en Brasil, deriva de la simplona creencia de que basta a un país poseer un deslumbrante medio ambiente para ocupar un privilegiado espacio en el ranking de los diez más importantes destinos turísticos del planeta (BENI, 2003).

En ese sentido, y asociadas a la exuberancia de ciertos locales y de su población, la actividad turística planeada y gestionada dentro de lo que se quiere llamar sostenibilidad ética, puede traer beneficios tanto al "medio ambiente" como a las personas de la localidad, en términos de generación de empleo (no confundir con subempleo) y contribución para la economía local, siempre que estén orientados enteramente a las prioridades apuntadas por la propia población y administradas en un sistema colectivo de gestión a través, por ejemplo, de asociaciones o cooperativas donde la población local será protagonista de los productos turísticos a ser desarrollados. Hay un efecto multiplicador en relación a los gastos de los turistas que generan divisas. Presupuestos que, también e inclusive, pueden ser invertidos en la recuperación de áreas ya depredadas o en la prevención de agresiones al "ambiente físico" y cultural o aún en investigaciones científicas aplicadas a las áreas protegidas en cuestión y relacionadas a estas perspectivas, ya apuntadas por el ecoturismo de conocimiento.

Perspectivas que pueden proporcionar al visitante el sentimiento de la aventura de conocer, la posibilidad de enterarse y participar, según determinados criterios, de investigaciones y estudios realizados en las UC, de vivenciar prácticas culturales y tener acceso a las sabidurías populares, compartiendo aquellas que posee, además de disfrutar del "medio ambiente" y hospitalidad local. En otras palabras, prácticas turísticas que por su parte, puedan efectivamente ser transformadoras, dentro de lo posible en esta sociedad capitalista, de la realidad de las áreas protegidas brasileñas, de las poblaciones de los alrededores de las mismas y de ciertas formas de turismo, como las que se desarrollan en algunos locales de Brasil, y del propio turista.

2 – Cuestiones que fundamentan la opción por una línea metodológica

La elección de la línea metodológica y de los procedimientos utilizados en este estudio estuvo apoyada en una determinada concepción de ciencia: la que confiere al investigador la posibilidad de no orientar su hacer por las "leyes" que estudian el "fenómeno" en sí y, después de generalizan sus hallazgos para la sociedad como un todo. El camino pretendido será el opuesto, o sea, comprender de qué forma el 'todo' social aparece en un determinado "fenómeno". La utilización de los procedimientos fue mediada por esta referencia y apoyada en esta concepción, cuyas cuestiones fundamentales serán discutidas posteriormente partiendo, inicialmente, del destaque de algunos puntos de ciertas formas históricas de conocer.

La ciencia que se firmó en la modernidad asentó las bases de su concepción en un pensamiento lineal donde los fenómenos eran comprendidos considerando, siempre, ciertos determinismos aprehendidos por la razón. Esta racionalidad impone al sujeto investigador una forma de pensar que se pretende neutra en relación a su objeto de investigación. La razón aparece como algo anterior y fundamental a todo el proceso de conocimiento de la realidad. La observación y la posibilidad de reproducir y controlar, en ambiente privilegiado, aquello que la razón constata en diferentes ambientes naturales, es terreno fértil a la verificación de proposiciones que fundamentan el pensar científico moderno. De los hechos particulares o singulares, es posible llegar a proposiciones generales y a la lógica que fundamenta los enunciados universales. Enunciados estables de evolución mecanicista aviesos, por lo tanto, a la historia en constante movimiento marcada por las contradicciones que ella misma engendra.

Según este posicionamiento, el conocimiento solo refleja el orden siempre inmutable de la naturaleza. La historia natural está marcada por fases predeterminadas. Hay, por lo tanto, una evolución ordenada de las consideradas conquistas que se producen. La realidad, los hechos y los datos en ella existentes deben ser revelados como tal por el científico. Contienen lo que es considerado como real y verdadero y existen, basados y relacionados entre sí, por leyes que la razón del hombre aprehende y describe.

Augusto Comte, partidario de esta ciencia, la positivista, extiende estos presupuestos para explicar la realidad social. La sociedad, entonces, estaría vinculada, en su dinámica, a las mismas leyes naturales. Pues, para esta ciencia:

> El progreso está subordinado al orden: la familia, la propiedad, la religión, el lenguaje, la relaciones de poder no se alteran, son definitivas; lo que ocurre es el perfeccionamiento de estas cosas, no el cambio. La dinámica está sometida a la estática. Estructuras son perennes e inmutables. Los positivistas son defensores del poder establecido, y críticos de cualquier tentativa de cambio del poder establecido: orden, progreso, armonía social, leyes inmutables, rigen la sociedad (VISCOVINI, 2011).

Desde otra perspectiva científica, la del pensamiento dialéctico, es fundamental resaltar que, al contrario de lo que se enunció anteriormente, la ciencia no es solamente algo que constata y describe hechos, transformándolos en datos cuantitativos generalizables. Los "hechos" son desvelados, y por tanto, no se presentan como algo real o natural en sí, sino como algo revestido de contenidos sociales e históricos. Así, la manera con que un "hecho" se presenta, habla de un contenido que se constituye como forma en este "hecho". En este caso, el turismo es considerado como forma o parte que expresa y fundamenta las relaciones sociales vigentes, comprendidas como contenido o totalidad.

La concepción de historia, por tanto, no se basa en la inmutabilidad y linealidad, pero en el movimiento constante y contradictorio.

> Para el pensamiento científico basado en la dialéctica, la historia se da por medio de contradicciones, antagonismos y conflictos. La transformación no es nunca lineal, espontanea, armónica, no es dada de fuera de la propia sociedad; es consecuencia de contradicciones creadas dentro de ella, junto de las acciones concretas de los hombres... (VISCOVINI, 2011).

En este contexto, el sujeto investigador no puede ser neutro. Como un sujeto histórico es producto de las relaciones sociales al tiempo que es productor de las mismas. Marx (1894) en el libro Ideología Alemana, en su sexta tesis sobre Feuerbach, se refiere al hombre como siendo la síntesis de las relaciones sociales. De esta manera el hombre al transformar la naturaleza, se transforma a sí mismo. El investigador, como ser social e histórico, está comprometido, de alguna forma, con los "objetos de investigación" no pudiendo esconderse detrás de la pretendida neutralidad de la ciencia positiva. Intentará, eso sí, mostrar que los "hechos" son sociales y no solamente naturales.

> La producción científica no necesita seguir una línea de estudio experimental para demostrar su validez. La interpretación de los datos, en cualquier producción científica, es hecha por el Hombre - Investigador, que se construyó en un medio social, actuó en este medio y consecuentemente es producto de este también (BATISTA, 2010).

En una dirección que invierte los sentidos de la investigación, en un primer momento expuesto, el investigador no caminará de lo particular hacia las generalizaciones universalizadas. Intentará comprender de qué manera la totalidad social se muestra en aquello que es particular o singular.

Pensar en un turismo en consonancia con esta última perspectiva requiere situarlo en el seno de la sociedad contemporánea y comprender que en su singularidad, se hace presente el contenido que organiza las relaciones sociales capitalistas. El turismo no puede ser situado dentro de una visión que secciona los saberes, o dentro de una visión del "saber parcelado", según la expresión utilizada por Batista (2010), y que se limita a sí mismo como disciplina o área de conocimiento. No se pueden negar sus características actuales, las de la sociedad del capital; lo que se puede, trabajando en los espacios de contradicción presente en el movimiento de la misma, es proponer maneras de abordar la actividad turística no solo como mercancía generadora de divisas para aquella cuota de la población, que normalmente se apropia privadamente de las riquezas sociales producidas por todos los hombres y mujeres.

El ecoturismo de conocimiento, propuesto tras la realización de toda la investigación de donde se originó esta tesis, no prescindirá de recursos financieros e inversiones públicas o privados para realizarse. Solo hará esfuerzos para ampliar la participación de las comunidades locales en la producción de renta buscando mejores condiciones de vida.

La calidad de vida, no se restringe, por supuesto, solamente al aumento de esta renta, sino en la participación y reconocimiento de sus acciones como productoras, socializadoras de saberes, y que se apropian de los conocimientos traídos y vehiculados por investigadores, estudiantes y turistas que buscan y participan, de diferentes maneras y a diferentes niveles, de las propuestas de esta modalidad de ecoturismo.

La valorización de las riquezas "naturales" y de los "fenómenos naturales" guardará relación con el "todo" social, comprendiendo que el término 'natural' no puede ser comprendido como algo en sí, sino en su significado social, es decir, naturaleza socialmente humanizada.

Por tanto, las investigaciones, estudios, observaciones de las tortugas marinas, por ejemplo, estarán influenciadas por su extinción. La tortuga dejará de ser solamente un animal para ser vista socialmente, de modo que se comprenda que al transformarse en mercancía de consumo, se extingue. Que la contaminación de las arenas y mares, hecho consecuente de la desenfrenada búsqueda de lucros, la destruye. Por supuesto que la tortuga precisa ser vista, también, dentro de sus características biológicas, que su hábitat tiene que ser conservado, que su puesta de huevos debe ser respetada sin ser molestadas por turistas, entre otras preocupaciones. Pero lo que el ecoturismo de conocimiento intentará proponer es no seccionarla (la tortuga o la contaminación como "objeto" del conocimiento en sí) solo como algo de biológico o económico. Intentará una integración de las disciplinas en la busca de una visión que agrega conocimientos diversos, interdisciplinarmente, tomándola como parte de una totalidad que manifiesta en sí las "leyes" sociales, al tiempo que las fundamenta.

Interdisciplinaridad, entonces, comprendida y pretendida en una perspectiva que no solo aproxima diferentes disciplinas o ciencias, sino que reconstituye un núcleo común entre los conocimientos que fueron cartesianamente seccionados en la institución de estas disciplinas. Más que reunir saberes, la interdisciplinaridad es concebida, en esta tesis, considerando que las especificidades de las diferentes miradas pueden unirse cuando el "fenómeno" en cuestión puede ser visto/estudiado como algo en cuya forma se hacen presentes los contenidos sociales e históricos, que organizan el vivir de los hombres y mujeres, y su relación de mutua constitución con tal "fenómeno".

25

Capítulo II. El ECOTURISMO Y LAS ÁREAS PROTEGIDAS BRASILEÑAS

II.1. CONSIDERACIONES SOBRE EL ECOTURISMO EN LA ACTUALIDAD

El ecoturismo es un segmento del turismo que propone la valorización del "medio ambiente" enfatizando la importancia de los cuidados prevenciones que conllevan el respeto a los recursos naturales y sociales de un destino turístico. En el caso en que se constaten señales de degradación por la destrucción o deterioro de tales recursos, es fundamental movilizar esfuerzos para minimizar tales impactos negativos y otras medidas destinadas a evitar la depredación total de los mismos.

El término "medio ambiente" base primigenia de nuestra investigación, merece, ser esclarecido. Para la presente tesis el mismo deja de referirse específicamente a la dimensión físico-geográfica de un ambiente en sí mismo, pasando, entonces, a ser considerado en su dimensión social. Es decir, considerar que cualquier espacio geofísico es, necesariamente, un espacio humano (humanizado), social e históricamente caracterizado.

Así, cualquier actividad o emprendimiento que relacione al turismo y al "medio ambiente" pasa a ser visto, entonces, dentro de una perspectiva social, lo que requiere una visión integral que interrelaciona todo lo que se refiere al espacio "social". De ahí la importancia de que ecoturismo, sea pensado desde esta perspectiva que lo caracteriza como algo que expresa las relaciones sociales, es decir, y las relaciones humanas en su contenido central, contenido que organiza el sistema de producción y que condiciona la existencia de los seres humanos en esta sociedad. Sin embargo, hay que considerar, también, que si el turismo es fuente de estas relaciones, las manifiesta, también las reproduce dialécticamente, tanto en sus posibilidades de destruir como de los recursos y las cadenas que rigen los equilibrios de los ecosistemas. En esta perspectiva hay que pensar que si la sociedad en su esencia viene siendo destructiva y depredadora de aquello que se considera como "medio ambiente", con el turismo, en general, no va a ser diferente. En una actitud de resistencia a los tendencias destructivas del capitalismo actual, el ecoturismo quiere hacer valer otra posibilidad de fundamentar esta relación entre el turismo y el llamado "medio ambiente", no solo conservándolo, sino también potenciándolo.

En consonancia con Swarbrooke, el ecoturismo es visto como:

> [...] un turismo en pequeña escala; más activo que otras formas de turismo; una modalidad de turismo en la cual la existencia de una infraestructura de turismo sofisticada es un dato menos relevante; emprendido por turistas concienciados y bien educados, conscientes de las cuestiones relacionadas a la sostenibilidad, además de ávidos por aprender más sobre esos temas; menos expoliativo de las culturas y de la naturaleza locales que las formas "tradicionales" de turismo (SWARBROOKE, 2000, p. 56).

En ese sentido queda evidenciada la necesidad indiscutible de que el ecoturista establezca un contacto responsable (respetuoso) con la población local y su cultura, con la naturaleza, con los ecosistemas en su estado natural, con la vida salvaje, cuando sea el caso, o con otro tipo de riqueza natural. Y, en la perspectiva de totalidad social, anteriormente citada, al respetar "su otro", la población local, este turista estará respetándose a si mismo, en una actitud de comprometimiento y conciencia de que él también es directamente responsable por los rumbos de la sociedad en que vive y de la herencia social que dejará a la población venidera.

Quisiéramos hacer algunos comentarios sobre algunos de los puntos que aparecen en la cita de Swarbrooke, destacada arriba. Por ejemplo, ¿De qué tipo de educación estará hablando el autor? ¿Cuáles son aquellos considerados como educados y conscientes? ¿De qué sostenibilidad se habla? Tales cuestiones pueden ser muy significativas, sin embargo, dichas de forma tan general pierden su fuerza y utilidad para la investigación, ya que parecen no considerar toda la diversidad que caracteriza los sujetos, y menos aun, sobre la clase social que los constituye y es constituida por ellos.

El ecoturismo es en la actualidad, foco de atención y objeto de intensas discusiones y estudios a causa de que son difícil de respetar sus premisas básicas, pautadas en principios de una sostenibilidad "efectiva" u "operativa", aquella cuya meta central no desconozca que en la sociedad en que se vive, cualquier iniciativa de sostenibilidad estará maculada por las reglas económicas vigentes. Por ello, se subraya el término "efectiva".   El ecoturismo, en el rumbo de la sostenibilidad posible, enfatiza aquello que sería deseable: la no depredación del "medio ambiente", o sea, del ambiente entero, considerándolo en su dimensión necesariamente humana.

En este sentido, una de las cuestiones importantes a resaltar, es aquella que se refiere a las relaciones entre los pueblos. Aunque no se pueda negar que cualquier actividad esté permeada por la economía, desde la perspectiva de la sostenibilidad, es preciso intentar desprenderse del hecho de que los valores financieros constituyan los únicos a ser considerados. La razón es que, en la dimensión estricta de la producción de estos valores, la perspectiva de las relaciones humanas queda relegada a un segundo plano. O, peor aún, a un plano en el cual lo humano sea un estorbo a las metas de realización plena de tales reglas económicas. Bajo una perspectiva integral, el plano económico, deberá estar, al menos, al mismo nivel de importancia que el social o el "ambiental" fundamentalmente para las iniciativas direccionadas al ecoturismo. En estos casos es fundamental tener en cuenta, siempre, la elevación del Índice de Desarrollo Humano (IDH) de las poblaciones que son destino turístico, aunque tal IDH no exprese en su totalidad las condiciones sociales de los pueblos y las iniciativas para favorecerlas sean un paliativo a la carencia en la que viven las poblaciones de ciertos destinos.

El ecoturismo, intentando caminar muchas veces en un sentido contrario al que prioriza el financiero, enfatiza la importancia de la diversidad de los cambios culturales y humanos, una vez que el ecoturista, en principio, no se identifica con aquel perfil de turista que sólo contempla y fotografía lo que ve, como quien admira algo sin implicarse socialmente con esta realidad. Cambios pautados en la apropiación bilateral y socialización de saberes y de los nuevos conocimientos a ser reproducidos en el desarrollo de las programaciones de la planificación ecoturística

La programación previa de actividades es un requisito fundamental en el ecoturismo debido a la necesidad de que estas actividades contemplen una participación consciente y comprometida de todas las personas involucradas con los principios o premisas del ecoturismo, por lo menos aquellos definidos bajo el punto de vista del autor de la presente tesis, y que parten de que 1º el medio ambiente es algo que le atañe a lo social y no a lo natural en sí, que 2º toda la naturaleza sólo puede ser vista en la perspectiva de su humanización – lo que equivale decir, en la perspectiva del modo de producción que organiza el vivir de los seres humanos en un dado periodo histórico; que 4º todos los conceptos o concepciones que se formulen sobre lo que se denomina ecoturismo no obedecen a una descripción teórica fija, como la sociedad actual y su ciencia desean y que 5º la misma no puede, nunca, ser vista como una generalidad que niega las clases sociales.

Cualquier actividad ecoturística supone el establecimiento de interacciones entre el sujeto visitante con anfitriones, los sujetos "nativos", siempre en la perspectiva de que ambos traen en la singularidad de sus "historias de vida", la historia de la sociedad capitalista como un todo, lo que supone posibilidades de que se establezcan conflictos si no se respetan sus diferencias, y entre sus diferentes culturas sin jerarquización entre ellas. Así, tal vez, sea posible que ambos se enriquezcan personalmente y que, condicionados por las necesidad imperiosa de cuidar el "medio ambiente", ambos se transformen, de alguna manera.

Diciéndolo de otro modo, es posible decir que la mirada del turista pueda revelar al sujeto nativo algo que él mismo no puede ver por sí, toda vez que está inmerso en su quehacer cotidiano inmediato. Por otro lado, también, el denominado nativo puede hacer cambiar el turista por el enfrentamiento de puntos de vista inaceptables para él, puesto que, en general, el visitante viene imbuido de ideas que fomentan una actitud de observador pasivo. Sin embargo, y en consonancia con el carácter educativo implícito del ecoturismo, todo el movimiento de visita, y también de realización de estudios e investigaciones (tendencia significativa, actualmente) acaba incidiendo en el modo de vivir de los habitantes y en las condiciones materiales y simbólicas de sus vidas. Las personas y lugares no pueden constituir algo a ser admirado, únicamente, como se resaltó arriba, y en la mayoría de las veces, registrado en imágenes fotográficas como si fuera alguna "cosa" que está fuera y que existe independientemente de la persona del turista que mira a todo y a todos como si fueran objetos (mercancías) a ser consumidos por la actividad turística.

Así, si el ecoturismo puede dispensar una infraestructura sofisticada en términos de excelencias de una hostelería cargada de servicios y comodidades según las demandas del perfil de turistas de renta elevada, también debe "sofisticar" las exigencias de las interacciones que se entablan entre visitantes y habitantes, o entre estos primeros y la "naturaleza" dentro de la cual interactúan.

Cabe resaltar que, aunque el visitante no interactúe de una manera más próxima con oriundos del destino, es que cierto el legado histórico y cultural, con sus contradicciones humanas, comparecerá, lo que provocará extrañeza al observador. Extrañar como acción de impactarse de tal manera que la diferencia aparezca, lo movilice y, sobre todo, desestabilice sus puntos de vista.

Popularmente se dice que "antes de un viaje se es uno y que después del viaje se es otro": el antes y el después de un viaje a determinados locales. O sea, los sentidos producidos por las experiencias vividas pueden reubicar al sujeto en su historicidad social. Y lo mismo se puede decir del local turístico y de la gente que allí vive: nadie y nada pasa inmune. Hay modificación, siempre, tanto de un lado como de otro.

Considerando lo expuesto, se puede decir que basándose en estas cuestiones, el ecoturismo intenta firmar una de sus premisas: la de que en cada visita o encuentro sean considerados los esfuerzos que resulten beneficiosos (¿o no?), de modo que el visitante y el visitado sean vistos como una totalidad inseparable y en permanente movimiento de producción de una nueva perspectiva de turismo.

Una de las primeras iniciativas de ecoturismo en Brasil, inaugurada a finales de la década de los ochenta del siglo pasado, relatada por Barros (*apud* LAJE; MILONE, 2000) y que, debido a su importancia, merece ser rescatada tanto por la innovación de la iniciativa como por las consecuencias de algunas actitudes tomadas en relación a determinados hechos, es la creación del primer hotel ecológico flotante en la región amazónica. Cuando los primeros turistas comenzaron a aparecer, los autóctonos, intentando obtener alguna renta con la visita, comenzaron a intentar vender animales exóticos, como algunas especies de monos. Obviamente, esta iniciativa pautada por la visión tradicional de un turismo de explotación, no fue exitosa. El hecho produjo muchas inquietudes, por lo extraño, producidas en aquellos que lo veían desde "fuera", o sea, "exotópicamente" (BAKHTIN/VOLOSHINOV, 1997). Fue así que un guía de turismo tuvo la lucidez de proponer una alternativa al afirmar: Nosotros no vamos a comprar el mono, no traiga nada más porque nadie va a comprar nada. Ahora, si nos lleva a ver a la manada de monos de donde usted mató a este de aquí, nosotros incluso podemos darle una gratificación (BARROS, *apud* LAJE; MILONE, 2000, p. 91).

Este incidente sin duda fue educativo para todos y marcó nuevas posturas tanto de un lado como del otro. Así,

> El nativo colocó a los turistas dentro de una canoa y los llevó donde estaban los monos. En aquel momento, descubrió que el mono vivo valía mucho más que el mono muerto, y más, que el mismo mono puede ser vendido 'n' veces (*ídem*).

En ese sentido, otro buen ejemplo es el del ecoturismo realizado con los elefantes como atractivos en Kenia. Una investigación realizada por el gobierno local, divulgada por el Instituto de Ecoturismo de Brasil (2009), revela que ese país obtuvo US$ 400 millones en 1988 con el turismo (su actividad más rentable). Este resultado derivó del desarrollo de un modelo de valoración sobre atracción turística de animales en el Parque Nacional de Amboseli, en el cual, proporcionalmente al número de visitas, un león vale

US$ 27 mil anuales y una manada de elefantes US$ 610 mil. Tal investigación estimó el número de visitantes que va al País para ver a estos elefantes africanos (Loxodonta africana) y confrontó el número de ejemplares de animales con el capital dejado por el visitante. Llegando al número de US$ 30 mil por elefante/año. Si se llevara en cuenta en cuenta que en el inicio del siglo pasado, cuando aún era legal la matanza de los elefantes motivada por sus colmillos (marfil), cuando un elefante muerto valía mil dólares, es fácil constatar que en términos financieros, ahora vale más con el ecoturismo. Es evidentemente mucho más ventajoso, además de pensar en la preservación de las especies, dejar al animal vivo y obtener un lucro de US$ 30 mil al año, que matarlo y ganar mil con su marfil. Ejemplos como esos se pueden verificar actualmente en varias partes del planeta, como por ejemplo, el buceo con tiburones en Sudáfrica, entre otros.

Se destacó arriba solo la cuestión financiera. Sin embargo, asociando tal hecho al ecoturismo, en una conceptuación más específica y por la cual se distingue del turismo de masa, predatorio o de expolio, hay que tejer otros comentarios: aquellos relacionados a la relación de los turistas con el "ambiente" y con la cultura del pueblo que allí vive.

Observar a un animal salvaje en un hábitat natural es, sin duda, una aventura instigadora: hábitos de alimentación, rituales de apareamiento, maternidad, "reglas" de vida en grupo, liderazgos y etc., movilizan de manera especial a cada visitante. Actualmente las actitudes de la preservación de este "ambiente" y de respeto a los animales, así como el respeto y consideraciones sobre la cultura local, no es algo que transcurra "naturalmente'. ¡Es necesario algo más! Es necesario que ambos, el turista y los denominados autóctonos, signifiquen cada paso de esta aventura con "actitudes ecológicas", teniendo claro qué significa decir esto, y del esfuerzo deliberado y consciente necesario para tanto. Esta perspectiva ecológica supone la conjugación de energías que compongan un todo en el cual los sujetos, del proceso relacionado a las actividades turísticas, constituyan, en una relación de mutualidad, nuevos rumbos frente al turismo tradicional de depredación.

Pero hay algo más importante, aún, y que lleva a formular la siguiente cuestión: ¿Quiénes son estos turistas y quiénes son estos "autóctonos"? ¿Qué soporte material ampara sus vidas? ¿Poseen los mismos derechos en lo que se refiere a la educación, salud, vivienda? No se pretende responderlas, incluso porque estos serán puntos comentados posteriormente, lo que se quiere, únicamente, es resaltar que las preocupaciones con la "naturaleza" en sí, a veces, son tan excesivas que descuidan ciertas cuestiones sociales importantes y que deberían constituir los cimientos del ecoturismo.

El ecoturismo, en esta perspectiva exige, siempre, preparación, aclaración, conciencia de que no puede reproducir las máximas de un turismo de masa, o de un turismo ciego en relación a las características sociales de los locales turísticos y de la población local. Las acciones del ecoturismo movilizan producción de conocimiento en todos los momentos del proceso de su realización. Conocimientos formalizados o no, explícitos o inmersos en las prácticas. Así, constituye una tarea del profesional del área del ecoturismo, entre otras, sistematizar/exigir coherencia entre la teoría y la práctica pregonadas por el ecoturismo y de los conocimientos generados. Esto es nuevo dentro del turismo, ya que nuevo es el proceso que reformula el turismo en su perspectiva tradicional.

De los cuestionamientos que desequilibraron el hacer del turismo tradicional derivó el ecoturismo, que surgió como un medio innovador de enfocar la actividad turística que está unida, siempre, al concepto de una sostenibilidad con ética que respeta efectivamente, y de forma conjunta, las dimensiones sociales y ambientales, no priorizando solamente la económica, en cualquier situación, principalmente, en las regiones que, aún hoy, presentan elevado valor ecológico. Regiones que son una constante en el territorio brasileño, especialmente, la del espacio que corresponde al recorte geográfico realizado para fines de estudio en la presente tesis: la Ruta de las Emociones en el nordeste brasileño.

II.1.1. Ecoturismo: Un concepto de extensa amplitud

Ante la falta de un consenso mundial acerca de un concepto sobre ecoturismo, es aconsejable tener como referencia aquello que se observa en la mayoría de los ya existentes: el núcleo conceptual común donde se verifica la presencia de palabras como sostenibilidad, beneficios al medio ambiente y poblaciones involucradas. Pires (2002) realizó una investigación a nivel mundial sobre la caracterización del ecoturismo y encontró, por lo menos, cuarenta conceptos diferentes confirmando ese núcleo entre ellos.

En función de esta diversidad conceptual, aun teniendo puntos en común, es importante aclarar que el concepto de ecoturismo que se tendrá como referencia en la presente tesis, es el del marco conceptual del Ministerio de Turismo (MTur), que servirá de base para otras reflexiones y proposiciones, incrementada con algunas consideraciones acerca de determinados términos en ella constantes y de la concepción de principios o premisas antes descritos. En la definición del MTur, se lee que,

> El Ecoturismo es un segmento de la actividad turística que utiliza, de forma sostenible, el patrimonio natural y cultural, incentiva su conservación y busca la formación de una conciencia ambientalista a través de la interpretación del ambiente, promoviendo el bienestar de las poblaciones involucradas. (MTUR, 2006).

Tales consideraciones relacionadas al concepto del MTur, se refieren, de entrada, al término "utiliza" que puede sugerir, en consonancia con el verbo de acción utilizar, algo asociado a la explotación. Tal vez, los principios del ecoturismo quedarían enfatizados si, en vez de la palabra "utiliza", constara la expresión: objetiva la protección sin restricciones del patrimonio natural y cultural y el desarrollo "sostenible" de las mismas... En cuanto al término "incentiva", cabe resaltar la importancia que su sustitución tendría para el ecoturismo si, en vez del mismo, constara algo más imperativo y que no dejara cualquier tipo de disculpa para la no conservación del patrimonio. La expresión "busca la formación de conciencia ambientalista" en el mismo concepto en el cual, en su primera frase, se encuentra el término "utiliza", puede dar a entender algo de acción mecánica o "una vía de sentido único", donde el ecoturista, o la población del lugar turístico, muestra pasividad. De la misma forma, la promoción del "bienestar de las poblaciones", sugiere acciones que vienen de fuera de las comunidades, algo que surge de la visión de quien observa y concluye, según sus valores particulares, sin involucrar y dar protagonismo a la población en la definición de lo que puede significar efectivamente el llamado bienestar y, además, refiriéndose a las personas en general, sin que se consideren las condiciones vinculadas a la realidad de los trabajadores y de aquellos que se benefician privadamente de las riquezas producidas por todos. Además, sería necesario destacar que la formación de tal conciencia sería mediada por la atención a las exigencias máximas de respeto al patrimonio "natural" y también cultural.

Las acciones de respeto a este tipo de patrimonio vienen, desde lejana fecha, siendo apuntadas como esenciales en el desarrollo del turismo. El turismo realizado en ambientes de naturaleza, respetándola, tuvo el nombre popularizado en la década de ochenta por el mexicano Héctor Ceballos-Lascuráin, que divulgó el término ecoturismo como una conexión entre turismo y conservación del "medio ambiente". Así, para este ambientalista el ecoturismo quedó definido como:

> viajar para áreas naturales conservadas y no perturbadas con el objetivo específico de estudiar, admirar y disfrutar el paisaje, sus plantas y animales, así como cualesquier otras manifestaciones culturales - pasadas y presentes - en estas áreas encontradas (CEBALLOS-LASCURÁIN, 2001).

Esta definición tiene particular sentido para la presente tesis, una vez que la misma presenta objetivos de gran concordancia con propuestas de desarrollo para el ecoturismo, con énfasis en la interacción por parte del visitante, así como algunas formas de producción del conocimiento.

Lascuráin complementa:

> Ecoturismo es una forma de ecodesarrollo que representa un medio práctico y efectivo de atraer mejorías sociales y económicas para todos los países, y es un poderoso instrumento para la conservación de las herencias naturales y culturales por el mundo (CEBALLOS-LASCURÁIN, 1991 *in* PIRES, 2002. p. 145).

En estas palabras, el autor destaca posibilidades de beneficios, sin especificar para quienes específicamente, el desarrollo del ecoturismo puede traer, si se realiza de manera coherente, con las premisas que resaltan preocupaciones centradas en la "sostenibilidad" de la actividad, en su más amplio sentido. En consonancia con Mielke (2009): en la integración entre cinco dimensiones bases, o pilares: "social, ambiental, cultural, económico y político-institucional".

Otro concepto respetado por autores del área es el evidenciado por The International Ecotourism Society (TIES), una ONG con sede en los EE.UU: "Ecoturismo es el viaje responsable en áreas naturales, visando preservar el medio ambiente y promover el bienestar de la población local" (TIES, 2009).

Entiéndase, repitiendo lo que ya se ha dicho antes que, para la presente tesis, hay que recordar que la promoción del bienestar es algo que debe ser gestionado con la población nativa, con vistas a la valorización de su cultura y generación de empleo y renta, teniendo como meta la elevar el IDH local, aunque esto no transforme estructuralmente las condiciones de vida de estas poblaciones.

La expresión viaje responsable, constante en el concepto anteriormente mencionado, está en sintonía con el perfil deseado del ecoturista y, así, de su aventura de conocer nuevos locales y culturas, no resultará en una depredación, falta de respeto y discriminación de aquello que le es diverso.

El ecoturismo, en consonancia con Pires (2002), es una actividad:

> (...) desarrollada en ambientes naturales y en su entorno cultural, donde el enfoque está por encima de todo, en la contemplación y en la integración física y emotiva con el ambiente visitado. Ese enfoque corresponde justamente al ecoturista-normalizado o típico, o sea, al segmento actualmente considerado mayoritario en el ecoturismo. Ese tipo de ecoturista acepta incorporar a esa experiencia contemplativa y de integración ambiental, una correcta dosis de aventura, desde que en los límites de su predisposición física y psicológica, además de tomar como bienvenida alguna carga de informaciones sobre el ambiente visitado (educación ambiental)... (PIRES, 2002, p. 253).

Como se puede constatar, por medio de los conceptos y definiciones referidas hay, en relación al ecoturismo, un núcleo de valores en común o según Pires (2002) "banderas ambientalistas, cuyo componente central es el paradigma de la sostenibilidad". A este núcleo urge sumar aquellas cuestiones relacionadas a la base del ecoturismo, que respeta específicamente la dimensión social, y a las que exige un respeto incondicional. Los comentarios que se harían sobre la opinión del autor antes mencionado obedecerían a las mismas cuestiones de los comentarios ya realizados sobre las opiniones de otros teóricos anteriormente citados.

II.1.2. La discrepancia entre la teoría y la práctica del ecoturismo

En muchas situaciones existen impedimentos generados en torno a aquello que la teoría del ecoturismo pregona y lo que sucede en sus prácticas. Obstáculos generados principalmente por el mercado, interesado simplemente en "vender turismo" a los turistas, lo que hiere los presupuestos del "verdadero" ecoturismo.

El autor Swarbrooke (2000) se refiere a esta cuestión afirmando que hay una desconexión entre teoría y práctica en el ecoturismo, caracterizándola como "eco-oportunismo". Fontes (2005), de la misma forma, alerta que es en realidad un "parasitismo ideológico".

Sin embargo, la difusión de la teoría que resalta los conceptos teóricos, antes destacados, del ecoturismo, sería extremadamente benéfica para iluminar la práctica de esa actividad diferenciándola del turismo de masa gestionado fundamentalmente por el mercado. Hay una distancia muy grande entre lo que se tiene como referencia en la teoría encontrada, en las publicaciones sobre el ecoturismo, y lo que realmente acontece en diversos destinos con la etiqueta "de ecoturismo". Esa cuestión se relaciona con locales propios del ecoturismo, y que así se presentan para los turistas, y la forma como los mismos interactúan con el patrimonio "natural" e histórico allí presente, como se resaltó.

Hay actualmente una apropiación indebida del prefijo "eco", que viene originariamente del griego *oikos*, que significa casa, medio en que vive, "medio ambiente", lo que debería éticamente traer una postura de respeto frente al mismo. Ese prefijo ha sido usado de cualquier manera simplemente por el hecho de atraer a más clientes, de vender más, como alternativa de marketing, en hostales, hoteles y no sólo por el *trade* turístico, sino también por otros sectores de la economía, que nada poseen de realmente "eco".

Un ejemplo de esto es una ilustración encontrada en el libro de Fennel (2002) "Ecoturismo, una Introducción", en el cual se relata el hecho de que una pantera vive encadenada a una pared de una hacienda local y es presentada como atracción ecoturística por una operadora de turismo en México. En otra situación, tortugas marinas, en la época de la puesta de huevos, quedan rodeadas por turistas que, seguramente, no son conscientes de que necesitan tranquilidad, o sea, espacio, y no ser molestadas.

Algunos críticos optaron por debatir el concepto de ecoturismo, desafiando los motivos de los propósitos ecoturistas y exponiendo las posibles hipocresías implícitas en el ecoturismo. Por ejemplo, Wheeller apunta que el ecoturismo puede ser sinónimo de 'egoturismo' y que es necesario prestar atención para no caer en ciertas trampas:

> ¿No estamos cayendo en la trampa de presumir automáticamente que mientras más alternativo, más planeado para el cliente y mientras más por encima de la media sea el producto... mejor él será en términos de sostenibilidad? Tenemos ahí la demanda por un egoturismo, políticamente correcto para el medio ambiente, pues, como todos sabemos, el viajero se unifica con la naturaleza. El ecoturista tan preocupado en comportarse de manera ostensivamente sensible en el medio ambiente vulnerable de la destinación, no suele preocuparse con el daño que causa al medio ambiente por el simple hecho de llegar a la destinación. Aquí la conveniencia adquiere precedencia sobre la conciencia – un coche para el aeropuerto y un avión a chorro difícilmente serán paradigmas de virtud para los patrones ambientales. Son diversos los viajes que... supuestamente no-perjudiciales para el medio ambiente, parecen ser dos viajes entre puntos diferentes. Con... [por ejemplo] una semana en medio de la jungla, supuestamente no-perjudicial para el medio ambiente, seguida por una semana recuperándose en un hotel de lujo frente al mar – una especie de "vamos a mimarlo en el seno de África inmutable". Sin duda que...

el paquete como un todo sería como turismo de naturaleza. (WHEELLER, 1996 *apud* SWARBROOKE, 2000, p. 59).

Esas citas son una buena muestra de las dudas generadas por las divergencias entre teoría y práctica del ecoturismo, y su preocupación real con la llamada sostenibilidad, o incluso con la moralidad y ética de la actividad, concebidas como algo donde los sujetos "flotan" por encima de las relaciones sociales vigentes.

Continuando con esa argumentación con la frase "El turismo puede ser una perturbación ecológica y sociológica devastadora", Fennell (2002) coloca una cuestión contundente y que debe servir de alerta a los que piensan o practican el turismo de una forma general. Una de las alternativas para que eso no se dé es reflexionar sobre otras formas de practicar y encarar la actividad turística, como, por ejemplo, por medio de la búsqueda del ecoturismo, realizado en consonancia con sus pertinentes principios, bien planeado y gestionado para que genere efectivos beneficios a visitantes y visitados. Está claro que estos requisitos no bastan ni poseen fuerza para enfrentar las cuestiones sociales que dividen a los trabajadores y propietarios, pero pueden constituirse como forma de enfrentamiento, siempre que no sean pensadas de forma general y desgarradas de la realidad histórica actual. El término beneficio, por ejemplo, puede ser blanco de muchas críticas si se entiende como producto, o resultado, de una acción orientada a una inversión pautada solamente en las reglas del mercado.

Otro problema, ya señalado, es que, por falta de una claridad conceptual del término ecoturismo, faltan datos efectivos sobre la extensión del mercado de este segmento del turismo, pues según la moda todo es "ecoturismo". En 1992, sin embargo, Filion (*apud* SWARBROOKE, 2000) intentó cuantificar el mercado, y afirmó que entre el 40% y el 60% de todos los viajes turísticos internacionales eran de "turistas de la naturaleza", o en otras palabras, de turistas que elegían destinos para experimentar la "naturaleza" y disfrutarla. Se cree que este porcentaje se mantuvo, e incluso aumentó, en la actualidad. El mismo autor también habló sobre los turistas curiosos por la vida salvaje, que son aquellas personas que viajan a determinados lugares con el propósito específico de conocerlo. Estimó que ese grupo suponía entre un 20 al 40% de todos los viajes de turismo a nivel global. O sea, aproximadamente la mitad de los turistas estaban más direccionados a la vida salvaje. Si esos datos son muy vagos, hay otros que de cierta forma cuantifican el mercado, tal vez de modo más realista.

En consonancia con Swarbrooke (2000), también en 1992, el Travel Departament Center, de Estados Unidos, estimó que cerca de ocho millones de norteamericanos afirmaron que harían un viaje de este género en los tres años siguientes. Dos años después una investigación realizada por Wight (*apud* SWARBROOKE, 2000), indicó también que un 77% de los viajeros norteamericanos ya habían hecho un viaje que se podría describir como ecoturismo en el sentido más amplio del término.

El llamado ecoturismo en el escenario mundial se caracteriza como un término impreciso y, tal vez por esto, sea preciso examinar la caracterización de los tipos de ecoturistas, en consonancia con Wight, el *continuum* del ecoturista,

> [...] - Personas que quieren ver la vida salvaje y/o los pueblos
> nativos con poca o ninguna preocupación en cuanto al impacto de
> su viaje, sea para la vida salvaje, sea para las personas;
>
> - Personas que quieren ver la vida salvaje y/o los pueblos nativos e
> intentan conscientemente no perjudicar la vida salvaje o las
> personas; - Personas que quieren no sólo ver la vida salvaje y/o
> pueblos nativos, pero que también quieren, de algún modo,
> contribuir para el desarrollo sostenible, por medio de su presencia
> en el área;
>
> - Turistas especialistas, como los que trabajan en proyectos de
> preservación (WIGHT, 1994 *apud* SWARBROOKE, 2000, p. 57).

Para la presente tesis, el ecoturismo posee un carácter innegablemente educativo y que el "medio ambiente", incluso el denominado salvaje, es social e históricamente caracterizado, una vez que sólo existe, o puede ser visto teniendo en cuenta que es un ambiente cuidado, preservado, explotado y degradado por las acciones de los seres humanos. Por lo tanto, un espacio también humano, que vuelve muda de significado después de cada visita. Así es difícil pensar que no haya impactos, tanto para la población local como para el visitante.

Otra cuestión básica para el ecoturismo es la noción de totalidad que engloba turistas y "autóctonos" en la relación que establecen entre sí en función del "ambiente" visitado. Una visita a la 'Tour Eiffel' puede ser realizada por una persona individualmente sin que esta intercambie cualquier mirada o palabra con otro turista que está en la misma situación. Sin embargo, una visita a un criadero de tortugas marinas, impone una forma de relación del turista con aquellos que administran, protegen y garantizan el nacimiento y desplazamiento de las crías, desde sus nidos en la arena, hasta el mar.

Cada visita corresponde al surgimiento de algo nuevo, por así decir, para el tratador/cuidador de tortugas: preguntas que remiten a algún punto que él mismo no había pensado antes, reacción frente a alguna forma de falta de respeto aún no practicado, sorpresa frente al desinterés por el proceso como un todo, elaboración de explicaciones didácticas para niños, perplejidad con la existencia de otros saberes que diferentes de los de la llamada cultura dominante... Finalmente, respuestas a lo enunciado (con palabras, expresiones faciales, acciones u otras) por su interlocutor que, por su parte, puede, también, enfrentarse a una serie de conceptos y preconceptos sobre la cuestión específica observada, modificando sus actitudes inmediatas o extendiendo el aprendizaje para otras facetas de su vida. De ahí surge el carácter educativo del ecoturismo. Hablar de este carácter es considerar que siempre se deja o se lleva algo de cualquier encuentro con otras personas y que esta experiencia se inserta en el *continuum* del vivir de todos suponiendo, entonces, la producción de movimientos derivados del proceso, movimientos que poseen, potencialmente, la posibilidad de cambios, transformaciones (aunque circunscritas a las restrictas posibilidades abiertas por la sociedad de entonces), pues, probablemente las personas nunca serán las mismas (visitante o población local) tras experiencias como estas antes ejemplificadas. Heráclito, filósofo de la antigüedad, sugirió algo sobre este mecanismo de transformación constante de los seres humanos al afirmar que: "un hombre no entra dos veces en el mismo río. La segunda vez, no es el mismo hombre ni el mismo río".

En este contexto se destaca la importancia de que el ecoturismo deje de, únicamente, "preparar" los locales para recibir al visitante y pase, también, a preparar al visitante para conocer los locales, como afirma Swarbrooke (2000): "En última instancia, sin embargo, el ecoturismo solo se hará más sostenible en caso de que los turistas exijan ese cambio o por lo menos estén dispuestos a aceptar sus implicaciones a sus experiencias turísticas".

Como reflexión, se puede pensar en que el hecho de aceptar esas implicaciones puede suministrar al ecoturista subsidios para entender un poco más el mundo y sus grandes diferencias sociales. El visitante que se prepare para comprender y convivir con esa diferencia sabrá reconocer la riqueza de esa experiencia.

En consonancia con el punto de vista de Neiman (2000), "No vamos todos encontrar un mismo camino ni compartir la misma opinión, evidentemente, pero podemos convivir con la aceptación de la diversidad – de hecho, lección número uno de la ecología – y compartir un código de ética que una a todos".

Otra cuestión a ser discutida es el antagonismo existente entre el "auténtico" ecoturismo y el turismo de masa. Esa lucha de titanes representa el propio desafío de la "sostenibilidad ética" (como se quiere defender en la presente tesis), que intenta conciliar y hacer posible el delicado equilibrio (el cual se viene, insistentemente, destacando en el transcurrir de este texto) entre el interés económico de un lado y las preocupaciones sociales y "ambientales" del otro.

El considerado turismo de masa es una práctica turística común que se desarrolló sin la más mínima planificación en cuanto al impacto negativo causado por visitas desordenadas. Está considerado por algunos autores como turismo "predatorio" de las localidades donde acontece.

Krinpperdorf (1982) busca una "forma alternativa de turismo y lo que sugiere es un enfoque opuesto al turismo convencional de masa". Ruschmann (2001) también afirma que "turismo de pequeños grupos es una nueva tendencia", o alternativa al turismo de masa. Sin embargo y, subrayando de nuevo, una gran amenaza al desarrollo del mismo es la existencia de grandes inversiones, orientadas únicamente a las demandas financieras. Como este tipo de iniciativa posee una sintonía mayor con el *trade* turístico en general, lo que se desea es que, por lo menos, haya la pretensión de hacerse "sostenible", Según Fennell (1994, p. 257): "Dejemos que los grandes *mega-resorts* y el turismo de masa hagan turismo sostenible, no ecoturismo". En esta misma dirección, Wall comenta:

> El desafío ambiental más importante para los planificadores y gestores del turismo no es el de encontrar un medio de introducir pequeños números de visitantes ambientalmente conscientes en ambientes intocados (aunque sea un objetivo válido), pero mucho

más vislumbrar formas sostenibles de turismo de masa (in FENNELL, 2002).

Rabinovicci (2009) llama la atención para los incontables esfuerzos que buscan alternativas a las diversas estrategias al turismo de masa y convencional, formulando, después, la siguiente cuestión: ¿por qué las mismas no son incorporadas por el ecoturismo y no se extingue el turismo no sostenible?

El éxito del turismo puede llevar a su fracaso. La búsqueda de beneficios de las inversiones a corto plazo, y la desenfrenada mercantilización de las actividades, acaban por desfigurar a la localidad, perdiendo su real poder de atractivo turístico responsable o ecoturismo. Se usó la expresión mercantilización de las actividades, para hacer una oposición frente a lo que es fundamental al ecoturismo, es decir, el hecho de no poseer como finalidad última la obtención de retorno financiero. Pero de ahí, a considerarse como turismo con sostenibilidad ética, serían necesarias grandes transformaciones, dentro de las cuales no sería necesario hablar de sostenibilidad. Sin embargo, y en consonancia con lo que se considera posible, se comparte la opinión del autor.

En la opinión de Swarbrooke (2000) muchos destinos de ecoturismo caen en este "destino". Afirma que en algunos casos: "ecoturismo de hoy, turismo de masa mañana". El mismo autor comenta que en las décadas de sesenta y setenta, las personas que realizaban safaris en Kenia componían un pequeño número de ecoturistas conscientes y preocupados, y que los impactos adversos eran relativamente pequeños tanto en la vida salvaje como en la población local. Fue entonces cuando la comunidad local, el gobierno y las operadoras de viajes extranjeras percibieron el potencial y comenzaron a desarrollar el producto "safari en Kenia". El número de viajes para safaris en Kenia comenzó a subir, y el antiguo especialista en turismo fue sustituido por el turismo de paquetes, del mercado de masa, que combina una semana de safari con otra para relajar en la playa, siendo esta, refinada y lujosa para los patrones de hostelería actuales (SWARBROOKE, 2000), equiparando las dos actividades, como si esto fuera posible. Los safaris acabaron provocando disturbios en la vida salvaje e incluso atascos de tráfico y de turistas en algunas áreas, al tiempo que muchos de los beneficios económicos "se escaparon" a las operadoras del exterior.

El turismo creció con mucha rapidez, sobrecargando ciertas localidades. Al mismo tiempo, el hecho de que el turismo, hoy, contribuya en gran escala para la entrada de capital extranjero en Kenia impone al gobierno la necesidad de tomar una actitud relativa a los intereses de la industria del turismo. Eso puede llegar incluso, a hacer que la población local tenga que transferir sus viviendas para otros lugares, teniendo hasta que ser trasladada a la fuerza, con el fin de permitir una mejor condición para la vida salvaje. Eso no solo es moralmente inaceptable, sino que también introduce un elemento extraño en un ecosistema que existe hace siglos (SWARBROOKE, 2000).

En consonancia con el mismo autor, el turismo de safari en Kenia es, hoy, un turismo de masa, poseyendo pocos de los beneficios del "verdadero/auténtico" ecoturismo ya mencionado anteriormente. Hay un movimiento en marcha para reducir los problemas concernientes, pero la mayor parte de los daños ya fueron realizados.

En muchos de los casos, el fenómeno del ecoturismo ha crecido tanto que llega a aproximarse a los peores aspectos del turismo del mercado de masa. Los autores Gurung y De Coursey mencionan lo que aconteció en otro destino,

> El trekking en Nepal, otra forma de ecoturismo, comenzó casi como una búsqueda espiritual, en la década de los sesenta, por aquellos que buscaban inspiración en la cultura nepalesa. Hoy él es parte del mercado del turismo de masa, con el número de trekking ultrapasando los 250% entre 1980 y 1991 (Gurung y De Coursey, 1994). Además de eso, Gurung y De Coursey estimaron que en un trekking en la región de la Annapurna, que esté en consonancia con los patrones de protección ambiental, cada grupo de 12 trekkers inicia la jornada con un equipo de apoyo de cerca de cincuenta personas. Los resultados de ese volumen de turistas en un medio ambiente tan frágil han sido los siguientes:
>
> - Deforestación, siendo la madera utilizada para encender hogueras para los turistas;
>
> - Importación de alimentos y productos para el hogar a fin de satisfacer las demandas de los turistas, que causó inflación local e introdujo dietas no-nutritivas;
>
> - Material no-biodegradable siendo despejado en las ciudades y en los morros;
>
> - Contaminación de los riachos por desagües;
>
> - Importación de valores occidentales inadecuados.
>
> (GURUNG y DE COURSEY, 1994 apud SWARBROOKE, 2000, p.60)

Algunos proyectos se están realizando, a un alto coste, para ajustar los resultados de destinos que eran considerados como auténtico ecoturismo y actualmente no lo son más. En una sociedad pautada por el capital, dentro de un sector en que las organizaciones muchas veces son más poderosas que los gobiernos de algunos países en desarrollo, como Brasil, se puede afirmar que ejemplos como este están ocurriendo en diversos locales. Rodrigues afirma que:

> (...) Fue, prioritariamente, con base en esta realidad, que se estructuró un discurso consensual sobre el turismo como depredador del ambiente. En contrapartida, hay otra corriente que, de forma apologética, ve en el turismo una forma de salvaguarda del ambiente. Entre estas dos posiciones extremas hay que dejar de lado los radicalismos en el sentido de buscar una comprensión del fenómeno del turismo en diversas escalas geográficas y en territorios precisos, con más base científica, despojándose de ideas

preconcebidas, expresadas por argots ya demasiado repisados (RODRIGUES, 2002, p.10).

En este mismo sentido, Rabinovici (2009), asevera que el turismo, tanto el alternativo como el convencional, puede producir discordancias: destrucción y crecimiento (simultáneos) de la conservación de los patrimonios naturales y culturales. Para Neiman (2002), las instituciones brasileñas involucradas en la organización y ejecución de las actividades del ecoturismo fueron estructurándose a partir de un carácter empresarial, con vistas a la prestación de servicios y retorno económico en detrimento de las prioridades "conservacionistas" que serán comentadas posteriormente. De hecho, esta característica es tan usual que, muchas veces, el propio ecoturista suele tener en su cuenta general "cuántos" lugares ya conoció y cuál será el próximo viaje que a ella añadirá, haciendo prevalecer lo cuantitativo en lugar del cualitativo, buscando nuevos destinos en las agencias que conoce para buscar nuevos viajes o volver a un lugar por haber tenido buenas experiencias allí, y desear ampliarlas (NEIMAN, 2002).

La lógica de los descubrimientos de nuevos viajes, de nuevos lugares acaba, en la mayor parte de las veces, teniendo la misma lógica del supermercado, es decir, se consumen paisajes y no se tiene una experiencia personal diferenciada. Claro que no se pueden generalizar estas observaciones, pues muchos tienen experiencias intensas y enriquecedoras. Sin embargo esa acaba siendo la lógica más común de los turistas, de las agencias y de las personas que trabajan con ecoturismo y de la manera en que está muchas veces desarrollándose (NEIMAN, 2002).

Neiman y Mendonça (2002) afirman que ese espíritu no está aislado de la tendencia general de la sociedad, pero se debe alertar hacia el hecho de que el ecoturismo puede hacerse con una actividad de dinámica propia, capaz de proporcionar experiencias de rescate muy significativas para los individuos y para la sociedad, y puede que se esté desperdiciando ese enorme potencial. Al pensar así, se cree que el ecoturismo no puede ser reducido simplemente al discurso del desarrollo sostenible, puede ser mucho más que eso con ese potencial transformador del turismo de masa, para visitantes y visitados. Esto puede ser significativo y algo nuevo para la mayoría de la gente donde el turista pueda, por ejemplo, asociar ocio, aventura y búsqueda de nuevos saberes como los nombres científicos de algunas especies de animales, y otros puntos aún a ser explorados sobre su naturaleza, sus reales características y comportamiento, entre otros. En este sentido, en la presente tesis, se valoran sobremanera estas interacciones con la "naturaleza", como actividades significantes del ecoturismo orientado a la producción y socialización del conocimiento, aspectos que serán descritos posteriormente.

Según Neiman (2000) las empresas raramente dedican atención especial a un trabajo educativo elaborado a partir de presupuestos innovadores. Suelen suponer que el simple contacto con la "naturaleza" ya es algo suficientemente excepcional para garantizar un cambio de comportamiento en los individuos. Las prioridades de conservación de la "naturaleza" y de las culturas locales no están siendo mínimamente atendidas por el vertiginoso crecimiento de esa actividad empresarial. Se pierde, con esto, mucha de la riqueza que los visitantes tienen en un contacto más intenso y más próximo con los espacios "naturales", donde pueden experimentar y enfrentar dificultades cuyas soluciones pueden contribuir para la superación de posibles limitaciones. En el senderismo, por ejemplo, donde se recorren senderos de más de un día, conocidos internacionalmente como *trekking*, surgen nuevos aprendizajes, se establecen durante el recorrido nuevas relaciones interpersonales, pues, muchas veces, es preciso ayudar al otro y permitir ser ayudado. Las experiencias de compañerismo y solidaridad pueden ser practicadas, sedimentadas y profundizadas. Se aprende a confiar en los compañeros de viaje y en uno mismo, acciones que, en general, no encuentran eco en lo cotidiano de la vida actual, vinculada al inmediatismo del hacer-hacer vertiginoso (NEIMAN, 2002).

A propósito, este mismo autor presenta nociones como las de "percepción de la interdependencia y de la complementariedad" que los visitantes tienen unos con otros. Un buen ejemplo de la actividad en este contexto es el Entrenamiento Empresarial al Aire Libre (TEAL), entrenamiento ofertado por algunas empresas especializadas en el asunto, en que son abordados conceptos como el de la horizontalidad, en que los participantes son obligados a enfrentarse sin ningún nivel jerárquico, diferente a lo acostumbrado dentro de las empresas. Se trata de un trabajo colectivo, de igual para igual con objetivos comunes. Al pasar por situaciones variadas, se deben aceptar las limitaciones de cada uno, sometiéndose a las alternativas ofrecidas por la naturaleza, estando abierto a lo imprevisto, a la superación de barreras, entrando en contacto directo con el agua y la tierra, por ejemplo, enfrentándose a muchas adversidades.

En consonancia con Rabinovici (2009) puede aún haber un cuestionamiento de los valores, un aprendizaje con la experiencia, haciendo que los turistas vuelvan renovados y enriquecidos, capaces de buscar reformulaciones para los aspectos indeseables de la vida cotidiana, en una acción de resistencia a los mandos que sostienen a la sociedad de consumo. En un viaje de ecoturismo, se puede cuestionar sobre qué es, de hecho, una necesidad, seguridad y comodidad, y si estos pueden ser vistos sin considerar la realidad social.

Debido al condicionamiento cultural, se puede exigir cierto nivel de confort y seguridad; pero es preciso tomar cuidado para que eso no masacre, no encubra el miedo de experimentar otras posibilidades de vivir y de pensar (ídem, 2009).

Sin embargo, muchas veces en el ecoturismo, una atención normalmente considerada "de calidad", puede hacer la experiencia del visitante totalmente previsible. En este sentido, Neiman (2002) apunta que un hostal con televisión y frigorífico en el cuarto, un guía bien entrenado, constituyen servicios de calidad como se espera que existan en cualquier lugar (lástima que esto solo sea posible para una parte de la población mundial). Pero, si el visitante no sabe lo que significa entrar en contacto con el "alma del lugar" (YAZIGI, 2001), se queda sin poder desear esa experiencia. Siendo que, esta "alma" y este deseo son "moldeados" socialmente.

Estos ejemplos revelan algo de las muchas discrepancias que son posibles de constatar en el ecoturismo, lo que demanda imperiosamente, estudios e investigaciones que aborden estas cuestiones y que puedan apuntar direcciones innovadoras a esta realidad.

II.1.3. Histórico de políticas públicas brasileñas del ecoturismo

Siguiendo un orden cronológico y de forma sintética, adaptado de Basso (2010), las políticas públicas de ecoturismo en Brasil recorrieron la siguiente trayectoria:

- En 1985 - primer proyecto de abordar la actividad turística en área natural, titulado "Turismo Ecológico", promovido por EMBRATUR – Instituto Brasileño de Turismo, en asociación con IBAMA – Instituto Brasileño del Medio ambiente y de los Recursos Naturales Renovables;

- En 1987 - Creación de la Comisión Técnica Nacional para monitorizar el Proyecto Turismo Ecológico (EMBRATUR / IBAMA);

- En 1991 - La entonces Secretaría de Medio Ambiente de la Presidencia de la República (SEMA), en asociación con ONGs, realiza el Iº Curso Básico de Conductor de Visitantes, siendo la primera iniciativa de capacitación para recursos humanos en Ecoturismo;

- Los años de 1992/93 - EMBRATUR lanza iniciativas de promoción del Ecoturismo, destacándose el Manual Operacional del Ecoturismo;

- En 1994 - En el intento de implementar una Política Nacional para el Ecoturismo, se formó un Grupo Interministerial de trabajo en el área, reuniendo técnicos del MMA, IBAMA, MICT, y de EMBRATUR. Contó con la participación de representantes del Ministerio de la Educación y Cultura, sector privado y ONGs;

- En 1995 - Publicación del documento Directrices para una Política Nacional de Ecoturismo, principal resultado de la acción de 1994;

- El año de 1998 – el Programa de Ecoturismo de la Amazonia Legal – PROECOTUR. Iniciativa del MMA, por intermedio de la Secretaría de Coordinación de la Amazonia, con la responsabilidad de estructurar el Ecoturismo en la región;

- En 1999 - la EMBRATUR lanza el proyecto Polos de Desarrollo del Ecoturismo en Brasil;

- En 2001 – el Instituto de Ecoturismo de Brasil (IEB), EMBRATUR y el entonces Ministerio de Deportes y Turismo publican, conjuntamente, el documento Polos de Ecoturismo Brasil, con los resultados del proyecto descrito anteriormente. En esta publicación, donde indicaron los 91 Polos de ecoturismo en el País con una división por Estados, aparecen los tres Estados foco de la presente tesis, con cuatro Polos que contemplan el recorrido turístico integrado Ruta de las Emociones. Son: MA 4 - Polo Delta del Parnaíba Maranhense; MA 3 - Polo de los Lençóis Maranhenses; CE 5 - Polo Litoral Oeste Cearense; PI 3- Polo Delta del Parnaíba. Sin embargo, con el cambio de gobierno y, común en Brasil, discontinuidad de las acciones del gobierno anterior, este proyecto se quedó parado temporalmente, para dar paso a otras políticas públicas consideradas prioritarias;

- En 2003 – Con la creación del Ministerio del Turismo (MTur), hubo una restructuración del Programa Polos de Ecoturismo. Actualmente queda claro que la prioridad es la política de Regionalización del Turismo, dejando este proyecto prácticamente sin expresión;

- En 2004 - los talleres, diálogos y estudio de las directrices para el ecoturismo para elaboración del documento Directrices para el Desarrollo del Ecoturismo, realizada por la Secretaría de Políticas del Ministerio de Turismo, con la participación de diversos representantes del segmento;

- En 2006 – se vuelve a publicar el marco conceptual del ecoturismo y realización de las Jornadas Técnicas de Segmentación en Ecoturismo en diversas unidades de la Federación. Se desarrollaron con el objetivo de ampliar la comprensión de las Unidades Federativas sobre los segmentos que están siendo trabajados por el Ministerio de Turismo, así como la capacitación de agentes locales para multiplicar la comprensión sobre cada uno de los segmentos. Las Jornadas fueron realizadas en todas las capitales brasileñas entre los meses de septiembre y noviembre de 2006, abordando el Ecoturismo en alguna de ellas;

- En 2007 – la restructuración del PROECOTUR por el Ministerio de Turismo;

En consonancia con Basso (2010), el Ministerio del Medio Ambiente (MMA) actualmente promueve acciones para el desarrollo del Ecoturismo. Actualmente, existen dos programas con este objetivo, el *Programa Nacional de Ecoturismo* de la Secretaría de Desarrollo Sostenible (SDS/MMA) y el *Programa de Visitas a los Parques Nacionales* de la Secretaría de Biodiversidad y Florestas (SBF/MMA). El Programa Nacional de Ecoturismo (PNE) del SDS/MMA visa apoyar el desarrollo de pequeños proyectos de Ecoturismo comunitario en el país, conocido como Bolsa de Ecoturismo de Base Comunitaria. El objetivo de este proyecto es fomentar la participación de las comunidades tradicionales en actividades de desarrollo ecoturístico.

También merece atención la existencia de programas que no están específicamente orientados al desarrollo del ecoturismo, pero auxilian a su desarrollo. En este sentido, se cita el Programa Economía Solidaria en Desarrollo, del Ministerio de Trabajo y Empleo – MTE; el Programa de Incentivo a las Fuentes Alternativas de Energía Eléctrica (PROINFA) del Ministerio de Minas y Energía – MME; Programa de Gestión de la Política de Desarrollo Regional y Ordenamiento Territorial del Ministerio de la Integración Nacional y algunos proyectos y planes del Ministerio de Turismo como el Proyecto Vivencias Brasil, el Plan Colores de Brasil, el Proyecto Excelencia en Turismo y el Plan 'Aquarela' de marketing internacional.

Entre programas, proyectos y planes del tercer sector y sector privado de importancia para el Ecoturismo se puede citar el Programa de Certificación en Turismo Sostenible (PCTS), inicialmente apoyado por el Banco Interamericano de Desarrollo (BID) y la Agencia de Promoción de Exportación e Inversiones (APEX), e idealizado en base a los principios de sostenibilidad establecidos por el Comité Brasileño de Turismo Sostenible (CBTS).

Conocido actualmente como Programa Bien Recibir – Calidad Profesional y Gestión Sostenible, el antiguo PCTS cuenta ahora con el apoyo del MTur y del SEBRAE, incorporando acciones que visan, además de la gestión sostenible, la elevación de la calidad profesional y la certificación de los medios de hospedaje.

También en 2007, fue lanzado el Plan Nacional de Turismo – PNT 2007/2010 – un Viaje de Inclusión. Considerado por el MTur (2011) como un "instrumento de planificación y gestión que coloca el turismo como inductor del desarrollo y de la generación de empleo y renta en el País". El Plan es fruto del consenso de todos los segmentos turísticos involucrados en el objetivo común de transformar la actividad en un importante mecanismo de mejora de Brasil y hacer del turismo un importante inductor de la inclusión social. Una inclusión que puede ser alcanzada por dos vías: la de la producción, por medio de la creación de nuevos puestos de trabajo, ocupación y renta y la del consumo, con la absorción de nuevos turistas en el mercado interno (MTUR, 2011).

Actualmente el programa Regionalización del Turismo propone la estructuración, el ordenamiento y la diversificación de la oferta turística en el país y se constituye en el referente de la base territorial del Plan Nacional de Turismo. Es, de esa forma, una plantilla de gestión de política pública descentralizada, coordinada e integrada, basada en los principios de flexibilidad, articulación, movilización, cooperación intersectorial e interinstitucional y en la sinergia de decisiones como estrategia orientadora de los demás macro programas, programas y acciones del PNT (MTUR, 2011).

En 2010 las siguientes metas fueron alcanzadas por las acciones del macro programa de regionalización: 116 regiones turísticas organizadas institucionalmente y la estructuración de 65 destinos turísticos, considerados con nivel de calidad internacional, por lo menos tres en cada Estado incluyendo todas las capitales; tales destinos fueron denominados inductores del desarrollo del Turismo Regional. El recorte geográfico de la presente tesis contempla 3 de estos considerados "Destinos Inductores" del turismo nacional por el MTur, son los siguientes: Parnaíba/PI, Barreirinhas/MA, Jijoca de Jericoacoara/CE, justamente las ciudades de acceso/puertas de entrada de las Unidades de Conservación de la Naturaleza del Recorrido Turístico Integrado Ruta de las Emociones.

De esta forma, actualmente con el déficit de políticas públicas específicas para el desarrollo del ecoturismo en áreas protegidas, las acciones implementadas y sus propuestas están aparentemente desactualizadas y también desunidas de las cuestiones de carácter ecológico y socio-ambiental, dejando la sostenibilidad en mera retórica.

Así, se hace evidente desde ya que la presente tesis considera que por la potencialidad del territorio brasileño y sus posibilidades para el ecoturismo y consecuentes beneficios, por las tímidas acciones efectivas hasta el momento, el Estado debería crear e invertir en más políticas públicas específicas para el desarrollo de perspectivas históricas donde el ecoturismo encuentre bases efectivas para concretizarse.

II.1.4. Ecoturismo, sostenibilidad y el turismo sostenible

Inicialmente, es importante evidenciar que el Turismo Sostenible (TS) debe estar pautado en las premisas de lo que se ha denominado como sostenibilidad ética en todas sus esferas, es decir: es aquel tipo de turismo que atiende a los criterios de compatibilidad social, cultural, ecológica y económica. Con un horizonte a largo plazo y respeto a las generaciones futuras, el TS es "éticamente y socialmente equitativo, culturalmente compatible, ecológicamente viable y económicamente adecuado y productivo" (STRASDAS, 2002). En este contexto, el ecoturismo puede ser considerado como "sub-componente" del TS, considerado como un concepto ambicioso (y casi impensable, hoy) cubriendo todas las formas de turismo, inclusive y obligatoriamente el aquí designado "auténtico" ecoturismo.

La comprensión del Ministerio de Turismo (MTur) sobre el segmento ecoturismo no desenlaza el mismo de la perspectiva de la "sostenibilidad": "Ecoturismo puede ser entendido como las actividades turísticas basadas en la relación sostenible con la naturaleza, comprometidas con la conservación y la educación ambiental" (BRASIL, 2006, p.11). Importante comentar la diferenciación ahí apuntada entre ecoturismo y turismo sostenible, conforme definido teóricamente:

> Se reconoce que el Ecoturismo ha liderado la introducción de prácticas sostenibles en el sector turístico, pero es importante resaltar la diferencia entre Ecoturismo y Turismo Sostenible. (...) los principios que se anhelan para el Turismo Sostenible son aplicables y deben servir de premisa a todos los tipos de turismo en cualesquier destinos. Mientras que, (...) el Ecoturismo se caracteriza por el contacto con ambientes naturales y por la realización de actividades que puedan proporcionar la vivencia y el conocimiento de la naturaleza, y por la protección de las áreas donde ocurre. O sea, se asienta sobre el trípode interpretación, conservación y sostenibilidad (BRASIL, 2006, p.11).

Si, según el MTur, la sostenibilidad es premisa de todo y cualquier tipo de turismo, en cualquier destino – y esta es, a buen seguro, una importante cuestión a las políticas públicas en lo que se refiere a la difícil sostenibilidad del turismo, queda la reflexión sobre lo que realmente es ecoturismo cuando se pasa a concebirlo no solo sobre el referencial de la sostenibilidad que tiene como preocupación sustentar las condiciones básicas para la reproducción del capital.

En la opinión de Wight (apud SWARBROOKE, 2000), el ecoturismo, del modo como es practicado, no puede ser intrínsecamente sostenible. Frente a esto elaboró nueve principios resaltando lo que sería un "ecoturismo sostenible" a su modo de ver. Son:

> - no debe degradar los recursos y debe ser desarrollado de manera completamente ambiental;

- debe posibilitar experiencias participativas y esclarecedoras en primera mano;

- debe involucrar la educación entre todas las partes – comunidades locales, gobierno, organizaciones no-gubernamentales, industria y turistas (antes, durante y después del viaje);

- debe implicar la aceptación de los recursos tales como son y reconocer su límites, lo que presupone una administración enfocada en el abastecimiento;

- debe promover la comprensión y las asociaciones entre muchos de los involucrados, y eso puede incluir el gobierno, organizaciones no-gubernamentales, la industria, los científicos y la población local (tanto antes como durante las operaciones);

- debe promover responsabilidades y un comportamiento moral y ético en relación al medio ambiente natural y cultural, por parte de todos los involucrados;

- debe traer beneficios a largo plazo – para los recursos naturales y culturales, para la comunidad y para las industrias locales (esos beneficios pueden ser de preservación científica, social, cultural o económica);

- debe asegurar que en las operaciones de ecoturismo la ética inherente a las prácticas ambientales responsables se aplique no sólo a los recursos externos (naturales y culturales) que atraen turistas, pero también a sus operaciones internas (WIGHT apud SWARBROOKE, 2000, p. 65)

Concluye, alegando que es preciso también que los gobiernos controlen a la vez y de manera eficaz el ecoturismo de baja calidad incentivando activamente el ecoturismo sostenible de buena calidad.

En ese sentido, es importante aclarar, que en la visión del autor de la presente tesis, la expresión ecoturismo sostenible es una redundancia, pues si el referente es el concepto de ecoturismo que fue adoptado para esta investigación, ecoturismo ya es sinónimo de turismo sostenible, o debería serlo. Se está de acuerdo con el punto de vista de Swarbrooke en el que se refiere a cómo se da la práctica de la actividad, el discernimiento a partir del punto de vista del investigador es que esas prácticas maléficas no son en realidad ecoturismo, mientras que el autor antes citado considera que son prácticas de ecoturismo, pero no sostenibles.

Para pensar sobre "turismo sostenible" es preciso que se hagan algunas consideraciones sobre el concepto de desarrollo sostenible, que es de conceptuación polémica. Actualmente algunos investigadores lo consideran mito, como Montibeller (2001), otros alegan que es preciso considerar que todos los ecosistemas del planeta ya sufrieron alteraciones, directa o indirectamente, por la acción antrópica y por eso es preciso orientar acciones para la conservación y que esto sería pensar con sostenibilidad.

De forma sintética: hay dificultades propias de la sociedad actual en conciliar intereses económicos con preocupaciones ecológicas y sociales y esto, tal vez, constituya el cerne de la polémica que se acentúa, más aún, cuando se cuestiona si la sostenibilidad puede o no, ser posible en el capitalismo. Sobre el tema, Haría y Carneiro, en Sostenibilidad Ecológica en el Turismo, opinan: "El antagonismo entre sostenibilidad y crecimiento económico es propio de la sociedad capitalista" (2001, p. 19). Se pone de relieve, también, aquí, la dificultad de conciliar las prioridades del capital con preocupaciones sociales y ecológicas.

En 1983 fue creada, por decisión de la Asamblea General de la ONU, la Comisión Mundial de Medioambiente y Desarrollo – CMMADA que circuló por el mundo y concluyó sus trabajos en 1987 con un informe llamado de "Nuestro Futuro Común". Es en este informe se encuentra la definición de desarrollo sostenible más difundida en todo el Planeta, a saber: "desarrollo sostenible es aquel que atiende a las necesidades del presente sin comprometer la posibilidad de que las generaciones futuras satisfagan a sus propias necesidades" (ECOAR, 2005).

En el evento multinacional conocido mundialmente como Eco-92 (o Río 92) hubo efectivamente una discusión mundial sobre desarrollo sostenible que marcó el inicio de esta preocupación en Brasil. Sin embargo, fue posible observar como poderosos agentes económicos transnacionales pasaron a integrar en su discurso la cuestión ambiental, y así desarrollaron nuevas formas de captar ganancias maximizadas, a partir de esa incorporación. Eso se pudo verificar, años más tarde, en la continuidad de esta argumentación, con el evento Río + 10 (Cúpula Mundial sobre Desarrollo Sostenible, 2002).

También es verdad que otras fuerzas se mueven, hoy, en sentido contrario, toda vez que ellas actúan en la preservación de lo que considera la supervivencia de la humanidad, consecuentemente, apoyadas en otra perspectiva de organización social. Pero aún es pronto para evaluar el grado de avance en esa correlación de fuerzas, tal como quedó explícito en los debates sobre globalización excluyente en el Fórum Social Mundial, en 2003

El concepto de desarrollo sostenible, en consonancia con Figueiredo:

> [...] no implica la idea de un no desarrollo o desarrollo cero; tampoco presupone solo la necesidad de detenerse el consumo excesivo. Ese concepto presupone, de hecho, un desarrollo que se auto-mantenga, a través de la preocupación con la capacidad de soporte de la naturaleza y, además, transfiriendo la noción de desarrollo económico para una visión más general que incluya la naturaleza, las sociedades, las culturas, finalmente, un desarrollo socio-económico equitativo y holístico (1999, p. 36).

Para la Comisión Mundial sobre el Medioambiente y Desarrollo (CMAD), el Desarrollo Sostenible es un "Modelo de desarrollo económico y social que atiende a las necesidades del presente sin comprometer la posibilidad de que las generaciones futuras atiendan sus propias necesidades".

El desarrollo sostenible surge, así, como una forma de conciliar el desarrollo económico, la preservación del "medio ambiente" y la valorización cultural de las comunidades que lo practican.

En este contexto, el turismo sostenible parecería ser una de las formas para alcanzar el desarrollo sostenible, a fin de evitar daños en el "medio ambiente", minimizando los costes sociales que afectan los habitantes de las localidades, optimizando los beneficios del desarrollo del turismo.

La Organización Mundial de Turismo (OMT, 2003) define el Turismo Sostenible como:

> "Aquel que atiende a las necesidades de los turistas de hoy y de las regiones receptoras, al tiempo que protege y amplía las oportunidades para el futuro. Es visto como un conductor a la gestión de todos los recursos, de tal forma que las necesidades económicas, sociales y estéticas pasan a ser satisfechas sin despreciar el mantenimiento de la integridad cultural, de los procesos ecológicos esenciales, de la diversidad biológica y de los sistemas que garantizan la vida" (OMT, 2003:24).

Para que el desarrollo turístico sostenible sea posible, en su planificación se deben considerar, según Días, los siguientes factores:

> • Sostenibilidad económica: incluye la maximización de la utilización de los recursos naturales, con reducción de los costes ambientales;

> • Sostenibilidad social: prevé la adaptabilidad y la capacitación social;

> • Sostenibilidad ambiental: analiza los niveles de visitación, los tipos de visitantes y su comportamiento;

> • Sostenibilidad cultural: conlleva estudio sobre singularidad, la fuerza y la capacidad cultural;

> La sostenibilidad política; es determinada por el apoyo y por la implicación de residentes del destino turístico. (2003, pp. 67)

El autor añade:

> "para alcanzar la sostenibilidad de un destino turístico, es necesario el esfuerzo integrado de los diversos actores del proceso: residentes, turistas, gobernantes. Empresarios, operadores etc.,

que buscarán integrar los recursos naturales y culturales en un proceso de planificación que establezca un desarrollo gradual y permanente diferente de aquel tradicional, que sacrifica el futuro, privilegiando las ganancias económicas y financieros inmediatos y sobre una base tecnológica prejudicial al medio ambiente. Una planificación comprometida con la preservación ambiental, viable económicamente y equitativa desde el punto de vista social" (DÍAS, 2003, pp. 69).

Una de las primeras estrategias de acción en turismo y sostenibilidad nació de la conferencia Globo, 1990, en la Columbia Británica, en Canadá. Los delegados de la conferencia sugirieron algunas metas relativas al turismo sostenible:

> 1ª - desarrolle mayor conciencia y comprensión de las contribuciones significativas que el turismo puede traer al medio ambiente y a la economía; 2ª - promover la equidad y el desarrollo; 3ª -mejorar la calidad de vida de la comunidad anfitriona; 4ª - ofrecer experiencias de alta calidad para el visitante; 5ª - mantener la calidad del ambiente del cual dependen los objetivos anteriores (FENNEL, 2002, p.26).

Según Rabinovici (2009), en 1996, la Organización Mundial de Turismo (OMT), el Consejo Mundial de Viajes y Turismo (WTTC) y el Consejo de la Tierra divulgaron la "Agenda 21 para la Industria de Viajes y Turismo", pasaron a enfatizar y recomendar la necesidad de la formación de asociaciones entre los sectores involucrados con la cuestión turística.

Otros eventos mundiales fueron significativos para la construcción de la teoría acerca del tema, entre ellos el Acuerdo de Mohonk sobre Turismo Sostenible (2000), en el cual se afirma que todas las acciones dependen necesariamente de la participación de la sociedad civil. El turismo sostenible puede ser entendido, según el "Acuerdo de Mohonk" – "como aquel que busca minimizar los impactos ambientales y socio-culturales, al tiempo que promueve beneficios económicos para las comunidades locales y destinos (regiones y países)" (ECOBRASIL, 2005).

También expresiva la Declaración de Quebec, Canadá, generada a partir de la Cúpula Mundial de Ecoturismo promovida por la Organización de las Naciones Unidas (ONU) en 2002. Este documento, oficializado en Johannesburgo (Río+10), y que se constituyó en un elemento orientador de las políticas internacionales para los próximos diez años, fue elaborado por especialistas en turismo sostenible de todos los segmentos.

Hay en Brasil, desde el inicio de los años 1990, alguna inversión de los órganos públicos para desarrollar el turismo sostenible responsable, al incluirlo como meta en las agendas políticas. Estas metas, directrices y acciones aparecen detalladas en varios documentos, entre los cuales destacan: Directrices para una Política Nacional de Ecoturismo (1994), Programa de Desarrollo del Ecoturismo en la Amazonia Legal (PROECOTUR) (1999), Polos de Ecoturismo de Brasil (1998).

> "La concepción de desarrollo sostenible conlleva un nuevo
> paradigma del pensar de las sociedades humanas según una
> nueva ética de democratización de oportunidades y justicia social,
> percepción de las diferencias como elemento orientador de
> planificación, comprensión de la dinámica de códigos y valores
> culturales y compromiso global con la conservación de recursos
> naturales" (IRVING, 2002, p.35).

En Brasil, Ruschmann (1994) fue la pionera en tratar del asunto Turismo y desarrollo sostenible. En la época lo que hizo fue intentar una aproximación de un turismo convencional con el debate ambiental popularizado en Río-92, acarreando una discusión considerada prematura, que aún no poseía características propias descritas y analizadas de otro tipo de Turismo.

Para esta autora,

> [...] El turismo sostenible incrementará los costes de su desarrollo,
> que se revertirán en el aumento del precio de los viajes para los
> turistas. La determinación de la capacidad de carga de los espacios
> turísticos limitará el acceso de personas en determinadas áreas, lo
> que generará una demanda mayor que la oferta que,
> consecuentemente, aumentará los precios para los visitantes. Por
> eso, el turista de masa no tendrá acceso a esos espacios y el turista
> de élite volverá a predominar en ese contexto (RUCHMANN, 1997,
> p. 17).

Para Pearce (*apud* BENI, 1998) el turismo sostenible es la "maximización y optimización de la distribución de los beneficios del desarrollo económico basada en el establecimiento y en la consolidación de las condiciones de seguridad bajo las cuales son ofrecidos los servicios turísticos, para que los recursos naturales sean mantenidos, restaurados y mejorados".

Hay, sin embargo una proximidad clara entre los conceptos de ecoturismo y turismo sostenible, como se comentó anteriormente. Swarbrooke (2000) hace un análisis histórico del concepto de desarrollo sostenible presentando las tres dimensiones que componen el turismo sostenible y que sirvieron de referencia a los principales autores y documentos del Ecoturismo. Ceballos-Lascuráin (2001), que acuñó el término Ecoturismo, lo hizo con la intención explícita de facilitar la asociación entre las ideas de turismo y las de conservación, facilitando así la popularización del término.

Actualmente, la viabilidad del turismo sostenible, a través del ecoturismo, en áreas con gran riqueza "natural", es sin duda, de fundamental importancia para la preservación del "medio ambiente natural" y sociocultural de una región. Algunos autores defienden que es importante que todos los involucrados en la actividad (la administración pública, empresarios, organizaciones no gubernamentales, profesionales del turismo, instituciones de enseñanza, población, entre otros), se unan y tomen conciencia de que el turismo, como actividad económica, puede generar renta en el sentido de la elevación del IDH, empleos, preservando el "medio ambiente" y valorando la cultura y las tradiciones de una comunidad.

Sobre la relación ecoturismo y desarrollo sostenible, SWARBROOKE comenta que la misma:

> - Trae beneficios económicos para la población local y puede ser fuente de renta para proyectos de preservación;
>
> - Tiende a darse en una escala muy pequeña y cuidadosamente gestionada;
>
> - Involucra turistas bastante conscientes de los ricos potenciales del turismo y que, en la peor de las hipótesis, deben comportarse de forma más sensible que los demás turistas;
>
> - Aumenta la concienciación de los problemas inherentes al turismo debido a su experiencia en primera mano con las cuestiones relativas a la sostenibilidad. Esos turistas podrán involucrarse activamente en campañas relacionadas con ellas al volver a casa. Es también una forma de turismo muy popular entre los turistas (SWARBROOKE, 2000, p. 48).

Es importante considerar, sin embargo, que no se trata simplemente de disminuir los ritmos de destrucción de la naturaleza y de volver a frenar y revisar esas tendencias y procesos, sino pensar en un turismo que se haga amparado en la perspectiva de un nuevo orden económico mundial, una nueva racionalidad productiva y un nuevo pacto social, que sean ambientalmente sostenibles (LEFF, 2010). En consonancia con este autor, "solo ahora comenzamos a aceptar que la degradación ambiental es de origen antropogénico (proviene de la racionalidad del orden económico y social imperante) y no se debe a causas naturales" (ídem). E incluso la afirmación expresiva: "la muerte entrópica del planeta no responde a una ley universal, sino al dominio de la economía sobre la naturaleza" (ídem).

Importante también, mencionar la Declaración de Belén del Fórum Global sobre Turismo Sostenible que ocurrió durante el Fórum Social Mundial, en Belén, Pará – Brasil, en febrero de 2009. La declaración inicia con las palabras "¡Nosotros afirmamos que otro turismo es posible y urgente!", algunos trechos significativos serán expuestos a continuación:

> [...] Denunciamos las políticas públicas hegemónicas de turismo como principal impedimento a la construcción de otro modelo de turismo. [...] Incitamos a todas las ciudadanas y ciudadanos del mundo a contribuir para la afirmación del turismo comunitario, solidario, justo y sostenible, a través de sus organizaciones y como consumidores conscientes, y a producir e intercambiar conocimientos y experiencias; defender políticas públicas que visan a la reglamentación del turismo, el fin de la financiación

pública a mega-emprendimientos turísticos y la garantía del derecho de acceso al territorio de las comunidades, de los derechos constitucionales de las mismas al desarrollo y a la autodeterminación, así como la aplicación rigurosa de la legislación ambiental respetando la diversidad biológica y cultural; y apoyar las luchas de resistencia en todo el mundo así como las alternativas y experiencias concretas de turismo comunitario y solidario.

De esta forma, se concluye que el ecoturismo cuando es planeado y gestionado observando los criterios de preservación del patrimonio "físico" y cultural y de la calidad de vida de todos los ciudadanos y ciudadanas puede, sí, ser sinónimo del denominado turismo sostenible. El documento "Directrices para una Política Nacional de Ecoturismo" (BRASIL, 1994), ya expuesto anteriormente, enfatiza, en este sentido, la "Promoción de la diversidad, integración armónica entre pueblos y sostenibilidad" como siendo puntos importantes para un turismo sostenible. Este parece ser el punto que todas las definiciones sobre turismo deberían tener en común. Principalmente por las distinciones entre el norte y el sur, ricos y pobres, depredar y conservar, que son significativas discusiones a ser hechas para una sostenibilidad efectiva.

El concepto de desarrollo es enfatizado en las discusiones relacionadas con el tema de la sostenibilidad, sin embargo vale observar, repitiendo y reafirmando lo anteriormente comentado, que para la presente tesis, se considera como una redundancia, una vez que el mismo solo puede ser considerado como tal si es "sostenible". En cambio el crecimiento económico puede acontecer aún sin sostenibilidad.

Es intrínseca a la definición de la palabra desarrollo la preocupación con progreso y generaciones futuras, pero urge considerar que, ni siempre, el mismo resulta en calidad de vida para la población y que, a veces, desarrollarse no significa "caminar hacia delante", crecer. A veces, hay necesidad de que la caminata se detenga, que dé algunos pasos hacia atrás. No se trata, por lo tanto, de algo lineal y continuo como quiere la sociedad del capital.

Se cree, en relación a las polémicas en torno a lo que se considera desarrollo sostenible, que este puede ser una alternativa a lo que se ve en este momento histórico en lo que se refiere al proceso de destrucción desenfrenada del planeta. Aun considerando diversos conceptos y las propias divergencias conceptuales, se puede pensar en alternativas (y no soluciones) para disminuir el impacto destructor de la acción del "hombre". El ecoturismo, se cree, es una de ellas. El ecoturismo puede traer una considerable "ayuda" para las comunidades que habitan las proximidades de las áreas turísticas, obviamente cuando sea planeado y gestionado según los criterios anteriormente expuestos en la presente tesis. De esa forma, la gran cuestión a ser respetada es aquella que conlleva el vivir de los hombres y mujeres que, divididos en clases sociales, disfruten de manera tan diferenciada de las riquezas producidas por los trabajadores en general y por aquellos del área del turismo en particular. Por lo tanto, no se puede clamar por acciones sostenibles sin que se considere esta realidad, pues sus frutos no pueden resumirse a algo que resulte en la apropiación privada de los mismos y que la sostenibilidad pregonada esté a servicio del mercado.

II.2. LAS ÁREAS NATURALES PROTEGIDAS EN EL CONTEXTO DEL ECOTURISMO

Inicialmente es interesante aclarar que la presente tesis, que recae sobre las áreas naturales protegidas y el ecoturismo, tiene sus bases ancladas en la Ley Federal brasileña (SNUC, 2000), que restringe o permite la actividad turística en algunas de esas áreas y en otras, como los Parques Nacionales, por ejemplo, cita solamente este segmento turístico y sus premisas, para ser desarrollado en el uso público de algunos de esos locales.

Las áreas protegidas por ley en Brasil, "son áreas creadas para proteger a todas las especies de plantas y de animales, o sea, la biodiversidad, para garantizar su supervivencia" (BRASIL, 2000). Esas áreas llamadas Unidades de Conservación de la Naturaleza (UC) son consideradas como de extrema importancia para el "medio ambiente" como un todo, para el equilibrio ecológico del clima, uno de los principales problemas ambientales de la actualidad. Importantes también para aprovisionar los manantiales de agua, asegurar la calidad de vida y posibilidades de futuro para el ser humano, además de garantizar la supervivencia y mantenimiento de la biodiversidad.

En el contexto de la presente tesis, se optó por abordar solamente las áreas protegidas por el Sistema Nacional de Unidades de Conservación de la Naturaleza, con foco en la región investigada, que se caracteriza como una muestra de las diversas existentes en gran parte de Brasil. Importante mencionar que existen otras áreas protegidas como, por ejemplo, las áreas indígenas que no serán aquí investigadas en este momento.

II.2.1. El uso público en el Sistema Nacional de Unidades de Conservación de la Naturaleza (SNUC)

En el contexto del ecoturismo y su desarrollo en áreas protegidas, es importante evidenciar, de inicio, terminologías conceptuales referentes al tema, tales como: plan de manejo, demarcación de zonas y el uso público de las Unidades de Conservación (UCs).

Según la Ley del Sistema nacional de Unidades de Conservación de la Naturaleza (SNUC), en su Art. 2°, se entiende por plan de manejo:

> Documento técnico mediante el cual, con fundamento en los objetivos generales de una unidad de conservación, se establece su zoneamiento y las normas que deben presidir el uso del área y el manejo de los recursos naturales, inclusive la implantación de las estructuras físicas necesarias a la gestión de la unidad (SNUC, 2000).

El término zoneamiento, presente en el plan, se entiende como:

Definición de sectores o zonas en una unidad de conservación con objetivos de manejo y normas específicas, con el propósito de proporcionar los medios y las condiciones para que todos los objetivos de la unidad puedan ser alcanzados de forma armónica y eficaz (SNUC, 2000).

Y referente al uso público, donde se definen donde y principalmente como van a realizarse determinadas prácticas de ecoturismo, el documento trae las siguientes proposiciones:

- Uso indirecto: aquel que no conlleva consumo, recolección, daño o destrucción de los recursos naturales;

- Uso directo: aquel que conlleva recolección y uso, comercial o no, de los recursos naturales;

- Uso sostenible: explotación del ambiente de manera que garantice la perennidad de los recursos ambientales renovables y de los procesos ecológicos, manteniendo la biodiversidad y los demás atributos ecológicos, de forma socialmente justa y económicamente viable (SNUC, 2000).

La elaboración de un programa de uso público de una UC es una de las etapas del plan de manejo, que define las actividades a ser desarrolladas en el área, estableciendo normas y directrices para su ejecución. Las informaciones sobre el tipo de usos y el perfil de los visitantes son requisitos para la preparación de planes de manejo eficientes. En Brasil es un documento necesario, por ley, para una efectiva visita que traiga beneficios reales y una utilización adecuada del área de una UC.

Para el Instituto Chico Mendes de Conservación de la Biodiversidad, (ICMBio), que es el órgano responsable por las mismas en el país, todas las unidades de conservación deben disponer de un plan de manejo, que debe comprender el área de la UC, su área de entorno llamada de zona de amortiguamiento y los pasillos ecológicos, con la importante nota: "incluyendo medidas con el fin de promover su integración a la vida económica social de las comunidades vecinas" (BRASIL, 2010).

En el País, hay muchas UCs sin planes de manejo. Son documentos caros y que llevan tiempo para elaborarse, además de poseer una complejidad multidisciplinar que muchas veces limita lo poco destinado a tal efecto por el gobierno federal.

La elaboración de planes de manejo, no se resume solo a la producción del documento técnico. El proceso de planificación y el producto plano de manejo son herramientas fundamentales, reconocidas internacionalmente para la gestión de la Unidad de Conservación. La interpretación del diagnóstico se relacionará con la definición de objetivos específicos de manejo, definiciones de zonas para las diferentes modalidades de usos, normas generales y programas de manejo.

En Brasil las denominadas Unidades de Conservación de la Naturaleza (UC) tienen distintas categorías y objetivos, definidas por la Ley 9.985 de 18/07/2000, del

Sistema Nacional de Unidades de Conservación de la Naturaleza (SNUC). En su gran mayoría son áreas públicas, gestionadas por los gobiernos (a nivel federal, estatal o municipal). Cada una de ellas tiene características y restricciones específicas.

Para dar un enfoque más específico a la conservación en la gestión ambiental federal, fue creado el Instituto Chico Mendes de Conservación de la Biodiversidad (ICMBio), el órgano ambiental más reciente del gobierno brasileño, creado por la ley 11.516, de 28 de agosto de 2007. El ICMBio es una autarquía vinculada al Ministerio del Medio ambiente e integra el Sistema Nacional del Medio Ambiente (Sisnama).

Pero la situación precaria en que se encuentran muchas UCs brasileñas lleva a una seria reflexión. De entrada, si están de hecho alcanzando los objetivos para las cuales fueron creadas, o sea, favorecer el rescate de la relación entre hombre y "naturaleza" y la básica conservación del "medio ambiente". Otro punto importante es si se están consiguiendo establecer cambios sociales y económicos para las poblaciones del entorno con el ecoturismo, su actividad prioritaria a ser desarrollada: por lo que se observa, no están haciendo, o lo hacen modestamente. Los parques nacionales, por ejemplo, son 67 en el País y solamente 21 están abiertos para visitas, como antes se apuntó.

Lo que ocurre, curiosamente, es que mientras las áreas protegidas se van extinguiendo, principalmente movidas por agentes económicos inmediatistas, el interés por ellas va creciendo. Según Neiman (2002) "no se trata de un fenómeno cultural aislado", en todas las regiones del mundo se encuentran individuos, discursos e instituciones preocupadas y activas en relación al significado y a las consecuencias de la desaparición de los ambientes y de las especies silvestres.

El mismo autor afirma que el poder público ha destinado escasos recursos para ese sector. Brasil ha creado áreas protegidas como forma paliativa de garantizar la preservación de ecosistemas, hasta que otras prioridades de un país denominado "en desarrollo" sean sanadas, tales como: competitividad de la moneda, balanza comercial, entre otras. Neiman (2002), dice que "lo más cruel es que esa visión económica no coloca en primer lugar a las personas, ni mucho menos a la naturaleza".

Proyectos educativos, sociales y ambientales quedan siempre en un segundo plano, ya que la lógica de mercado mundial exige a Brasil una posición orientada hacia la economía. Dentro de esa línea, Neiman (2002) comenta que "no hay fórmula mejor para la generación del espíritu individualista, materialista, consumista y competitivo del ciudadano contemporáneo". Cuando la política esté estable, cuando el país esté en pleno desarrollo, cuando crezca el PIB, cuando sea rico, ahí entonces será posible pensar en preservación, en educación, en cuestiones humanitarias.

Las visitas a la áreas protegidas, frente a esta realidad, deberían obligatoriamente favorecer experiencias educativas y de cuestionamiento de esos valores, independientemente de los tipos de visión que el visitante ya posea sobre las cuestiones "ambientales". Todas ellas deberían proporcionar experiencias transformadoras, que puedan añadir algo a la vida del individuo, siempre. Sin embargo, desgraciadamente, la visita a los espacios preservados no es accesible para todos. Y solo el que tiene recursos financieros para desplazarse hasta ellos los puede conocer. El ecoturismo en Brasil aún es una actividad restrictiva.

Actualmente se encuentran argumentos sobre la utilización "sostenible" de los recursos "naturales". La estrategia encontrada para la protección del patrimonio "natural" en Brasil fue la creación de esas UCs por el Ministerio del Medio ambiente (MMA), que a su vez permitió el turismo en las mismas. Oficialmente, desde el año 2000, se puede desarrollar el turismo ecológico, hoy llamado de ecoturismo, en algunos de estos espacios. Así es el segmento del turismo que pretende fomentarse en estas áreas.

Las UCs hoy en día son vistas como una alternativa para minimizar los problemas relacionadoscon la apropiación indebida de la "naturaleza" y la degradación "ambiental". Sin embargo aún no existe un consenso en la comprensión sobre la práctica de la gestión de estas áreas, tanto por parte de la sociedad como de muchos responsables por esas políticas. Símbolos de la riqueza natural de diversos países, las áreas "naturales" protegidas son, además de atractivos importantes, generadores de incontables beneficios para las localidades y hasta fuente de renta para comunidades del entorno, por medio del desarrollo del turismo "sostenible".

En Brasil esas áreas están localizadas, en su mayoría, distantes de los grandes centros y cercadas por comunidades carentes. Sin embargo, como en gran medida son de patrimonio público, administradas con recursos federales de forma centralizada, sufren en la actualidad falta de inversiones para su adecuado mantenimiento.

En esta coyuntura, la actividad turística surge como importante herramienta para obtener recursos, generar empleos y consecuente inclusión social, rescatar y valorar la cultura local, y sobre todo, conservar las bellezas "naturales" y promoverlas para generar divisas a partir de su estado natural.

> [...] vemos las Unidades de Conservación con la principal materia-prima para el ecoturismo, por la protección a obras superiores de la naturaleza, lo que se revertirá en beneficios para toda la sociedad y el propio ambiente natural. Son esas células distribuidas por el territorio estadual que proporcionarán mayor atracción turística. (HACHA, 2005, P. 53)

Por otro lado la actividad turística posee particularidades que hacen compleja la tarea de desarrollarla en algunos locales, como por ejemplo, un mercado muy fragmentado, que depende de decisiones descentralizadas y con distintas motivaciones de millones de turistas individualmente.

Para una comprensión efectiva se hace necesario el conocimiento más amplio de conceptos adoptados por el Sistema Nacional de Unidades de Conservación (BRASIL, 2000), que por unidades de conservación entiende:

> Espacio territorial y sus recursos ambientales, incluyendo las aguas jurisdiccionales, con características naturales relevantes, legalmente instituido por el Poder Público, con objetivos de

conservación y límites definidos, bajo régimen especial de administración, al cual se aplican garantías adecuadas de protección (SNUC, 2000, Art. 2º)

Algunas permiten la explotación del ecoturismo y otras, pocas, no. Están divididas en dos categorías, las de protección integral "mantenimiento de los ecosistemas libres de alteraciones causadas por interferencia humana, admitido solo el uso indirecto de sus atributos naturales" (SNUC, 2000), y las de uso sostenible "explotación del ambiente de manera a garantizar la perennidad de los recursos ambientales renovables y de los procesos ecológicos, manteniendo la biodiversidad y los demás atributos ecológicos, de forma socialmente justa y económicamente viable" (ídem).

El grupo de las Unidades de Protección Integral está compuesto por las siguientes categorías de unidad de conservación: Parque Nacional, Refugio de la Vida Silvestre, Monumento Natural, Estación Ecológica, Reserva Biológica, las dos últimas son las UCs más restrictivas, que no permiten la visitación pública y consecuentemente el ecoturismo, solamente para preservar la biodiversidad y algunas investigaciones científicas. Por otro lado, las otras tres sí permiten visitas, y además, los Parques Nacionales, se consideran como materia prima para el ecoturismo a nivel mundial.

Ya en el grupo de las Unidades de Uso Sostenible, las actividades de ecoturismo están permitidas. Está compuesto por: Área de Protección Ambiental, Área de Relevante Interés Ecológico, Floresta Nacional, Reserva de Explotación, Reserva de Fauna, Reserva de Desarrollo Sostenible y Reserva Particular del Patrimonio Natural.

En 2000, fue publicada la Ley 9985 sobre el Sistema Nacional de Unidades de Conservación (SNUC) que aclara sus objetivos:

Art. 4 El SNUC tiene los siguientes objetivos:

I - contribuir para el mantenimiento de la diversidad biológica y de los recursos genéticos en el territorio nacional y en las aguas jurisdiccionales;

II - proteger las especies amenazadas de extinción en el ámbito regional y nacional;

III - contribuir con la preservación y el restablecimiento de la diversidad de ecosistemas naturales;

IV - promover el desarrollo sostenible a partir de los recursos naturales;

V - promover la utilización de los principios y prácticas de conservación de la naturaleza en el proceso de desarrollo;

VI - proteger paisajes naturales y poco alterados de notable belleza escénica;

VII - proteger las características relevantes de naturaleza geológica, geomorfológica, espeleológica, arqueológica, paleontológica y cultural;

VIII - proteger y recuperar recursos hídricos y edáficos;

IX - recuperar o restaurar ecosistemas degradados;

X - proporcionar medios e incentivos para actividades de investigación científica, estudios y monitoreo ambiental;

XI - valorizar económica y socialmente la diversidad biológica;

XII - favorecer condiciones y promover la educación e interpretación ambiental, la recreación en contacto con la naturaleza y el turismo ecológico;

XIII - proteger los recursos naturales necesarios a la subsistencia de poblaciones tradicionales, respetando y valorando su conocimiento y su cultura y promoviéndolas social y económicamente (BRASIL, 2000).

De esa forma, existen categorías donde la intervención humana es mínima, pues deben mantener las especies, las comunidades y procesos ecológicos en el estado más primitivo posible. En otras categorías la presencia humana está permitida, siempre que las condiciones originales de los ecosistemas no sean significativamente alteradas.

Según los datos de la Organización Mundial de Turismo (OMT), las llegadas internacionales (los turistas que cruzan fronteras para viajar) han crecido más que un 4% al año desde 1980, superando la marca de 750 millones en 2010.

En consonancia con Janér (2002), "la tendencia de crecimiento debe continuar en este ritmo – a pesar de una estagnación a corto plazo – llegando a 1.6 mil millones de turistas internacionales en 2020".

GRAFICO 1 – Llegadas internacionales

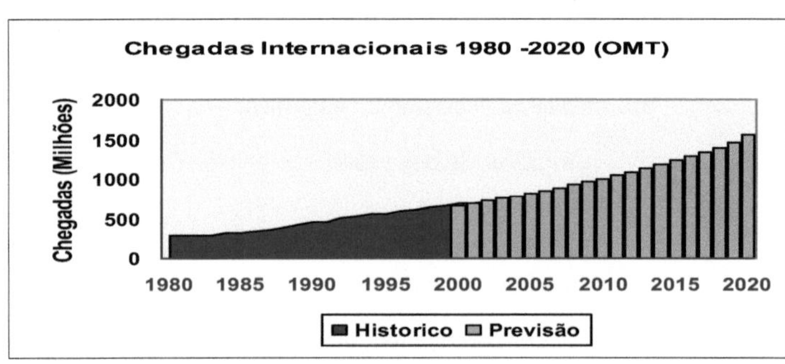

Fuente: OMT *apud* Janér (2002): Llegadas Internacionales

La calidad de los recursos "naturales" sean ellos sol y mar, montaña, floresta, medio rural u otro ambiente, es un factor clave para la generación de turismo internacional en un destino.

La *The International Ecotourism Society (TIES)* estimó ya en 1994, que, entre el 40% - 60% del turismo internacional podría ser calificado de turismo de naturaleza.

Datos específicos por país emisor también confirman este grado de importancia de la naturaleza, recordando que para la mayoría de los turistas, el principal atractivo natural aún es sol y mar. Un estudio del OMT (1999), sobre los principales mercados emisores, segmenta los tipos vacaciones de ocio internacionales en sol y mar, visita a ciudades, guiones ("touring") y campo. Excepto la categoría ciudades, todas se basan en el ambiente natural.

Estudios enfocados en el mercado de ecoturismo (OMT, 2002), muestran, por ejemplo, que un 60% de los turistas alemanes e ingleses tienen interés en actividades en la naturaleza.

CUADRO 1 - Importancia de vacaciones de ocio en la naturaleza en países europeos seleccionados

Países	Tipo		
	Sol/Mar	Circuitos	Campo
Alemania	32%	13%	11%
Inglaterra	46%	16%	9%
Francia	26%	32%	-
Itália	25%	41%	-
Holanda	27%	13%	23%

Fuente: OMT (2008)

Otro factor que perjudica las UCs nacionales es la completa falta de infraestructura, principalmente por la falta de inversiones del gobierno. La solución encontrada, infelizmente, fue abrir mayores facilidades para la iniciativa privada, toda vez que los buenos ejemplos de infraestructura existentes en las UCs brasileñas pertenecen a ellas.

De cierta forma, es reconocer la falta de actitud gubernamental y facilitar que otros aceleren el proceso de implantación de un turismo "sostenible" en el local, por más irónico que esto parezca. Sin embargo Davis Gruber Sansolo, autor especialista en el área comenta: "Llama la atención el interés por parte del gobierno federal de intensificar la visitación en los parques nacionales, lo que puede ocasionar un efecto inverso a los objetivos de los parques, por la falta de condiciones adecuadas para la recepción de turistas". (SANSOLO, 2009). Obviamente, y muy importante, se espera que organicen con mano de obra calificada, fiscalización y acompañamiento de los sectores públicos, esas inversiones de la iniciativa privada en UCs.

Pensando como turista, parece más interesante el local cuando hay más actividades elaboradas junto al atractivo "natural". El hecho de existir una práctica respetuosa con el "medio ambiente", agrega valor significativo a la naturaleza de la región para la atracción/satisfacción de los visitantes. Como ejemplo, describiendo un poco una actividad de éxito: la actividad de flotar en el municipio de Bonito en Mato Grueso del Sur en el suroeste brasileño, que consiste en dejarse flotar en la leve corriente del río con equipamiento específico (máscara, *snorkkel*, flotador) observando una gran cantidad y variedad de peces (pues la pesca y uso de motores en barcos está prohibida en la región desde hace casi dos décadas) en una de las aguas más cristalinas del mundo, caliente y con mucho verde a su alrededor, visibilidad superior a 30 metros, durante tres kilómetros y con toda seguridad. Esta actividad turístico/recreativa es ofrecida por al menos cinco operadoras de ecoturismo locales, que cobran cerca de diez euros por persona y tienen colas de espera que pueden durar semanas. El visitante que va a Bonito tiene que reservar con antelación su paseo o correr el riesgo de ir al municipio y no realizar la actividad, pues el consejo de turismo local, el COMTUR, definió limitaciones en el número de turista por actividad para no sobrecargar el "medio ambiente".

Interesante aclarar que, por la óptica de la presente tesis, esas actividades deberían ser de coordinación exclusiva del servicio público, ya que se trata de UCs. La sostenibilidad perseguida por la iniciativa privada no es la misma que se defiende aquí, donde los intereses son del colectivo. Así, tales iniciativas pueden y deben ser elaboradas por cooperativas o asociaciones locales, conforme al abordaje que se haga, sobre el turismo de base comunitaria, que será discutido en otro capítulo, posteriormente.

La argumentación sobre limitaciones en el número de visitaciones de un atractivo, llamada en el ecoturismo de capacidad de carga turística, puede no cumplirse si el interés esté dirigido al número de entradas vendidas, en el caso de iniciativas con preocupaciones económicas, prioritariamente. Como ejemplo, se puede pensar nuevamente en Uganda donde la capacidad de carga es siempre presente y

> [...] donde el turismo hoy en día se hizo el mayor componente en la balanza comercial. Muchas personas van a Uganda casi exclusivamente para conocer la montaña de los gorilas. El parque nacional es el principal contribuyente para la economía del lugar, pero solamente ocho personas por día pueden subir hasta allá, con el objetivo de impactar lo mínimo posible el equilibrio. Si son solamente ocho al día y esa es una de las mayores fuentes de renta para el País, se puede imaginar cuánto se cobra por esa 'hazaña'. Uganda tiene otros diversos atractivos para que las personas tengan qué hacer mientras esperan por esa oportunidad. Es el lado cultural del medio ambiente siendo beneficiado por la actividad turística y que toma como instrumental la materia-prima y la contribución de la naturaleza (BARROS *apud* LAGE; MILONE, 2000, p.88).

Así, se ve como fundamental los cuidados con los impactos causados por la visita al "medio ambiente". Los llamados cálculos de capacidad de carga turística evidencian la necesidad de algunos parámetros para el volumen máximo de turistas que pueden recibidos en determinada localidad, para que haya una menor depredación. Un ejemplo de estas prácticas responsables de ecoturismo con respecto al cálculo de capacidad de carga, en Brasil, es el del Parque Nacional Marino de Fernando de Noronha.

En lo que se refiere a la organización de actividades en UCs, el decreto n° 4.340, de agosto 2002, que reglamenta la Ley 9985, con la autorización de explotación de bienes y servicios, dio nuevos argumentos para reflexiones:

> - Decreto 4.340 CAPÍTULO VII DE LA AUTORIZACIÓN PARA LA EXPLOTACIÓN DE BIENES Y SERVICIOS
>
> Art. 25. ES pasible de autorización la explotación de productos, sub-productos o servicios inherentes a las unidades de conservación, en consonancia con los objetivos de cada categoría de unidad.
>
> Párrafo único. Para los fines de este Decreto, se entiende por productos, sub-productos o servicios inherentes a la unidad de conservación:
>
> I - aquellos destinados a dar soporte físico y logístico a su administración y a la implementación de las actividades de uso común del público, tales como visitación, recreación y turismo;
>
> II - la explotación de recursos forestales y otros recursos naturales en Unidades de Conservación de Uso Sostenible, en los límites establecidos en ley.
>
> Art. 26. A partir de la publicación de este Decreto, nuevas autorizaciones para la explotación comercial de productos, sub-productos o servicios en unidad de conservación de dominio público sólo serán permitidas si previstas en el Plan de Manejo, mediante decisión del órgano ejecutor, oído el consejo de la unidad de conservación.
>
> Art. 27. El uso de imágenes de unidad de conservación con finalidad comercial será cobrado conforme establecido en acto administrativo por el órgano ejecutor.
>
> Párrafo único. Cuando la finalidad del uso de imagen de la unidad de conservación sea predominantemente científica, educativa o cultural, el uso será gratuito.
>
> Art. 28. En el proceso de autorización de la explotación comercial de productos, sub-productos o servicios de unidad de conservación, el órgano ejecutor debe disponer la participación de

personas físicas o jurídicas, observándose los límites establecidos por la legislación vigente sobre licitaciones públicas y demasiadas normas en vigor.

Art. 29. La autorización para explotación comercial de producto, sub-producto o servicio de unidad de conservación debe estar fundamentada en estudios de viabilidad económica e inversiones elaboradas por el órgano ejecutor, oído el consejo de la unidad.

Art. 30. Queda prohibida la construcción y ampliación de construcciones sin autorización del órgano gestor de la unidad de conservación (BRASIL, 2000).

A partir de las publicaciones de los estudios hechos por los Ministerios del Medio ambiente y del Turismo y de Leyes Federales brasileñas como la anteriormente citada, se concluye que la visitación de personas en las UCs es una poderosa herramienta para sensibilizar a la sociedad sobre la importancia de la conservación de áreas y procesos naturales. "El contacto directo lleva al visitante a adoptar diferentes conductas y posturas personales y políticas favorables a la protección del medio ambiente", conforme ASSCOM (2010). El turismo que es practicado dentro de las unidades de conservación es un turismo orientado, en el que las personas visitan la unidad, entienden el proceso de conservación. A partir de esa visitación, pueden desarrollar actividades en lo que concierne a su comportamiento fuera de la unidad, pues "[...] en la unidad se desarrolla una actividad de turismo que es efectivamente sostenible y que respeta todos los parámetros de calidad ambiental" (ASSCOM 2010).

En los Estados Unidos, hay cerca de 390 áreas conservadas, UCs, de las cuales 58 son consideradas parques nacionales. Allí, el número de visitantes es mucho mayor. "Es un país que obviamente tiene grandes áreas protegidas, pero yo diría que no tiene las bellezas naturales que nosotros tenemos y tiene cerca de 172 millones de visitantes/año", comparó, en declaración, el presidente del Instituto Chico Mendes de la Biodiversidad (ICMBio) Rômulo Mello, al resaltar que, de esa forma, Brasil tiene gran potencial debido a la enorme diversidad ambiental (ASSCOM 2010).

Brasil actualmente posee más de 110 millones de hectáreas de áreas naturales protegidas, bajo la forma de UCs, conforme RYLANDS y BRANDON (2010). En las dos categorías existentes de UCs, Protección Integral y Uso Sostenible, los autores comentan,

> Los estados invirtieron relativamente poco en las unidades de protección integral, y ellas constituyen solamente un 16,5% del área total bajo protección estadual. Lo que hicieron, fue crear unidades de conservación de uso sostenible, estableciendo 295 áreas, lo que cubre 44.397.707ha (Tabla 1). La mayoría, en número (181) y en área (69%), son APAs, en todo el país. Las APAs son más próximas de un mecanismo para ordenamiento del uso de la tierra que una área protegida verdadera, involucrando

zoneamientos que incluyen algunas unidades de protección integral (RYLANDS y BRANDON, 2010).

Las Áreas de Protección Ambiental (APAs), UCs pertenecientes a la categoría "Uso Sostenible", son de las más permisivas en términos de utilización sostenible de las UCs. Cuando aparece un problema territorial conectado a una UC, hay una nueva clasificación para la categoría de APA y, con ese "descenso ambiental", se puede conciliar la UC con presencia humana habitando en sus áreas. Pierden "restricciones", es decir, en lo relativo a la protección, sin embargo puede facilitar el desarrollo social de iniciativas comunitarias sostenibles de ecoturismo.

Otro punto significativo para pensar en valorar las UCs brasileñas, exaltando sus posibilidades de poder de atracción para un turismo que valore el "medioambiente", en la perspectiva del ecoturismo, es considerar que,

> En el contexto brasileño, las reservas de la biósfera son iniciativas regionales, como la Reserva de la Biósfera de la Mata Atlántica (29.473.484ha) y la Reserva de la Biósfera del Cerrado (29.652.514ha). Esas reservas están entre las mayores ya reconocidas por la Organización de las Naciones Unidas para la Educación, la Ciencia y la Cultura (UNESCO) y, con las reservas de la biósfera de la Caatinga, del Pantanal y del Pasillo de la Amazonia Central, se extienden por más de 15% de la superficie territorial del país (RYLANDS y BRANDON, 2010).

Las UCs de Brasil presentan serios problemas de invasiones, 'garimpos' (extracción de oro) clandestinos, biopiratería, entre otros. Esto se agrava ante la falta de guarda-parques (fiscalización) y presupuestos federales para su gestión. Una forma singular de hacer esto es "vender conservando", a través del ecoturismo. Pues, "Los parques son cada vez más visitados por interesados en el ecoturismo. No solo están recibiendo un número mayor de visitantes cada año, como también sus administradores están comenzando a ver el turismo con una nueva fuente de renta y empleo". (BOO in LINDBERG Y HAWKINS, 2002). Y Brasil, en este caso, posee potencialidades para hacer frente a cualquier destino de ecoturismo del planeta, esto, desde que se respeten las premisas básicas de un ecoturismo responsable

En lo que se refiere a Parques Nacionales (PARNA), que son vistos mundialmente como materia prima para el ecoturismo, se destaca que es la principal categoría de UC difundida en el planeta, así como la más popular y antigua categoría de unidades de conservación de protección integral. El primer tipo de UC del mundo fue uno de este tipo: el Yellowstone National Park, en 1872.

En este contexto el SNUC presenta como objetivos básicos de la categoría Parque (nacional, estatal, municipal),

> "la preservación de ecosistemas naturales de gran relevancia ecológica y belleza escénica, posibilitando la realización de investigaciones científicas y el desarrollo de actividades de

educación e interpretación ambiental, de recreación en contacto con la naturaleza y de turismo ecológico" (BRASIL - SNUC, 2000).

El Ministerio del Medioambiente (MMA), por medio de su asesoría comunicacional (ASSCOM) publicó que en Estados Unidos, la frecuencia anual en los parques nacionales es de 192 millones de personas; en Brasil, de 3,5 millones. Importante destacar que en el último hay más biodiversidad, variedad de paisajes y diversidad cultural.

El noventa por ciento de las visitas a UCs en Brasil tiene como protagonistas los parques de Iguaçu, donde están las Cataratas (importante atractivo natural con buena infraestructura turística), y el de Tijuca, a causa del Cristo Redentor (imagen y localización). Se imagina, frente a esto, que el desarrollo del turismo en otras áreas del País podría ser mucho mejor con las potencialidades disponibles que tiene.

La importancia de los PARNAs para el turismo doméstico e internacional es evidente en algunos casos como los ejemplificados abajo, relatado por Janér (2002).

Costa Rica recibe, hoy, alrededor de un millón de visitantes internacionales al año. Aunque las investigaciones del ICT (Instituto Costarricense de Turismo) muestran que el tipo de atractivo natural más popular aún es sol y mar, esto se hace claramente en combinación con otras actividades en la naturaleza: 58% de los americanos y 70% de los europeos visitan el – bien divulgado - sistema de Parques Nacionales de Costa Rica.

En Tailandia, los sistemas de Parques Nacionales recibieron casi 19 millones de visitantes en 1997, del cual 87% eran turistas domésticos.

El sistema de PARNAs de Kenia es uno de los principales atractivos para los turistas extranjeros y la Kenya Wildlife Service cree que 80% de los turistas vienen al país en función del sistema de parques y reservas (JANÉR, 2002). En los Estados Unidos, en 2002 se registraron 64 millones de visitas a parques nacionales (y 277 millones en todo el sistema de unidades de conservación federal). Más de la mitad de los americanos (el 55%) visita PARNAs y un 15% de los americanos viajan más que 100 millas para visitar un parque nacional. Datos del United States Department of Commerce muestran que un 25% de los visitantes extranjeros a los EEUU visitan un Parque en su estancia en el país (JANÉR, 2002).

Sin embargo los datos presentados en la tabla abajo indican que se debe tener cuidado al proyectar crecimiento para parques nacionales con base en las "tendencias" del ecoturismo.

GRÁFICO 2 - Visitas a Parques Nacionales Norte Americanos

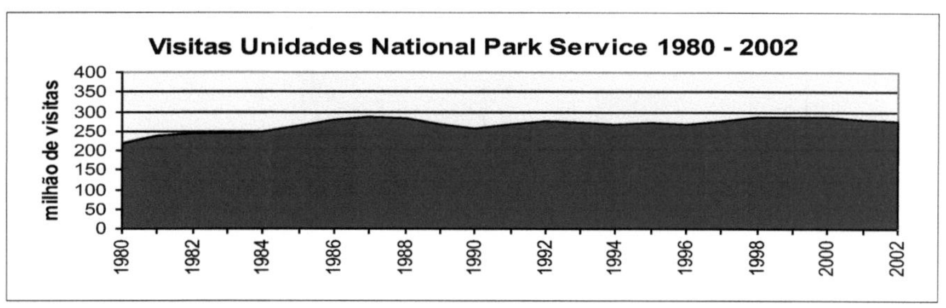

FUENTE: Janér (2002)

Lo próximo cuadro lista los niveles de visitación de algunos parques muy conocidos en el mundo, y del total del sistema de parques en algunos destinos importantes de turismo en la naturaleza. En general un alto nivel de visitación del sistema de parques nacionales depende de un mercado doméstico grande. Donde el mercado doméstico es pequeño, el nivel de visitación es más pequeño y domina el turismo internacional (caso de Costa Rica y Kenia).

CUADRO 2 – Datos de Visitación a Parques Nacionales en el Mundo

País	Parque	Nr. Visitantes	Año	Fuente
EEUU	Grand Canyon	4 millones	2002	NPS
	Total Sistema	64 millones	2002	NPS
Canadá	Banff	4.5 millones	2001	Parks Canadá
	Total Sistema	16 millones	2000	Parks Canadá
África del Sur	Kruger	1 millón	2002	SANParks
	Total Sistema	6 millones	1998	SA – Tourism
Kenia	Tsavo East	230 mil	1995	Gob. Kenia
	Total Sistema	1.4 millón	1995	Gob. Kenia
Australia	Great Barrier Reef	1.6 millón	2002	Gob. Austrália
Tailandia	Total Sistema	18.8 millones	1997	Gob. Tailandia
Costa Rica	Total Sistema	<500 mil	2001	Estimativa

FUENTE: Janér (2002)

La importancia de los PARNAs también puede ser deducida del destaque que reciben en guías de viaje y en los medios en general. Artículos y documentales sobre los Parques son una forma de publicidad gratuita, que contribuyen a la imagen de un país.

GRAFICO 3 – Visitación de los PARNAs brasileños.

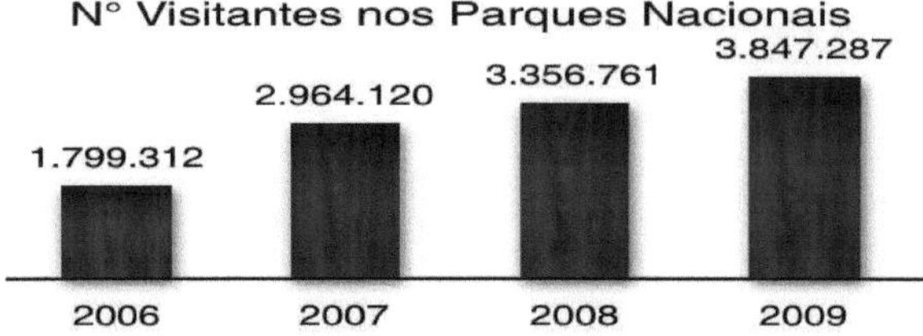

fuente: ICMBio (BRASIL, 2010)

Parte de esta tímida visitación, considerando la potencialidad y dimensiones de esta categoría de UC en Brasil, se debe a la falta de inversiones y articulación por parte del gobierno. Abajo los 67 PARNAs Brasileños y los 21 con visitación turística actualmente:

CUADRO 3 – PARNAs brasileños con destaque para los turísticamente activos.

PARNA Alto Cariri	***PARNA Serra dos Órgãos***	***PARNA do Iguaçu***
PARNA Boa Nova		PARNA do Jamanxim
PARNA Campos Amazônicos	***PARNA da Tijuca***	***PARNA do Jaú***
PARNA Cavernas do Peruaçu	PARNA das Araucárias	PARNA Saint-Hilaire/Lange
PARNA da Amazônia	***PARNA das Emas***	PARNA Serra das Lontras
PARNA da Chapada das Mesas	PARNA das Nascentes do Rio Parnaíba	PARNA Serra de Itabaiana
PARNA da Chapada Diamantina	PARNA das Sempre-Vivas	PARNA do Juruena
PARNA da Chapada dos Guimarães	PARNA de Anavilhanas	PARNA do Monte Roraima
PARNA da Chapada dos Veadeiros	***PARNA de Aparados da Serra***	PARNA do Pantanal Matogrossense
PARNA da Lagoa do Peixe	***PARNA de Brasília***	PARNA do Pau Brasil
PARNA da Restinga de Jurubatiba	PARNA de Ilha Grande	PARNA do Pico da Neblina
PARNA da Serra da Bocaina	***PARNA de Itatiaia***	PARNA do Rio Novo
PARNA da Serra da Bodoquena	***PARNA de Jericoacoara***	PARNA do Superagui
PARNA da Serra da Canastra	PARNA de Pacaás Novos	PARNA do Viruá
PARNA da Serra da Capivara	PARNA de São Joaquim	PARNA dos Campos Gerais
PARNA da Serra da Cutia	PARNA de Serra Geral	PARNA dos Lençóis Maranhenses
PARNA da Serra da	***PARNA de Sete Cidades***	PARNA e Histórico do Monte Pascoal
	PARNA de Ubajara	PARNA Grande Sertão Veredas
	PARNA do Araguaia	PARNA Mapinguari
	PARNA do Cabo Orange	***PARNA Marinho de Fernando de Noronha***
	PARNA do Caparaó	***PARNA Marinho dos Abrolhos***
	PARNA do Catimbau	
	PARNA do Descobrimento	PARNA Montanhas do

Mocidade PARNA da Serra das Confusões ***PARNA da Serra do Cipó*** PARNA da Serra do Divisor PARNA da Serra do Itajaí PARNA da Serra do Pardo		Tumucumaque PARNA Nascentes do Lago Jari

Fuente: Adaptado de ICMBio (BRASIL, 2010)

Importante aclarar que algunos PARNAs de esta tabla poseen turismo en sus alrededores, como por ejemplo, el PARNA de los *Lençóis Maranhenses.* Esto no sucede en parte por las dificultades, incluso geográficas, encontradas en algunas regiones, además de falta de infraestructura, lo que hace que todavía no contemplen directamente la actividad turística en sus áreas.

Hay que evidenciar, de esta forma, el potencial de desarrollo del turismo en estas UCs: Brasil tiene muchos y bellísimos atractivos "naturales" y culturales. Por otro lado, en la forma de productos adaptados para recibir turistas, con infraestructura/exigencia adecuada, escasean. Las unidades de conservación de Brasil pueden y deben traer beneficios económicos, sociales y "ambientales" y la mejor forma de hacer que eso ocurra es con la implantación de un ecoturismo bien planeado y gestionado en sus áreas, aun considerando que planificar y gestionar carece de una redefinición para las iniciativas públicas, diferente de las privadas, y que estas acciones, por sí mismas, no significan transformaciones en el modo capitalista de gestionar su administración.

Se percibe, en este momento, que las premisas discutidas anteriormente, relacionadas a un "auténtico" ecoturismo, a veces se funden con los objetivos anhelados para las áreas protegidas nacionales, principalmente en lo que concierne a la llamada, y posible, sostenibilidad. Deriva de ahí un direccionamiento importante para la presente tesis, que se apoya en el hecho de que la mayoría de las UCs pertenecientes al SNUC poseen en sus objetivos, además del ecoturismo, la investigación científica. Palabras que contribuyen de forma contundente para la relevancia de la investigación sobre el ecoturismo de conocimiento que será discutido en un capítulo posterior.

II.3. POSIBILIDADES EDUCACIONALES EN El ECOTURISMO

Tales posibilidades, en la teoría del turismo en general, se encuentran más detalladas en explicaciones que engloban, fundamentalmente, dos conceptos: la interpretación y la percepción ambiental. Aunque los mismos traigan discusiones significativas a la educación ambiental, se considera que hay necesidad de ampliar los estudios relativos a esta cuestión, toda vez que tales términos pueden ser connotados, indebidamente, como algo que proporciona un contacto directo y sensorial, solo, con el ambiente inmediato sin que llegue a los significados sociales de las experiencias vividas.

II.3.1. Interpretación ambiental

El ecoturismo está, necesariamente, relacionado a cuestiones relativas a la educación ambiental. Entre ellas, se destaca la de la sensibilización que permite a las personas concientizarse y comprender la importancia del equilibrio del proceso de interacción entre sujetos y el "ambiente", en sus aspectos físicos, históricos, sociales, culturales, tanto en lo que se refiere al momento actual como, también, el de las generaciones futuras. En este caso, la interpretación ambiental (IA) puede constituirse como una herramienta significativa en los procesos de conducción de grupos hechos por guías/conductores locales. Según SATO (2004), una primera definición para la Educación Ambiental fue adoptada en 1971 por la *Internacional Union for the Conservation of Nature* (IUCN). La Conferencia de Estocolmo amplió su definición a otras esferas del conocimiento, y la Conferencia de Tbilisi hizo a su vez una definición del concepto de Educación Ambiental:

> La Educación Ambiental es un proceso de reconocimiento de valores y aclaración de conceptos, objetivando el desarrollo de las habilidades y modificando las actitudes en relación por la mitad, para entender y apreciar las interrelaciones entre los seres humanos, sus culturas y sus medios biofísicos. La Educación Ambiental también está relacionada con la práctica de la toma de decisiones y la ética que conducen a la mejoría de la calidad de vida. Se entiende que para alcanzarse la preservación ambiental de forma eficiente y eficaz, se debe partir del principio de la responsabilidad compartida (in JANSEN et al, 2007).

Según BARROS & DINES (2000), este principio comprende, tanto la responsabilidad por parte de los gestores de las áreas naturales protegidas, como del público que las visita. El autor discurre sobre aspectos relacionados a la información, a la ética, a las prácticas y al manejo para el mínimo impacto, en la búsqueda de un cambio de actitud que promueva condiciones pertinentes para la conservación y la visitación responsable del ambiente natural.

En ese contexto, según Reigota (1998), "la educación ambiental apunta para propuestas pedagógicas centradas en la concientización, cambio de comportamiento, desarrollo de cualificaciones, capacidad de evaluación y participación de los educandos". Ya para Pádua y Tabanez (1998), "la educación ambiental propicia el aumento de conocimientos, cambio de valores y perfeccionamiento de habilidades, condiciones básicas para estimular una mayor integración y armonía de los individuos con el medio ambiente".

Una forma difundida en el ecoturismo para promover el proceso de enseñar y aprender, en relación a la educación ambiental, es a través de la interpretación ambiental

(IA). Se usa el término enseñar y aprender en vez de la palabra aprendizaje, ya que supone, siempre, una relación de mutualidad constitutiva de los sujetos involucrados en la educación. Así, al enseñar el profesor aprende y viceversa. Esto solo acontece mediante el establecimiento de interacciones sociales – acciones que involucran activamente a los sujetos participantes. En el caso del aprendizaje, hay uno que sabe y enseña, y otro pasivo, que "bebe" del saber ajeno. Este segundo nunca está involucrado en la producción y socialización del conocimiento. Es alguien que va a tragar todo y después repetir, sin crítica, lo que se le enseñó – del tipo "educación bancaria" en Paulo Freire. El término aprendizaje tiene que ver con una concepción mecanicista de educación (o comportamental), más conectada a los condicionamientos, a los entrenamientos.

El autor Tilden (1977), considerado padre de la interpretación ambiental, la define así: "Revelación de significados y relaciones de los fenómenos del ambiente en lenguaje comprensible a las personas comunes, por la experiencia práctica directa y por medios ilustrativos, no limitándose a la simple comunicación de informaciones" (*in* Ham, 1992). Se percibe que este autor, aunque hable de significados, pauta su definición en un abordaje comportamental como se explicitó en la reflexión sobre el mismo asunto, hecha anteriormente.

La IA es una forma estimulante de hacer que las personas entiendan su entorno ecológico. A través de este abordaje la interpretación se diferencia de la simple comunicación de informaciones. Además de eso, es una actividad educativa que pretende comprender las relaciones existentes en el "ambiente" con el vivir de los seres humanos en una sociedad depredadora. Freeman Tilden (1977), elaboró los objetivos de la Interpretación ambiental: "Añadir valor a la experiencia del Visitante; Añadir valor al patrimonio natural y cultural; Democratizar el saber sobre el ambiente".

El mismo autor también apuntó principios clásicos de la interpretación ambiental:

> - La interpretación debe relacionar los hechos a la personalidad o a las experiencias anteriores de las personas a quienes se dirige: no siendo así ella es estéril;
>
> - La información como tal no es interpretación. La interpretación es una revelación que va además de la información, tratando de los significados, interrelaciones y cuestionamientos. Sin embargo toda interpretación incluye información;
>
> - La interpretación es un arte que combina muchas otras artes (sean científicas, históricas, arquitectónicas), para explicar los temas, utilizando todos los sentidos para construir conceptos y provocar reacciones en el individuo;
>
> - La interpretación debe relacionarse con la experiencia del visitante;

- La interpretación no es información y sí una revelación basada en la información;

- La interpretación es fundamentalmente un arte comunicacional;

- El objetivo fundamental de la interpretación no es la instrucción, pero sí la provocación, avivando la curiosidad y el interés, ella debe despertar la curiosidad, resaltando lo que parece insignificante;

- La interpretación debe presentar los fenómenos en su totalidad y no en partes aisladas, los temas deben estar inter-relacionados;

- La interpretación debe ser dirigida a audiencias específicas (TILDEN, 1977).

Principios muy significativos, pero que merecen atención en lo que concierne a algunos puntos. En vez de interpretar algo para alguien es mejor pensar en procesos interactivos de interlocución. Si alguien interpreta para el otro, se roba la oportunidad de que él interprete y así todo continuará como antes: un interpretador brillante y el visitante como un mero observador que poco participará, sin entender la importancia para sí mismo y para el otro (los demás) de la preservación mínima, y posible en la sociedad capitalista, de su entorno. Hay posibilidades de ir aún más lejos, o sea, transmitiendo conceptos históricos al sujeto que, con esto, percibe que él hace la historia y que también es responsable por todo lo que acontece, tanto en su vida privada, como en la esfera pública. Percibe que surge de la historia de la sociedad, participando, a su vez, en ella.

Por otro lado la interpretación ambiental exige idoneidad de sus formas prácticas en consonancia con el público que está involucrado en el proceso. Para el público infantil, por ejemplo, el abordaje deberá ser esencialmente diferenciado considerando sus particularidades (formas de interacción, intereses, formación, franja de edad). Así: programas diferentes para públicos distintos.

Según Fuentes (2005), existen actualmente principios más recientes que destacan que "la interpretación debe ser realizada en asociación con la comunidad local" y "la interpretación no afirma verdades universales" recordando que el conocimiento científico es falible y que las teorías son aceptadas y puestas a prueba, siempre.

Algunos medios interpretativos tienen mayor destaque en el ecoturismo y sirven de base para la implementación de acciones en locales que aún no poseen esas actividades, entre ellas: la interpretación guiada, es decir, con guías de turismo o conductores locales; senderos guiados; conferencias y audiovisuales; animaciones pasivas o activas, así como, la interpretación auto-guiada, sin guías o conductores: senderos auto-guiados; audiovisuales automáticos; carteles; paneles; exposiciones y publicaciones.

Se puede considerar, de acuerdo a Fontes (2005), como ventajas de la interpretación guiada: comunicación efectiva; mayor interés de los visitantes, despertada por la presencia de la figura del guía; mensajes para diferentes públicos, para cada perfil un abordaje. Y como desventajas: la propia presencia del guía; los entrenamientos y habilidad que esa persona (guía) posee para agregar valor a la experiencia; el hecho de solo atender pequeños grupos.

Según el mismo autor, la interpretación auto-guiada (por grabaciones de textos, por ejemplo), es decir, sin la presencia de un guía de turismo, posee ventajas: serían auto-explicativas, estarían siempre disponibles; atenderían a gran número de visitantes, rápidamente. Las desventajas serían: dudas que pueden aparecer sin ser aclaradas de inmediato; los mensajes son para un público medio y no para cada perfil como es deseable que fuera. Puede ocurrir, por parte algunos visitantes, un bajo interés y aún puede dar margen al vandalismo, al no haber presencia de alguien para monitorear la visita.

II.3.2. Percepción ambiental

Actualmente, la relación de los sujetos con el medioambiente se realiza, principalmente, en función de los aspectos visuales inmediatos, de las imágenes que venden un paisaje o las características de las ropas o alimentación una determinada población, por ejemplo. Es posible decir que, en la mayoría de las veces, esta relación está marcada por un contacto rápido y superficial con aquello que el sujeto observa. En parte, la explicación de tal particularidad acontece como fruto de las principales medias: televisión e internet. Con eso, las formas de interacción con la "naturaleza" no se realizan en la propia "naturaleza", pero por recortes imagéticos de la mirada de quien produjo la imagen fotográficamente, a través de una grabación o de una pintura, quien sabe. Se vive en núcleos urbanos donde, en algunas situaciones, contemplar un árbol, un jardín es el máximo contacto que los sujetos pueden tener con el "mundo natural".

Sin embargo, se debe antes de todo, recordar que el término "medio ambiente" o "mundo natural" transciende lo que se llama ambiente físico, como fue inicialmente resaltado. Su sentido más amplio se debe a la comprensión de que todo lo que nos rodea está socialmente caracterizado. La existencia de todas las cosas está mediada por las relaciones sociales que organizan el vivir de los seres humanos en una determinada sociedad, en cada momento de la historia. Así, "medio ambiente" en la sociedad capitalista, adquiere la connotación de una forma completamente diferente de la que podría tener durante el feudalismo. En la sociedad capitalista, la tierra vale por los frutos lucrativos en ella explotados, por la apropiación privada de sus riquezas producidas por la clase de los trabajadores. Entonces, se percibe que en el propio capitalismo, la tierra tiene un significado diferente según la clase social a la que se pertenece. El árbol, por ejemplo, deja de ser un árbol en sí para ser algo revestido de conceptos mediadores de la percepción que de ella se hace al conocerla, observarla, utilizarla.

Rita Mendonça realizó una serie de cuestiones relativas a la percepción ambiental en el ecoturismo en Brasil. Entre ellas: "¿Cuál es el sentido de visitar la Naturaleza, si no es el de encontrar las bases para la transformación de nosotros mismos y de nuestra sociedad?" (MENDONÇA, 2000).

En este contexto, se puede recordar una frase bien conocida en Brasil: "solo se conserva lo que se ama, solo se ama lo que se conoce". Este dicho adquiere un sentido especial cuando se coloca al lado de la cuestión de Mendonça, antes citada, o sea, que aquello que se visita es más que la naturaleza en sí, una vez que se entra en contacto con los significados individual y socialmente producidos. Cuando se habla de conocer áreas protegidas, esto tiene un sentido especial.

La metodología para favorecer la interacción con el "medio ambiente" propuesta por Cornell y comentada por Mendonça auxilia en este proceso.

> No hay cómo expandir una conciencia conservacionista de la naturaleza si la relación afectiva con ella no está impregnada en la cultura de un pueblo. "¿Para qué conservar si no siento de verdad necesidad de eso, de ella?"; "¿Para qué conservar si puedo vivir indiferente a ella y ella indiferente a mí?" (MENDONÇA, 2000).

Aunque la autora resalte, en especial, las bases afectivas que pueden conectar a una persona con la naturaleza, sus ponderaciones son de gran importancia en el contexto de visitaciones a las áreas protegidas. Con desinterés en muchas ocasiones, no hay de hecho una interacción pautada en cuidados, protección, no depredación.

Es importante señalar, también, que esta relación más superficial o esta especie de desprecio, si así se puede decir, no se limita solamente a una actitud personal, individual. También es un producto social generado por estos sujetos y que expresa valores de la sociedad capitalista donde la naturaleza está marcada por las ganancias y posibilidades de consumo derivados de ella.

En este sentido, parece que las personas se consideran como meros espectadores y, con esto, "no se incluyen" en el medio en el que se encuentran, es como si estuvieran viendo televisión. Delante de atractivos naturales significativos, muchas veces, basta un momento para una foto y listo.

En respuesta a este comportamiento de la sociedad actual, el trabajo de Joseph Cornell ganó notoriedad para pensar sobre el ecoturismo. Según Mendonça,

> La metodología y las actividades propuestas por el profesor Joseph Cornell se basan en la consideración de que hay un gran espacio a ser recorrido en el camino de la búsqueda de la comprensión y de la interacción con la naturaleza. Si a ella estamos volviéndonos, con ese creciente interés por el ecoturismo en todo el mundo, debemos mirar para nosotros mismos, para nuestra historia y observar lo que nos conecta a ella, y lo que nos separa y nos distancia (MENDONÇA, 2000).

La autora destaca que para que las personas encuentren un sentido más profundo para sus vidas, y puedan realmente disfrutar, compartir y desear la conservación del mundo natural como algo indisociable de su propia vida, es preciso prepararse y reaprender. Dice que es como entrar en contacto con un nuevo idioma, crear las bases para el inicio de una nueva relación, en la que la razón sucede al sentimiento.

La metodología creada por Joseph Cornell muestra formas de comprender, percibir y sentir la naturaleza, estableciendo lazos de afecto con los demás seres vivos.

Hoy en día Cornell es un respetado educador naturalista, que desarrolla hace años ejercicios y juegos que visan promover una aproximación e interacción del individuo con la Naturaleza. Juegos aparentemente simples, pero con significativo potencial para proporcionar un cambio en la percepción de las personas. En algunas de las dinámicas propuestas por el autor se utilizan vendas en los ojos y otros artefactos para favorecer la percepción del ambiente con otros sentidos que no sea únicamente el de la visión. Una de las actividades, que inicialmente fueron pensadas por él mismo para ser aplicadas con niños, es la de cubrirlos con hojas secas para que se sientan parte del medio. En otra, cerrar los ojos y por un minuto percibir cuántos sonidos ha sido posible escuchar, por ejemplo. Hay una constatación de que en la segunda vez que se aplica esta misma actividad, el número de sonidos escuchados por los participantes es considerablemente mayor, haciendo que los mismos perciban/interactúen cada vez más con el "medio ambiente" y valoren esta experiencia. Su importancia, por cierto, no se restringe a la vivencia inmediata, sino a los significados oriundos del hecho de ver la naturaleza, la mayoría de las veces, como foco instantáneo de placer. Y, de la misma forma, que se es responsable, como cualquier persona, de los daños causados a ella. Daños que, en última instancia, recaen sobre la vida de los propios sujetos en particular y de la humanidad como totalidad. Así, la experiencia deja de ser solamente física y sensorial para convertirse, también, en algo que puede provocar que se piense en la naturaleza como algo conectado a la historia de los hombres y de la sociedad en la que viven.

Las actividades contienen potencial de reflexión y conocimiento sobre las posibilidades humanas de interacción con la "naturaleza". Pueden ser infinitas, e incrementadas, cuando sean realizadas con la mediación de los sentidos particulares y significados sociales ahí presentes. En este caso, la experiencia no se resume a la visión aprehendida por los ojos, como uno de los órganos de los sentidos, sino a aquello que se aprehendió con los "ojos de la mente".

Cornell afirma que el "principal ingrediente para una efectiva conservación de los espacios naturales es la afectividad" (CORNELL, 2008). Se tienen, hoy en día, informaciones satisfactorias sobre los desastres ambientales, impactos negativos dejados por el ser humano, límites del crecimiento económico, entre otros. Si la información y los sentimientos fueran suficientes, hace mucho tiempo que se habría interrumpido este proceso de destrucción del actual modo de vida "insostenible".

Donald Walters (in CORNELL, 2008), tejiendo comentarios sobre educación, apunta una definición que posee fuerte sentido para el área ambiental. "Es la habilidad de relacionarse con otras realidades, y no solo con la propia". Todos los seres humanos están conectados a todas las formas de vida del planeta, aunque parece que no se dan cuenta de ello.

Es necesario considerar esta toma de conciencia como algo más que una "habilidad", o sea, como un comportamiento que una vez adquirido se repita siempre que la misma situación se presente. Lo que los visitantes necesitan comprender es que la realidad de la misma sociedad en la que viven es histórica y está socialmente marcada, por lo tanto, aunque se muestre diferente de aquella del entorno inmediato del visitante, es una sola. Lo que tiene que ser cuestionado es el porqué de esta diferenciación, como ella se muestra y que calidad de vida poseen las personas de la comunidad local.

La propuesta de las actividades de Cornell visa posibilitar que los sujetos perciban y se involucren con las cuestiones relacionadas por el "medio ambiente". Un conductor/guía bien capacitado y sensible tendrá posibilidades, en el caso, de promover diálogos teniendo como punto central de discusión no solamente el llamado valor intrínseco de la naturaleza, sino de compartir experiencias que provoquen cambios de saberes, producción y socialización de nuevos conocimientos y posicionamientos críticos relativos a las acciones humanas en el ambiente, en la sociedad del capital. Al mismo tiempo que desarrollan o recuperan sentimientos de respeto y entusiasmo, como es deseable en la perspectiva de cualquier cambio.

Visitar un área verde y observar la enorme diversidad, reflexionar sobre formas, colores, olor, texturas, reflexionar sobre el contacto con la "naturaleza" como un ser vivo más que forma parte de ella, tiene todo el sentido cuando se piensa en posibilidades y potencialidades para el ecoturismo.

El ecoturismo de la actualidad muchas veces desperdicia la oportunidad que, obligatoriamente, debería tener. Del punto de vista de Mendonça,

> Las visitas obedecen al mismo ritmo urbano, los intereses están al final de la línea, en los llamados atractivos, y no en la experiencia en sí misma, no en el camino; las miradas son rápidas, consumidores de paisajes y no interactivos; la relación de dominación se expande, la basura se esparce y el descompromiso con los lugares y culturas visitados también se amplía (MENDONÇA, 2000).

La misma autora comenta que, muchas veces, las actividades del ecoturismo tienen un fuerte impacto en los ambientes visitados, ellas "no dejan de reproducir - y tal vez no podrían dejar de hacerlo, en un primer momento - nuestra cultura". O sea, en consonancia con la presente tesis, una cultura depredadora, regida por el mercado.

Las actividades propuestas por Joseph Cornell, aplicadas separadamente o potencializadas dentro de la metodología del "aprendizaje secuencial" (CORNELL, 2008), tienen su actuación en ese campo, facilitando la interacción con el mundo salvaje. "A medida que comenzamos a sentir una comunión con los seres vivos que nos rodean, nuestras actitudes se hacen más harmoniosas y fluyen con naturalidad, y, así pues, pasamos a preocuparnos con las necesidades y el bienestar de todas las criaturas" (CORNELL, 1997).

Este autor destaca cinco reglas para la interacción al aire libre: "Enseñe menos y comparta más; Sea receptivo; Concentre la atención del grupo; Observe y sienta primero, hable después; Cree un ambiente leve, alegre y receptivo".

La metodología llamada "Aprendizaje Secuencial", organiza las actividades y auxilia al educador para que su trabajo sea más eficaz, dentro del objetivo de buscar una interacción cada vez mayor con los "elementos naturales". Ella, dicen los autores que la defienden, contribuye tanto para ampliar la intuición como para aumentar el conocimiento científico de la naturaleza. "Cada juego crea una situación, o una experiencia, en la cual la naturaleza es la maestra" (Cornell, 2008). Justifica, alegando que las actividades y juegos son más eficaces cuando son utilizados dentro de una determinada secuencia, independiente de la edad de los participantes, de su estado de espíritu y del local en que estas actividades se realizan. Por eso su nombre quedó definido como aprendizaje secuencial (Flow Learning). Él indicará una infinidad de experiencias con la naturaleza, donde las circunstancias del momento son la referencia principal para la elección.

Esta observación, dentro de la perspectiva secuencial, es muy importante para su adaptación a circuitos de ecoturismo, en que las actividades sugeridas deben comprender el simple caminar, la apreciación del paisaje, los baños en una cascada, las conversaciones libres etc.

"El aprendizaje secuencial tiene por objetivo proporcionar una experiencia genuinamente positiva con la naturaleza. Tras una sesión conducida con éxito, cada participante adquiere una nueva, agradable y sutil concientización de su unidad con la naturaleza y una intensa empatía con la vida. Usted también descubrirá que las personas participarán con más entusiasmo de las discusiones sobre el aspecto científico de la historia natural y de la ecología si usted las ayuda a quedarse receptivas e inspiradas" (CORNELL, 1997:17).

Por ejemplo, un día de actividades al aire libre puede ser dividido en cuatro módulos: Despertar el entusiasmo; Concentrar la atención; Dirigir la experiencia; Compartir la inspiración.

> "Cuando lleve a un grupo a un paseo al aire libre, tenga en mente que los primeros momentos son extremadamente importantes porque las personas, en general, perciben desde el inicio si la experiencia será divertida o no. Si usted comienza con juegos animados, es casi cierto que el grupo todo estará dispuesto a participar" (CORNELL, 1997:28).

Las actividades propuestas por la fundación creada por Cornell, la Sharing Nature constituyen un instrumento a través del cual la visita a la naturaleza puede ser perfeccionada. Incontables ventajas transcurren en esa profundización, pues al ampliar las posibilidades de interacción de los individuos con ella y entre sí, la necesidad de conservarla resulta más clara y apremiante.

Además de eso, el proceso de interacción promueve acciones más tranquilas, impactando mucho menos el ambiente visitado, en comparación al usual, frecuentemente eufórico, agitado y sin reflexión.

Solange T. Lima, en "Trilhas Interpretativas: a aventura de conhecer a paisagem", abordó el tema dirigiéndose a una de las principales actividades del ecoturismo, los senderos, donde se hace muy interesante la aplicación de estas metodologías de percepción e interpretación ambiental. Como comenta,

Experiencia, percepción e interpretación se hacen, de este modo, llaves para el conocimiento del entorno, llevando a las formas de jerarquización y estructuración del paisaje, como mundo vivido, lugar donde trazamos nuestros senderos interiores y exteriores (LIMA, 1998).

Un sendero interpretativo puede ser una lección de sabiduría donde al mismo tiempo que se descubren y reconocen nuevos aspectos, o las minucias de los detalles concernientes al paisaje externo, se encuentra aún, un sentimiento de perplejidad ante las revelaciones relacionadas "a nuestros paisajes internos: interpretaciones topofílicas o topofóbicas", TUAN (1974; 1979), o sea, una interpretación del lugar que permita el desarrollo de una admiración respetuosa del local, o una mala interpretación, que puede causar alejamiento o descuido.

En este sentido, en consonancia con LIMA (1998), se pueden dividir los senderos, según sistemas internacionales, en dos clases generales:

> I. Senderos de interpretación de carácter educativo, pues consisten en instrumentales pedagógicos, pudiendo ser: (1) auto-interpretativa; (2) monitoreada simple; (3) con monitoreo asociado a otras programaciones. El recorrido debe ser de corta distancia, donde buscamos optimizar la comprensión de las características naturales y/o construidas de la secuencia paisajística determinada por el trazado. En el caso de áreas silvestres son conocidas como senderos de interpretación de la Naturaleza ("Nature Trails"); en áreas construidas, especialmente las urbanas, en geografía, son conocidas como recorridos de espacio vivido. ("Espace Vécu" / "Living Space").

> II. Senderos escénicos ("Scenic Trails"; "Wilderness Trails"), es decir, senderos que integran un sistema de otras redes, generalmente con una secuencia paisajística incluyendo un recorrido por escenarios urbanos, rurales, salvajes, enfocando aspectos y atributos culturales, históricos, estéticos, etc. Poseen largas distancias y grandes extensiones, siendo considerados de carácter recreacional debido a los viajes regionales. Como ejemplo tenemos la "Appalachian National Scenic Trail", con cerca de 3.200 millas, en una área de 20.000 ha aproximadamente (LIMA, 1998).

Según Lima los senderos también conservan los códigos simbólicos individuales y colectivos difusos en los paisajes y entonces, se puede comprender el significado del *"Holos"* para las varias culturas, tan necesario para la comprensión de los procesos de adaptación y conservación ambiental. De esta forma, prosigue, se toma conciencia de aquello que es fundamental para la preservación de los procesos vitales de los seres humanos y de la Tierra.

En este contexto es interesante citar a Matarezi (2001) en "Trilha da vida: redescobrindo a natureza com os sentidos", donde el autor relata la estructuración de tres diferentes senderos en ambiente de Floresta Atlántica y ecosistemas en litorales asociados.

Este autor afirma que solamente en las últimas décadas, se observó que el hombre acumuló una pérdida de contacto con su base biológica y ecológica, mayor que cualquier cultura y civilización en el pasado. Esto se agrava por el hecho de que nuestra pérdida de contacto de la naturaleza comienza muy pronto, cuando la mayoría de los niños se les obliga a una vivencia eminentemente urbana. Basta mencionar que actualmente la mayor parte de la población mundial (60%), según Matarezi (2001) y consecuentemente de los niños, vive en las grandes ciudades y metrópolis, privada de un contacto directo y permanente con la "naturaleza". Lo que genera graves distorsiones en la comprensión humana de la extensión de lo que se concibe como naturaleza, influenciando fuertemente la percepción ambiental de las personas y, en consecuencia, el grado de conciencia sobre la conservación de la Biodiversidad para las diversas dimensiones de la sostenibilidad planetaria (cultural, ambiental, social, ética, económica, tecnológica, humana, institucional y política).

Kobayashi (1991), dice que el elemento más importante para la percepción ambiental es permitir al visitante "tocar" la "real existencia" de la naturaleza, así raramente la olvidan y pasan a valorar más la experiencia directa.

Está claro que, para esta tesis, estas experiencias no bastan y no pueden detenerse en ellas mismas, pues, por ejemplo, tocar la "real existencia de la naturaleza" no significa interpretarla, considerando sus signos sociales e históricos que permiten comprender el porqué de la degradación, de la destrucción que la sociedad actual produjo y produce, permitiendo la discusión de nuevos rumbos.

Aún en la perspectiva de los llamados "experimentos de primera mano", en consonancia a Vasconcellos (1996), se destacan aquellos que propician vivencias significativas a partir de los sentidos básicos de la percepción humana (visión, tacto, paladar, olfato, audición y reflexión), pero Matarezi (2001) añade que el cerebro (en sus procesos cognitivos) y todos los sentidos podrán ser utilizados en este proceso de búsqueda y descubrimiento.

En una sociedad donde se valora excesivamente la apariencia y lo visual, todos se limitan en cuanto a la experimentación de la percepción, "lo que acaba llevando a un segundo plano, el uso del resto de los sentidos, que deberían servir como suplemento para una explotación más concreta y significativa", según Matarezi (2001).

En este contexto Cornell apunta:

> "Las actividades que desconsideran el uso de la visión, desvían las preocupaciones que sentimos en relación a nosotros mismos y liberan nuestra percepción para captar mejor el mundo a nuestro alrededor. La visión es el sentido del cual más dependemos. Impedidos de ver somos forzados a recurrir a la audición, al tato y

al olfato, sentidos menos usados que la visión. Nuestra atención pasa a ser totalmente concentrada en esos otros sentidos, y la percepción en relación a ellos se intensifica. El bullicio dentro de nuestras mentes es reducido, subyugado por la información que nuestros sentidos despertados pasan a transmitirnos" (CORNELL, 2008).

Así, debido al gran espacio que los procesos de interpretación y percepción ambiental, ocupan en la teoría y práctica del ecoturismo, se abordó esta extensa explicación sobre las mismas.

Sin embargo, se enfatiza lo que ya quedó claro en comentarios anteriores. Más allá de la importancia de las experiencias sensoriales lo que se pretende valorar son las experiencias mediadas por los "ojos de la mente", o sea, aquellas que posibilitan acceso a los significados sociales de lo que se llama naturaleza.

Con este último ítem o subcapítulo, se interrumpen, momentáneamente, las discusiones sobre el ecoturismo. Este tema será retomado posteriormente, dada la importancia y el espacio que ocupa en esta tesis.

Capítulo III. El ECOTURISMO DE CONOCIMIENTO Y SUS INTERFACES CON OTRAS TIPOLOGÍAS

El autor de la presente tesis proyectó una tipología de ecoturismo nombrada como ecoturismo de conocimiento, inspirado en el turismo científico, como será bastante detallado posteriormente. Esto se hizo tras considerar lo que se estableció en la perspectiva de la presente tesis como fundamental en el ecoturismo: una alternativa al turismo de masa, desordenado (aquí llamado de predatorio) y, atendiendo a la fuerte demanda actual por un turismo diferenciado, orientado a la búsqueda de nuevos saberes e interacción con los pueblos y saberes de los locales de los "destinos" turísticos.

III.1. ECOTURISMO DE CONOCIMIENTO

En base a la bibliografía consultada, experiencias, conocimiento de algunas de las consideradas prácticas de excelencia en ecoturismo, testimonios de gestores y vivencias del investigador, autor de esta tesis y Profesor en la Universidad Federal del Piauí, se buscó iniciar el proceso de caracterización y discusión sobre lo que se denomina ecoturismo de conocimiento, y su posible implementación en algunos locales considerados como prioritarios en consonancia con su relevancia para la tesis, o sea, en áreas protegidas. De esta manera, se llegó al Recorrido Turístico Integrado Ruta de las Emociones en el nordeste brasileño.

El concepto de ecoturismo de conocimiento como tipología turística que atiende las premisas del considerado auténtico ecoturismo, conforme justificación ya explicitada, y que busca, para el desarrollo de sus actividades, la interacción entre los ecoturistas y la población local mediada por la producción/socialización de algunos conocimientos científicos y populares difiere, en un punto específico, de diversas tipologías tales como la del turismo Científico, del Cultural, de Aventura, por citar algunos ejemplos. Exige, imprescindiblemente, la involucración de la población local en las actividades/proyectos ecoturísticos, valorando las interfaces entre saberes y las interacciones entre visitantes y visitados. Interacción marcada, entonces, por el intercambio incondicional de saberes. De esta manera todos y todas serán sujetos de un proceso donde la diversidad lo constituye y, por él, es constituida. Las asociaciones con las universidades próximas a los locales potencialmente turísticos, en este contexto de producción y socialización de conocimiento, serán de gran importancia, cabiendo a ellas la gestión de los proyectos, integrando la enseñanza, la investigación y la extensión, así como la promoción de iniciativas que, interdisciplinarmente, congreguen a profesores y alumnos de diversos cursos. Además de las universidades, otros órganos públicos pueden ser bienvenidos.

La descripción de esta nueva tipología dentro del ecoturismo requiere que sea enfatizado, nuevamente, el hecho de que el considerado ecoturismo de conocimiento abre posibilidades tanto para el desarrollo de actividades que envuelven el conocimiento científico como para el conocimiento popular, con miras a las oportunidades de interacciones entre ambos y entre los ecoturistas con las poblaciones de los locales donde estas actividades pueden desarrollarse, guardadas, por supuesto, las premisas de base del ecoturismo.

Otra información relevante es que desde los principios del ecoturismo, tal como se conoce, la divulgación de conocimientos ha sido utilizada y presentada a los turistas agregando valor significativo a los destinos y actividades del ecoturismo, principalmente como herramienta sensibilizadora para educación "ambiental". Lo que la presente tesis propone es una mayor profundización de la relación posible entre las diferentes formas de divulgación de conocimientos y las acciones relacionadas al ecoturismo de conocimiento, específicamente, para que los visitantes interactúen más con las potencialidades locales y consecuentemente salgan más satisfechos con los aprendizajes realizados y con aquello que pudieron enseñar, lo que resulta beneficioso para el ecoturista, para las investigaciones y estudios presentes o a ser creadas, y para la comunidad involucrada activamente en las mismas, también enseñando y aprendiendo. La participación de las instituciones de enseñanza superior, es un diferencial significativo en la propuesta.

Por lo tanto, para esta tesis, en la cual se afirma que existe una nueva tipología de ecoturismo que aquí nombrada como ecoturismo de conocimiento (EC), se presenta necesariamente de la siguiente forma:

–   Respeta las premisas de lo aquí considerado "auténtico ecoturismo", descrito anteriormente, con miras a una sostenibilidad efectiva, valorando el "medio ambiente" como patrimonio social;

–   Se desarrolla con base local, es decir, por y con la comunidad de la localidad protagonizando el ecoturismo de su región;

–   Combina las posibilidades de producción/socialización del conocimiento científico con el popular;

–   Concebido, en sus actividades, en asociación con otras tipologías de turismo como las de los aquí llamados "eco"- turismo de aventura, del "eco"- turismo científico, "eco" - turismo cultural y otros que pueden hacer interfaz con el mismo;

–   Mediado en su desarrollo y gestión por los cursos superiores de turismo de universidades públicas, además de posibles asociaciones con otras instituciones públicas.

–   Situado en Unidades de Conservación nacionales y/o en sus alrededores.

–   Tiene como énfasis la elaboración de atractivos conectados al conocimiento.

–   Retorno financiero enteramente dirigido a los fines de las propias iniciativas del llamado ecoturismo de conocimiento.

Considerando que algunas tipologías de turismo pueden presentar interfaces con el ecoturismo de conocimiento y contribuir con su realización, serán presentadas, a continuación, algunas informaciones específicas que pueden interesar a este tipo de ecoturismo. Se trata de las ya consolidadas tipologías: turismo de aventura, turismo científico, turismo cultural, turismo de base local o comunitario, social, entre otras, añadidas del prefijo "eco" que, así, quedan condicionadas, en lo que se refiere a sus prácticas, a las premisas del ecoturismo.

III.1.1. El "Eco" Turismo Científico

Se considera, en la presente tesis, como ecoturismo científico, aquel conectado a la oferta de actividades relacionadas a la producción del conocimiento científico, abiertas a los turistas y que proporcionan interacción entre el visitante y las personas involucradas. Así, se unió el prefijo "eco" al concepto de turismo científico, para su idoneidad en la caracterización de la tipología de ecoturismo que pretende la presente tesis, que considera/respeta las premisas del ecoturismo "auténtico". Puede ser visto, también, como una actividad del ecoturismo o, incluso, un segmento/tipología para un público más específico, como acontece, por ejemplo, en el *birdwatching* (observación de pájaros), observación de la fauna o turismo de observación, actividades comunes en las prácticas de ecoturismo y que resultan, de alguna forma, en una adquisición o ampliación de conocimientos, aunque pueda ser esta una actividad de naturaleza no científica. De esa forma, aquí, el ecoturismo científico será clasificado como una tipología de ecoturismo, siempre que corresponda a algunos criterios relacionados con este último, como ya fue resaltado, y que propicie la participación del sujeto en proyectos desarrollados en espacios turísticos donde haya estudios e investigaciones de la fauna o flora locales, o aún, de cuestiones culturales propias de este lugar, entre otras, que puedan ser ofrecidas al turista por los investigadores.

El término más encontrado en Brasil para referirse a esta tipología es el denominado turismo científico, sin el prefijo eco. Sin embargo, aquí existe la necesidad de la utilización de este prefijo, una vez que en la mayoría de las áreas protegidas, por la Ley Federal en Brasil (SNUC, 2000), se restringe solo a un segmento el turismo a ser desarrollado, el ecoturismo. Los Parques Nacionales son un ejemplo de esto, ya que el único tipo de turismo que se permite desarrollar es el ecoturismo. Así, la denominación a ser utilizada en la presente tesis, por circunscribirse a las áreas protegidas, pasa a ser, Ecoturismo Científico.

Infelizmente, hay un déficit de publicaciones acerca del tema por parte, inclusive, del Ministerio del Turismo de Brasil, por tanto no existe de una definición oficial sobre turismo científico. Sin embargo algunas prácticas que podrían así ser caracterizadas, son llamadas simplemente de ecoturismo, turismo de conservación y biodiversidad (CARVALHO JUNIOR, 2012), entre otros.

Interesante enfatizar que, en la poca bibliografía encontrada sobre el tema, las definiciones que fueron creadas para la actividad tienen que ver con la filosofía del ecoturismo, de respeto por el medio ambiente y poblaciones locales, entre otros. Como afirma Manço (2008) "Muchas veces él es atribuido como un segmento del ecoturismo que tiene por finalidad promover el desarrollo de las poblaciones locales, la preservación y educación ambiental".

Para PELLEGRINI FILHO (2000), el turismo científico puede ser entendido como: "Modalidad de turismo practicada por científicos (ecologistas, biólogos, zoólogos, botánicos, climatólogos, etc.) que realizan estudios en diferentes áreas, apoyados principalmente por la biodiversidad de la región".

Para Zammataro, turismo científico es,

> "[...] visitación a un destino con el objetivo de realizar observaciones
> y recolecta de datos valiosos pasibles de utilización en actividades
> y trabajos con rigor científico, pudiendo estos ser publicados por el
> proprio turista o investigador" (ZAMMATARO apud MANÇO 2008,
> p.13).

Pires (1998) describe algunos tipos de actividades ecoturísticas, entre ellas el término que engloba esta práctica: "[...] Ecoturismo Científico: Estudios e investigaciones científicas en botánica, arqueología, paleontología, geología, zoología, biología, ecología, etc".

Otro autor que menciona la dimensión científica en el ecoturismo es Mieczkowski (1995), donde coloca "turismo natural o ecoturismo" como brazo del "turismo alternativo" con la dimensión "científica", conforme muestra la tabla a continuación,

CUADRO 4 – tipologías turísticas

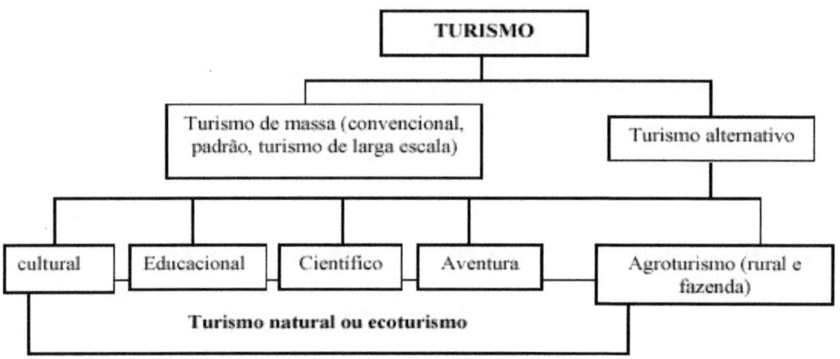

Fuente: Mieczkowski (1995)

Andrade (1976), que puede ser considerado como uno de los pioneros en publicar específicamente algo de esta tipología turística en Brasil, hace un abordaje del tema donde afirma que el mismo sería un desdoblamiento del turismo cultural, y no del ecoturismo.

> El Turismo científico sub-dimensión del Turismo Cultural (...) se
> encuentra en el interés o en la necesidad de realización de estudios
> e investigaciones científicas, por lo tanto puede ser percibida como
> siendo el viaje de un científico en la búsqueda de su investigación
> de campo. Es importante destacar que el comportamiento
> preocupado en observar la realidad sin destruir el objeto de estudio
> o alterarlo de forma predadora se caracteriza como base para su
> efectiva realización (ANDRADE, 1976, p. 43).

El mismo autor, años más tarde propone una clasificación para el turismo científico: "por la complejidad de las motivaciones y de las estrategias que cercan el ejercicio del turismo cultural, se subdivide en dos subtipos: el turismo científico y el turismo de congresos o turismo de convenciones" (ANDRADE, 2004, p. 72). En este contexto lo define como: "el desplazamiento dentro del patrón turístico cuya motivación se encuentra en el interés o en la necesidad de realización de estudios e investigaciones científicas."

Surge aquí una reflexión: la de que hay necesidad de tener la mayor claridad posible sobre el alcance de la actividad que se está denominando "ecoturismo científico". De esta forma, se recurre a la ley en la búsqueda de referencias que puedan amparar tal actividad. En este caso, se trata de la Constitución Federal que define el patrimonio cultural brasileño, en el Capítulo III De la Educación, de la Cultura y del Deporte, Sección II De la Cultura, Art. 216, donde hay destaque a las actividades científicas:

> Constituyen patrimonio cultural brasileño los bienes de naturaleza material e inmaterial, tomados individualmente o en conjunto, portadores de referencia a la identidad, a la acción, a la memoria de los diferentes grupos formadores de la sociedad brasileña, de los cuales se incluyen: I – las formas de expresión; II – los modos de crear, hacer y vivir; III – las creaciones científicas, artísticas y tecnológicas; IV – las obras, objetos, documentos, edificaciones y demás espacios destinados a las manifestaciones artístico-culturales; V – los conjuntos urbanos y casas de campo de valor histórico, paisajístico, artístico, arqueológico, paleontológico, ecológico y científico (BRASIL, 1988).

Sin embargo, se considera, que los segmentos/tipologías, tales como, turismo científico y turismo de conservación, turismo cultural, turismo responsable, entre otros, pueden ser clasificados como comunes al ecoturismo, pues desarrollan actividades pertinentes al considerado por la presente tesis, ecoturismo "auténtico".

Un segmento que merece atención en relación a su interfaz con el ecoturismo científico es el segmento "Turismo de Estudios e Intercambio", según el Ministerio del Turismo (MTur). Se trata de una tipología de alcance muy amplio, que engloba diversas modalidades turísticas. Al buscar un mayor espectro, el MTur lo define:

> "El Turismo de Estudios e Intercambio se constituye por el desplazamiento turístico generado por actividades y programas de aprendizaje y vivencia para fines de calificación, ampliación de conocimiento y de desarrollo personal y profesional" (BRASIL, 2006).

De esta forma, pueden ser constituidas modalidades dentro del Turismo de Estudios e Intercambio: los intercambios estudiantiles, deportivos y universitarios; los acuerdos de cooperación entre países, entre Estados y municipios en el área educacional y entre instituciones pedagógicas; los cursos de idiomas, cursos técnicos y profesionales y cursos de artes; y las visitas técnicas, investigaciones científicas y las prácticas profesionales, además de los trabajos voluntarios con carácter pedagógico (*ídem*).

El MTur (2006) aún apunta que "los programas de estudios e intercambio pueden ser usados como atractivo para los lugares que todavía no poseen recorridos turísticos consolidados". Lo que confirma, de cierta forma, la relevancia de una propuesta en estos moldes para áreas protegidas, como el recorte realizado en esta tesis.

Vinculado a este segmento del turismo aparece una tipología que se presenta muy semejante, sin embargo con algunas particularidades: el turismo pedagógico.

Como una extensión de la sala de clase, esta tipología de turismo ha presentado una serie de nuevas publicaciones, principalmente motivadas por profesores que ven en estas prácticas una posibilidad de construcción del conocimiento más efectiva.

El turismo pedagógico se caracteriza como importante mecanismo facilitador del proceso de enseñar y aprender. Se verifica la eficacia de los viajes de estudio en la práctica de enseñanza, constatando que a través de estas es posible aprender en la práctica, lo que fue visto teóricamente en la sala de clase. Experimentar a través de los viajes de estudio propicia el aprendizaje efectivo.

No es una actividad nueva, conforme constata Andrade (2000),

> En los siglos XVIII y XIX las familias nobles enviaban sus hijos para estudiar en los grandes centros culturales de Europa, acompañados de sus competentes e ilustres preceptores. El *grand tour*, bajo la imponente y respetable rotulación de viajes de estudios.

Beni (1998) resalta esta relación al considerar que la movilidad proporcionada por el turismo amplía y enriquece las maneras de pensar, de actuar, expandiendo así el acervo cultural de quien lo practica. El fortalecimiento de la demanda que ve la actividad turística como una acción complementaria a la enseñanza formal, llevó a la segmentación de mercado, a dirigir el turismo a realizaciones estrictamente educativas, actuando bajo la denominación de turismo educacional, pedagógico o escolar.

Para Cuña (et al., 2002), compuesto básicamente de viajes de estudio, el turismo pedagógico tiene como objetivo transportar el conocimiento teórico, asimilado en sala de clase, hacia la realidad concreta, ofreciendo momentos de relajación y sociabilización.

La concepción del turismo que amplía el espacio de uso turístico en un espacio de educación extra-clase, contribuye al alcance de metas pedagógicas, lo que permite identificar, en el ocio y en el propio turismo, el descubrimiento de su "capacidad formativa, de las formas de vehicular aprendizaje y de contribuir con el desarrollo integral de la persona humana, además de ser una experiencia significativa y placentera" (HORA & CAVALCANTI, 2003).

Como resultado, se ve que la principal motivación de las instituciones de enseñanza al optar por el turismo pedagógico está en la correlación entre educación, ocio, interdisciplinaridad y turismo. Factores ratificados por Parker (1978, apud CUNHA et al, 2002) cuando afirma que "el aprendizaje es más rápido y duradero si es agradable y satisfactorio en sí mismo, y las mejores experiencias educacionales asumen una naturaleza lúdica", o sea, actividades comunes al ocio/turismo.

Por otro lado, continuando con la reflexión sobre la segmentación del turismo y sus interfaces con el ecoturismo de conocimiento, es interesante acordar que la segmentación trata de una estrategia de marketing (que debe cuidarse, para no reproducir los daños del turismo predatorio), ampliamente usada para los más diversos servicios del mercado, para atraer públicos más específicos. Para fines de constatación, para MTur, la segmentación se entiende como una "forma de organizar el turismo para fines de planificación y gestión y, principalmente, mercadológicos".

Para no incurrir en problemas de interpretación que pueden llevar a confundir la imperiosa necesidad de preservación del llamado "medio ambiente" con los llamamientos mercadológicos, se puede recurrir a la propia definición de ecoturismo, ya expuesta:

> Segmento de la actividad turística que usa de forma sostenible el patrimonio natural y cultural, incentiva su conservación y busca la formación de una conciencia ambiental a través de la interpretación del ambiente causando el bien estar de las poblaciones involucradas. (BRASIL - EMBRATUR y MMA, 1995)

Así al "usar", "de forma sostenible el patrimonio natural y cultural", luego, "incentiva su conservación". También, se "busca la formación de una conciencia ambientalista a través de la interpretación del ambiente", se considera que las actividades desarrolladas en el designado turismo científico, o turismo de conservación están en consonancia con la definición de ecoturismo y sus premisas.

En realidad, lo que se busca establecer es una experiencia de ecoturismo, o un ecoturismo "genuino". Así, en consonancia con lo apuntado por Swarbrooke (2000) como "ecoturismo sostenible", que también, por esa óptica, puede ser considerado redundante, una vez que la definición "nacional" de ecoturismo ya lo clasifica como "sostenible".

En Brasil, quien se pronunció presentando una argumentación específica sobre turismo científico fue Manço, en 2008, que puede ser considerada como la primera publicación exclusiva sobre el tema. El mismo autor considera el turismo científico dirigido para estudios realizados junto a la "naturaleza", como una "vertiente del ecoturismo".

Este autor hace una referencia histórica a los viajeros naturalistas y su venida a Brasil para participar en expediciones por ambientes naturales, explorando sus bellezas y recolectando informaciones científicas, puede parecer una práctica reciente, pero no lo es. Fue lo que documentó al apuntar a Kury (2001), que realizó investigación histórica sobre los viajeros naturalistas en el Brasil de los años 1800. El inicio del Siglo XIX estuvo marcado por numerosos grupos de estudiosos europeos que realizaron incursiones por Brasil, pudiendo de esta forma ser considerados los precursores de la actividad que los turistas interesados en participar en prácticas científicas hacen hoy. Por otro lado hay que pensar que las prácticas hechas por estos viajeros naturalistas no tenían en sus objetivos la generación del deseable beneficio social y ambiental del ecoturismo descrito aquí.

Así, según Kury,

> "[...] los viajeros naturalistas del siglo XIX: europeos como Auguste de Saint-Hilaire, la pareja Martins y Spix, el alemán Georg Heinrich von Langsdorff y Charles Darwin entre otros que entre 1816 y 1832 realizaron expediciones a Brasil recolectando muestras sobre nuestra fauna, flora y sociedad" (KURY, 2001).

Manço (2008) comenta la investigación de esta autora afirmando que ahora, casi dos siglos después, los "turistas científicos" rehacen el camino de los "viajeros naturalistas". Sin la presencia de dibujantes para registrar las imágenes, ni siendo acometidos por plagas tropicales como la malaria. Hoy los artistas dieron lugar a las sofisticadas cámaras digitales y laptops, y las antes arriesgadas expediciones aventureras están muy bien planeadas y organizadas por operadoras de turismo especializadas, en conjunto con científicos y medios de hospedaje provistos de facilidades (MANÇO, 2008).

Según Andrade,

> El interés o la necesidad de realización de estudios e investigaciones es elemento motivador del turismo científico, que se caracteriza por los intereses personales de los turistas o visitantes hacia las fuentes y los objetos de las ciencias. Por su naturaleza, se identifica, exclusivamente, por la finalidad y por el comportamiento sistemático del turista, en el núcleo receptivo en que se encuentra (ANDRADE, 2004, p.72).

Esta cita complementa la idea de que la actividad puede ser practicada en diversos ambientes y áreas de estudio teniendo como interés la investigación, el descubrimiento y aprendizaje que podrá generar conocimiento, utilizado para la continuidad de investigaciones científicas.

> "El auténtico turismo científico puede realizarse tanto en locales y regiones privadas de la suficiente estructura urbana como en regiones preservadas en su naturaleza primitiva, o en locales y regiones dotadas de mayor nivel de desarrollo turístico" ANDRADE (2004, P. 72).

De esta forma el turismo pedagógico, por ejemplo, sería una derivación del ecoturismo científico. El autor supra citado aún afirma que el turismo científico se evidencia al efectuarse, exclusivamente, de forma individual o en pequeños grupos. Pudiendo ocurrir en locales con una compleja estructura turística o con su total inexistencia, pues su foco siempre es aproximarse al objeto de estudio "excluyendo el ocio y el reposo de forma parcial o total" (ANDRADE, 2004). Pero en la presente tesis, con destaque para las prácticas de ecoturismo con vistas en una sostenibilidad ética, no se descartan las potencialidades de actividades de ocio, las posibilidades locales como ofertas complementarias ni los locales de reposo y contacto real/contemplación de la naturaleza que, por supuesto, auxilian la viabilidad económica del proyecto, la mayor satisfacción del turista y los efectivos beneficios derivados de esta visitación.

Según el biólogo Dino Xavier Zammataro, que se especializó en la operación de programas de naturaleza científica, aún no existe una demanda de mercado explícita para esta modalidad turística. "Es un segmento donde los proveedores y clientes aún están conociéndose" (in MANÇO, 2008). Afirma que el público académico apenas sabe que puede disponer de algunas operadoras para realizar la planificación y logística de sus viajes de campo.

Por lo tanto, el "eco" turismo científico y su interfaz con otras tipologías de turismo encontradas en publicaciones actualmente, como turismo de conservación, turismo pedagógico, turismo justo, turismo de estudios, excursionismo etc., para la presente tesis van a ser considerados como variaciones del ecoturismo de conocimiento.

III.1.1.1. Ecoturismo científico y experiencias de excursionismo

Importante destacar que hay una diferenciación hecha por la OMT (2001) para turismo y excursionismo, la diferencia reside en que en el segundo no hay pernocte, es decir, el turismo acontece a partir de 24 horas en el destino, antes de eso se considerada excursionismo. Por lo tanto para proyectos ambientales que no poseen hospedaje se podría llamar entonces excursionismo científico o, simplemente, actividad de excursionismo. Algunos ejemplos serán expuestos a continuación.

Para la presente tesis, aunque sean presentados abajo con una diferenciación en sus prácticas, el excursionismo será tratado también como turismo, pues en síntesis aborda actividades que son desarrolladas con intereses comunes: atraer visitación y agregar valor al destino.

En Brasil el proyecto pionero fue el TAMAR (Programa Brasileño de Conservación de Tortugas Marinas), creado en 1980. Considerada la institución más conocida en el país en desarrollar este tipo de actividad. A través de investigaciones científicas y acciones de concienciación ambiental junto a turistas y comunidades tradicionales, el TAMAR protege cinco especies de tortugas marinas de las playas brasileñas. Diez de sus 22 bases de investigación a lo largo del litoral poseen centros de visitantes que reciben alrededor de 1,5 millón de turistas al año. Una de las actividades más apreciadas por los participantes son las salidas nocturnas para ayudar a los investigadores durante las desovas de tortugas en la arena, con un coste de aproximadamente R$ 60 por persona, que ocurre solamente en algunas bases. Importante destacar que el Proyecto

TAMAR no hospeda a ningún visitante, solo ofrece actividades de acompañamiento de las investigaciones, visitas a sus estructuras construidas, siempre interesantes, con acuarios y piscinas para la observación de los especímenes y venta de recuerdos de calidad. Entonces, efectivamente, se caracteriza como una iniciativa que posee actividades de excursionismo para visitantes, lo que sin dudas agrega valor significativo al local.

En este contexto, otros ejemplos de proyectos que se destacan en la realización del llamado turismo científico o lo que sería considerado como excursionismo científico, en consonancia con Manço (2008), entre otros:

- El Proyecto Arara Azul idealizado por la bióloga Neiva Guedes, investiga la biología y relaciones ecológicas de la arara-azul-grande (*Anodorhynchus hyacinthinus*) realiza el manejo y promueve la conservación de la especie en su ambiente natural, además de estudiar otras especies que cohabitan con la arara azul en el Pantanal, caso de las araras rojas, tucanos, gavilanes, búhos y patos-do-mato. El área de estudio cubre más de 400 mil hectáreas en el Pantanal, principalmente en Mato Grosso do Sul. En este proyecto, el turista puede acompañar a los investigadores en campo en el monitoreo de los nidos de arara y otras actividades, dependiendo del periodo del año y prioridades del equipo. Se constituye entonces como actividad de excursionismo con énfasis en la interacción por parte del visitante con el conocimiento científico.

- El Proyecto Gadonça también es un proyecto ambiental de carácter científico, conservacionista y educacional, cuyo objetivo principal es estudiar la interacción entre grandes predadores carnívoros silvestres y animales domésticos en la región del Pantanal de Mato Grosso do Sul. Bajo el mando de los biólogos Fernando Cesar Cascelli de Azevedo y Ricardo Luís da Costa, es parte del Instituto Pro-Carnívoros y cuenta con el apoyo Institucional del Centro Nacional de Investigación para Conservación de los Predadores Naturales (CENAP/IBAMA). El Proyecto desarrolla actividades de investigación, manejo, turismo científico y entrenamiento de estudiantes y profesionales del área ambiental. La programación ofrecida a los turistas incluye conferencias y salidas al campo con los investigadores para el rastreo de las panteras, además de actividades como la búsqueda de presas atacadas por estos felinos.

- El Proyecto papagayo-verdadero tiene como objetivo generar informaciones sobre la biología y ecología de esta ave (*Amazona aestiva*), que puedan auxiliar en la toma de decisión sobre la conservación de la especie y de los ambientes donde vive. Comenzó en 1997 por iniciativa de la zootecnista Gláucia Seixas. El Proyecto presta atención hacia otro aspecto: la creación de papagayos como animales de compañía en Brasil, actividad profundamente arraigada en la cultura popular. Las salidas al campo con turistas pueden envolver actividades como monitoreo de nidos y búsqueda de individuos de la especie equipados con transmisores que permiten su rastreo remoto.

- El Proyecto Peixe-boi en Itamaracá, en Pernambuco - Brasil, también se destaca por ofrecer actividades de excursionismo conectadas a las investigaciones científicas de este mamífero. El peixe-boi (pez-buey), el *trichechus manatus-manatus*, se caracteriza por ser un animal bastante dócil, rollizo, grande, pesado y que se alimenta solo de vegetales (herbívoro). A pesar de su cara de pocos amigos, es extremadamente manso y permite la aproximación, incluso estando con sus crías. Habita los ríos, estuarios y el mar en las regiones intertropicales. En Brasil, existen dos especies: el peixe-boi marino y el peixe-boi amazónico.

El Proyecto Peixe-Boi fue creado en 1980, para evaluar la situación en que se encontraba el peixe-boi marino en el litoral brasileño. Para cumplir su función, el Proyecto Peixe-Boi rescata, rehabilita y reintroduce peixes-boi en su hábitat natural. La reproducción y el nacimiento de crías en cautiverio también son elementos importantes de esta estrategia. Existen ejemplos existosos de animales que pasaron por este proceso, fueron reintroducidos y hoy son monitoreados diariamente por el equipo técnico del Proyecto a través de radio-telemetría.

El Proyecto Puma, ONG sin fines lucrativos, destaca en su web que desarrollan un tipo de actividad de ecoturismo en la cual los participantes van al campo y ayudan a la recolección de informaciones sobre la fauna y flora. Las contribuciones son utilizadas para mejorar, profundizar y dar sostenibilidad financiera a investigaciones consideradas prioritarias por el Proyecto Puma. Además, posibilita que el participante conozca de primera mano los hechos ecológicos directamente de investigadores y científicos expertos. Una de las acciones en la que los visitantes se involucran, por ejemplo, es la captura de mamíferos. Pueden ser manipulados directamente por el grupo, permitiendo un contacto directo entre el participante y las especies silvestres, promoviendo una forma de educación ambiental auténtica.

En Brasil, el Estado de Pará es el único hasta el momento que dispone en su web, de la Secretaría de Estado de Turismo, del término ecoturismo científico. En las Unidades de Conservación: Floresta Nacional de Caxiuanã, y en la del Tapajós en la región oeste del Pará.

Ejemplos como estos agregan un significativo valor a los destinos turísticos, como actividades de excursionismo con énfasis en proyectos de investigación que envuelven el denominado "medio ambiente". Consecuentemente colaboran con la conservación de estos destinos, traen beneficios a la localidad y, probablemente, al propio turista que aprende y produce nuevos sentidos sobre la necesaria preservación del ambiente que es también "su casa". También el autóctono se ve movilizado por el enfrentamiento de valores y la aparición de diferencias. La comunidad del entorno posiblemente puede ofrecer al turista hospedaje y alimentación, además de propuestas complementarias de actividades turísticas.

III.1.1.2. Proyectos relevantes considerados como de ecoturismo científico

A ejemplo de los proyectos arriba citados, en lo que se refiere al ecoturismo científico propiamente dicho, son encontradas actividades relevantes que se desarrollan en todo el mundo. Abajo, serán presentadas algunas de ellas, a título de ilustración y elucidación de esta modalidad de ecoturismo.

La propia Organización Mundial de Turismo (OMT, 2004), con la publicación del "Desarrollo sostenible del ecoturismo: una compilación de buenas prácticas", apuntó destinos donde prácticas del aquí considerado ecoturismo científico, está consolidado.

Uno de los locales citados en esta publicación fue el Lago Redberry, en Saskatchewan (Canadá), con el Redberry Pelican Project. Destino donde las actividades del turismo a partir de la investigación de aves, como los pelícanos presentes, vienen desde hace algunos años obteniendo éxito. El Lago es el hábitat de por lo menos 200 especies de pájaros, estando 9 de ellas en riesgo de extinción. Estas aves pueden ser observadas de cerca (*birdwaching*) o junto a una actividad muy desarrollada y comercializada que es el video da las aves. La comunidad de entorno viene, hace muchos años, beneficiándose del ecoturismo practicado en el local.

El Proyecto fue concebido en 1989 para equilibrar los objetivos turísticos y la integridad del santuario, es decir, para que sean compatibles. Su misión se define como "investigación, educación y turismo para la conservación". La OMT (2004) apunta algunas de las lecciones aprendidas en el transcurso de estos años de visitación creciente, que sirven de reflexión para pensar en proyectos de esta magnitud en Brasil: "...la sociedad es selectiva en la elección de iniciativas con las cuales se involucra". Y más: "...el Proyecto Pelicano Redberry rechaza involucrarse con organizaciones que estén más interesadas en la comercialización del turismo que en su práctica sostenible". Lo que queda claro, por lo tanto, es que hay, de hecho, una significativa preocupación con la sostenibilidad en su gestión.

En Filipinas, en Bais City, señalado por la OMT (2004), donde en 1996 se inició el proyecto de Observación de Delfines y Ballenas. Es un destino que efectivamente aprendió que es mucho mejor para la localidad tener estos animales vivos que muertos, siendo blancos de caza. La actividad ha proporcionado renta y aumento del tesoro nacional además de la deseable conservación de la naturaleza.

Otro buen ejemplo es el realizado por la Universidad Estatal de Carolina del Norte (NCSU) en los Estados Unidos, el proyecto Sci-Link se dedica especialmente a la educación para la ciencia, con énfasis en el área ambiental, conectando científicos, educadores y estudiantes. Promueve eventos y viajes con educadores formales y no-formales, con el objetivo de tener experiencias científicas para después aplicarlas en el aula, traduciendo los resultados de investigaciones en contenidos y prácticas educacionales. Anualmente, en asociación con el Instituto Sangari, el NCSU Sci-Link promueve expediciones al Pantanal y Bonito (Brasil). Este ejemplo puede ser considerado también como turismo pedagógico, debido a sus particularidades, que en mucho se asemeja al denominado, aquí, de ecoturismo científico.

Manço (2008), que posee también un blog sobre el tema (cienciaeturismo.blogspot.com), suscita argumentación y fomenta la actividad por medio de este recurso en Internet sobre el llamado turismo científico. Afirma que le gustaría enfatizar la cuestión que aparentemente resulta extraña a los viajeros brasileños, "que puedan existir personas que paguen para convivir en un ambiente generalmente hostil, realizando actividades que están lejos de nuestro concepto de programa turístico"

(MANÇO, 2008). El autor señala que el primer ejemplo que encontró cuando comenzó a escribir su trabajo fue un árticulo en un periódico, que decía,

> "Pagar para meterse en la mata detrás de murciélagos o hundirse en marismas a la caza de sapos y serpientes es una idea como mínimo extraña. Por lo menos en Brasil. Pero por extraño que pueda parecer hay gente haciendo eso. En los últimos cuatro años, por lo menos 700 personas, de 16 a 80 años, de las más variadas profesiones, la mayoría extranjeros, se dispusieron a pagar US$ 2.400 para ayudar a científicos en investigaciones de campo en el Pantanal" (SILVEIRA, 2004).

La publicación de Silveira (2004) posee un título, curioso, para los patrones de la lógica de la actual sociedad del consumo, "Pagar para cazar sapos". El autor afirma que quién organiza las excursiones de esa especie de turismo científico es la ONG Earthwatch Institute (EWI), que actúa en cerca de 50 países. En Brasil, trabaja en asociación con otra ONG, la Conservación Internacional.

El EWI no es exactamente un proyecto de investigación. El Instituto, sito en los Estados Unidos, promueve expediciones al Pantanal (Brasil) con personas de todo el mundo, interesadas en participar activamente en investigaciones científicas durante un periodo de aproximadamente dos semanas. Los viajes al Pantanal son liderados por investigadores de instituciones brasileñas que coordinan las actividades, garantizando el rigor científico del trabajo. En 2008, los estudios podían ser realizados con reptiles, anfibios, murciélagos y ariranhas (tipo de nutrias grandes).

Algunos testimonios recolectados por Silveira (2004), por ser relevantes para la presente investigación, serán presentados, en síntesis, a continuación.

Según el biólogo americano Don Eaton, director del Centro de Investigaciones del EWI en el Pantanal, el objetivo de las excursiones es involucrar a la sociedad en la ciencia. "Queremos que las personas pasen a dar valor a la actividad científica", explica. "Además de eso, nuestro objetivo es transformar esos voluntarios que participan en las investigaciones en embajadores de la conservación del Pantanal".

Para Ellen Wang, coordinadora del EWI en el Pantanal, la involucración del público es una de las maneras más eficientes de abordar cuestiones ambientales complejas en todo el mundo y concienciar a más personas. "Participando de estudios científicos, perciben la necesidad de la preservación de los recursos renovables y no renovables", dice. "Así, pueden ayudar en la búsqueda de soluciones por el desarrollo sostenible" (in SILVEIRA, 2004).

Interesante destacar como el concepto de turismo pedagógico supra citado, se encaja como posibilidades para estas prácticas.

Los científicos, que en principio estaban recelosos a la hora de trabajar con laicos, también aprobaron la experiencia. "Al comienzo creí que no resultaría", recuerda la bióloga Vanda Lúcia. "Pero acabé rindiéndome y me encantó. Los voluntarios son personas que no reclaman por adentrarse en la maleza, en el agua o de desatascar un coche" (in SILVEIRA, 2004). Para esclarecer: los voluntarios en cuestión pagan por esta vivencia, lo que lo hace más relevante para la localidad.

El ecólogo George Camargo, que realiza investigaciones sobre murciélagos, es otro científico al que le gustó la ayuda de los turistas científicos. Entre abril de 2002 y marzo de 2008, trabajó con cerca de 60 voluntarios de varios países y de Brasil, como Rocha, en grupos de tres o cuatro, en periodos intercalados de 7 a 14 días. "Es gente interesada y siempre bien dispuesta", elogia. "Con su ayuda, capturé 690 murciélagos de 25 especies" (in SILVEIRA, 2004).

Otro aspecto que hace que los turistas científicos sean bienvenidos es el dinero. Parte de los US$ 2.400 que pagan para el EWI va para proyectos de investigación. "Es una ayuda financiera importante", dice Camargo. "Con ella podemos comprar el material de consumo de las investigaciones, como combustible, papel, tinta para impresora e incluso billetes aéreos."

Vanda afirma que, sería imposible realizar sus investigaciones sin el dinero de los voluntarios. "Para llegar adónde realizo mis estudios es preciso ir en avión", explica. "Su dinero permite pagar los billetes, además de otros gastos." La EWI, espera que la idea de usar voluntarios en investigaciones funcione en Brasil. "Para el brasileño aún es algo raro ser voluntario y pagar", reconoce. "Pero poco a poco eso va a cambiar. En el futuro pretendemos abrir una oficina en Brasil" (in SILVEIRA, 2004).

Los beneficios traídos por la involucración de turistas en sus investigaciones vienen, principalmente, en la forma de aporte financiero a sus proyectos y en el auxilio de las actividades en el campo. "Al pagar para participar en proyectos de investigación, los voluntarios contribuyen a la adquisición de equipamientos y hasta becas para prácticas académicas", lo que una vez más refuerza la idea de vínculo con la universidad y el turismo de estudios/pedagógico y específicamente de la propuesta de ecoturismo de conocimiento. En este contexto continúa Camargo (in SILVEIRA, 2004) afirmando que otra forma de ayuda que los visitantes prestan es como fuerza de trabajo, pues los equipamientos necesarios para realización de determinadas investigaciones pueden ser pesados. Los "asistentes", los turistas en cuestión, pueden ayudar a hacer posible proyectos con pocos recursos con una participación más activa. Al desempeñar algunas funciones como la recolección de informaciones, los voluntarios ayudan a la consolidación de la investigación y, desde su punto de vista, "salen con la sensación real de que hicieron un importante papel para la conservación de la vida salvaje" (ídem). Su compañera Neiva Guedes, idealizadora del Proyecto Arara Azul, añade: "muchos turistas son investigadores o amantes de la naturaleza y estudian mucho, visitan otros proyectos por el mundo y acaban contribuyendo con nosotros a través del cambio de informaciones" (in SILVEIRA, 2004). La actividad crea más oportunidades de trabajo para las comunidades, con la consecuente mejora de la estructura local, que es realmente lo que se desea.

Obviamente, algunos aspectos inspiran preocupación por parte de los investigadores que acaban desempeñando una función de "guía de turismo" generalmente extraña a su vivencia profesional. Problemas como la inexperiencia de los participantes, no solo en las tareas con metodologías científicas, sino también en la convivencia en ambientes naturales, son algunas de las dificultades relatadas. Esto podría subsanarse con capacitación pedagógica de instructores, o conductores locales que mediarían en el acceso del turista a la investigación sin interferir/confundir al investigador, "A veces, se pierde un tiempo excesivo explicando el trabajo e instruyendo a los voluntarios en tareas como la utilización de equipamientos. La falta de consistencia en la recolección de datos y la no familiarización con los protocolos de recolección pueden resultar en anotaciones distorsionadas – pero nada que algunas explicaciones y un entrenamiento previo no resuelvan, asegurando el éxito de la expedición", afirma Ellen Wang, que ya fue Directora del Centro de Investigación de la EWI y puede ser considerada una autoridad en el asunto. Además de científica, hace años que actúa regularmente como guía de ecoturismo en el Pantanal y aprecia la función, afirma que "buena parte de nuestros voluntarios son educadores que ciertamente tendrán papel fundamental en la diseminación de los conocimientos adquiridos durante el periodo que pasaron en compañía de investigadores y habitantes locales" (in SILVEIRA, 2004). Por lo tanto, es una excelente posibilidad para los visitantes que desean perfeccionar sus conocimientos, pudiendo contribuir sobremanera con la iniciativa.

En ese sentido, anticipando una de las propuestas de la presente tesis que versa sobre la fusión de los oficios del guardia-parque (sobre los cuales las UCs brasileñas presentan gran déficit) con la del guía de turismo local, se destaca que será de la competencia de esta persona la función de aproximar y, dentro de sus posibilidades, orientar al visitante en su participación en las investigaciones, trabajando en colaboración con el investigador. Además de eso, esta fusión crea oportunidades de generar más puestos de trabajo locales, se inserta de manera más específica a la comunidad en la socialización del conocimiento producido, abriendo la posibilidad de una mayor conservación del área protegida, lo que será discutido posteriormente.

Volviendo a la reflexión sobre las prácticas del aquí llamado "ecoturismo científico", otro programa, especialmente interesante para la presente tesis, es el que se desarrolla a través de una asociación entre Holanda y Brasil: el Instituto Ekko Brasil y su asociación con el Ecovolunteer Program. Es relevante destacar, para la presente investigación, que los proyectos desarrollados por estas instituciones parecen muy significativos para lo que se pretende: el ecoturismo con interacciones efectivas por parte de los visitantes en investigaciones científicas y su permanencia como huésped en la localidad en hospedajes familiares o en la base de los proyectos con la deseada actitud de ecovoluntário, que será presentada a continuación.

La mayoría de las informaciones sobre la Ekko Brasil, Ecovoluntários (Ecovolunteer Program) y sus proyectos, fueron obtenidas en los dos años que el autor de la presente tesis actuó como consultor de ecoturismo en esta institución, en su sitio web en Internet, además de testimonios de O. Carvalho-Júnior, que puede ser considerado "padre" del Proyecto Lontra (nutria), el pionero. Autor de diversos artículos en el área ambiental, ya escribió sobre el tema, en "Ecotourism as a Tool for the Conservation of Endangered Species in the Coastal Region of Santa Catarina, Brazil."

En ellos se observa que Carvalho-Junior prefiere llamar, lo que para la presente tesis es ecoturismo científico, de "turismo de conservación".

El Instituto fue fundado en la Lagoa do Peri/Florianópolis - Brasil, por iniciativa de un grupo de personas que compartían la preocupación por cuestiones ambientales y especies amenazadas. Tiene como principal objetivo coordinar y/o apoyar proyectos de conservación que tengan como foco el llamado turismo de conservación y la conservación de la biodiversidad.

Para eso, el Instituto Ekko Brasil cuenta con algunas asociaciones con organizaciones en Europa y Estados Unidos, como el Ecovolunteer Program (ecovoluteer.org), el Responsible Travel (responsibletravel.com), Go Abroad (volunteerabroad.com). Estas organizaciones trabajan con Proyectos de investigación y sociales en varios países, posibilitando la participación de un público de turistas preocupados con la conservación ambiental y acciones sociales.

Varios proyectos forman parte directa e indirecta del Instituto, como el Proyecto Tucano, el Proyecto Lontra, el Proyecto Baleia Jubarte y el Proyecto Onça. Estos proyectos tienen como objetivo principal la realización de investigaciones sobre la ecología de la especie, para promover la conservación de la misma en el ambiente natural en el que se encuentra. Desarrolla desde hace muchos años trabajos e investigaciones con lo que llaman turismo de conservación y especies amenazadas. La involucración de ecovoluntários, en este contexto, es de fundamental importancia.

El Instituto Ekko Brasil es una Organización de la Sociedad Civil de Interés Público (OSCIP) con sede en Florianópolis/SC. Obtuvo el título en los términos de la Ley n° 9.790, de 23 de Marzo de 1999, y consta en el proceso MJ n° 08071.025279/2007-97, conforme despacho del Secretario Nacional de Justicia, de 30 de enero de 2008, publicado en el Diario Oficial de 01 de febrero de 2008.

Su misión es el estudio y el mantenimiento de la biodiversidad por medio de la conservación de ecosistemas y especies amenazadas. Para esto, utiliza la educación ambiental, técnicas sostenibles aplicadas a la conservación de la biodiversidad y el turismo de conservación. Desarrolla, desde 1986, el Proyecto Lontra, que desde el final de 2009 está siendo patrocinado por la Petrobras, una empresa estatal brasileña de petróleo, a través del Programa Petrobras Ambiental – PPA, mediante selección realizada por un edicto público.

Además del patrocinio por el PPA de la Petrobras, el Ekko Brasil actúa en asociaciones que cuentan con el apoyo del IBAMA, de la Policía Ambiental de Santa Catarina, de la Floram (Fundación Municipal del Medioambiente de Florianópolis), de la Clinica Veterinaria Vida Salvaje y del LabSolar (Laboratorio de Energía Solar de la Ingeniería Mecánica de la UFSC), entre otras instituciones.

Destacan que para su proyecto la implicación de la comunidad es esencial, pues eso es parte de la responsabilidad ambiental de esta institución. De esa forma, la principal estrategia adoptada por el Instituto es la consumación del denominado turismo de conservación. Para la Ekko Brasil esta modalidad de turismo presenta una índole social y económica, además de ambiental. Así como el auténtico ecoturismo descrito en la presente tesis.

Además, el Instituto posee registro de Criadero Científico. Lo que permite el mantenimiento en cautiverio de animales silvestres de la Familia *Mustelidae*, ente otros. Los animales mantenidos en cautiverio no están expuestos a visitación pública, a no ser para fines educacionales y de forma controlada y restrictiva para el ecovoluntario. El Instituto posee un Centro de Recuperación para Mustélidos, además de varios recintos para la manutención de otros animales recuperados que ya no pueden ser soltados. Hecho que agrega valor para el destino, auxilia la viabilidad del Proyecto y contribuye sobremanera a la satisfacción de los visitantes.

La organización Ecovolunteer Program trabaja con personas interesadas en auxiliar y participar en proyectos de investigaciones científicas, principalmente relacionadas con la fauna, mediante contribución financiera. El Ecovolunteer trabaja exclusivamente con proyectos de investigación, conservación y rehabilitación de fauna en varios países, y tiene su sede en Holanda. El programa destina el 77% del valor pagado por el participante para el proyecto de investigación. El saldo restante queda destinado al pago de la parte administrativa, publicidad y mantenimiento general de la organización.

Según Carvalho-Júnior (et al, 2006), el Instituto Ekko Brasil viene desarrollando investigaciones en varias áreas, ampliando el campo de actuación e implementando nuevos proyectos. El foco de las investigaciones continúa siendo la nutria, aunque el turismo de conservación, educación ambiental, veterinaria y energía alternativa también forman parte de las actividades de investigación. La asociación con esta institución holandesa data del año 2001, con la Ekko Brasil coordinando a los ecovoluntarios en Brasil.

La mayor parte de la captación de los recursos viene de investigaciones, consultorías y proyectos conectados al turismo de conservación. Por tanto, asociaciones firmadas con importantes organizaciones de turismo responsable hacen posible la participación de ecovoluntarios brasileños, europeos y americanos, entre otros, que vienen para compartir las actividades de los proyectos de investigación. Los recursos son aplicados en el mantenimiento de las actividades, del personal y de los proyectos de investigación desarrollados.

Se hizo una larga explicación sobre las experiencias relativas al ecoturismo científico con vistas a su proximidad con el ecoturismo de conocimiento, guardando algunas premisas que los diferencian, entre ellas (la más importante a resaltar) la referida a la participación incondicional de la población local, propia de los "destinos" turísticos, en la concepción y gestión de los proyectos que enlazan ecoturismo y conocimiento, aliados a los profesionales de universidades y otras instituciones públicas.

II.1.1.3. Los ecovoluntarios y el ecoturismo científico

Cuando se reflexiona sobre el hecho de que la visitación pueda ser benéfica para la localidad y, además, para las demandas que son realmente interesantes para un área protegida como, también, sobre el público que se quiere "atraer" para la localidad, se recuerdan las palabras de Swarbrooke cuando se refiere al perfil del visitante para lo que sería un "ecoturismo sostenible",

> "En última instancia, sin embargo, el ecoturismo sólo se hará más sostenible en caso de que los turistas exijan ese cambio o por lo menos estén dispuestos a aceptar sus implicaciones en sus experiencias turísticas" (SWARBROOKE, 2000).

En este contexto, se destaca la definición de ecovoluntarios adoptada por la Ekko, fruto de la asociación con el Ecovolunteer Program: se trata de un tipo de turista especifico "... que busca recorridos diferenciados, para huir del lugar común, para estar envuelto en una atmósfera de equipo y compañerismo, además de tener la seguridad de que el dinero empleado estará siendo aplicado en la sostenibilidad de proyectos de conservación de especies amenazadas" (EKKO BRASIL, 2008). Se abre un espacio donde se mezclan: el público consumidor (en este caso turistas "comunes") y, a la vez, académicos de diversas áreas del conocimiento con el voluntario propiamente dicho.

En estos casos, es posible que el visitante escoja el proyecto en el que quiere participar: por especie de animal y localidad donde ocurre mayor incidencia de procreación de los mismos, por ejemplo. Así el turista voluntario tiene una participación activa en un proyecto de investigación orientado a la conservación de la biodiversidad, específicamente, y de su interés. De igual manera puede caracterizarse como un incentivo para publicaciones, generando subsidios para que esto acontezca con diferentes ópticas multidisciplinares sobre el campo de investigación presente en el área, obviamente si el visitante en cuestión es del área académica. Igualmente es interesante destacar que el proyecto puede tener, o ya tenga, publicaciones propias en alguna revista indexada, y que incentiven la participación de las personas con memoriales, registros, etc...

Se trata de un motivo más para la visitación. Como atracción, se puede imaginar algo como: "venga a conocer el local y salga con su publicación", o "disfrute de la belleza y atractivos locales y salga con su curso, su certificado, diploma, su capacitación, perfeccionamiento", que incluso puede ser enfocado en esta práctica de turismo para que sea multiplicada en varias áreas protegidas. Principalmente con la participación de las Universidades, lo que será discutido posteriormente.

En este contexto el Instituto Ekko Brasil es realmente uno de los proyectos de mayor destaque, con el ecovoluntarios, (Ecovolunteer Program – Brasil) que desarrolla algunos proyectos que reciben visitantes para una o dos semanas, como ya se resaltó: "Proyecto Baleia Jubarte, Proyecto Lontra Brasil, Proyecto Onça Pintada y Proyecto Tucano"; y otras acciones menores.

Como ejemplos de participación efectiva de ecovoluntarios en proyectos brasileños se listan, abajo, algunos que destacan por el éxito de sus iniciativas:

- El que hace el uso del SIG (Sistema de Informaciones Geográficas) como herramienta de apoyo al desarrollo del turismo de conservación que ha sido aplicado en la Cuenca Hidrográfica del Río Itajaí y la Cuenca Hidrográfica del Río Uruguay;

- El que hace uso de energía alternativa y que se está aplicando en asociación con el Laboratorio de Energía Solar de la Universidad Federal de Santa Catarina. El uso de paneles fotovoltaicos para la generación de energía eléctrica y un barco movido con energía solar están siendo usados como apoyo al desarrollo de las investigaciones en laboratorio y en campo;

- Los proyectos dirigidos para educación ambiental que se están desarrollando en Florianópolis, incluyendo cursos de capacitación dirigidos para profesores y alumnos principalmente de la red pública. El Pro-Lontrinha, dirigido a niños de tres a cinco años, que frecuentan los NEI's – Núcleo de Educación Infantil de la enseñanza pública del municipio. Este proyecto está compuesto por actividades de visitación concertada al Refugio Animal, durante las cuales se desarrollan actividades pertinentes en la Educación Ambiental. Se estima la participación de un total de 480 niños, distribuidos en grupos de 20 niños al mes;

- El proyecto *Trees for Travel* - Plantío de árboles para compensar viajes. Por el cual el Ecovolunteer Program pretende compensar todas las emisiones de dióxido de carbono que pueda provocar, ya sea por su oficina o por los transportes de los viajes hechos, a través de la Fundación *Trees for Travel*, (treesfortravel.info). Esa Fundación financia el plantío, regeneración y mantenimiento de las florestas que contribuirán para el secuestro de carbono de la atmósfera disminuyendo así el Calentamiento Global. Esa actitud se da también en colaboración con las poblaciones locales, y no solo para crear un planeta más verde, sino también para contribuir en la lucha contra la pobreza mundial. Luchar contra el Calentamiento Global, con una modesta contribución con la *Trees sea Travel* y compensar al medio ambiente por las emisiones de dióxido de carbono de los viajes y, a la vez, ayudar a hacer el mundo un lugar mejor. Se trata de una tendencia mundial, muchas empresas actuales no venden sus productos sin que se pague por el servicio ambiental del secuestro de carbono. La idea del carbono libre, además de un buen marketing hoy en día, es también reflejo de una gestión con actitud responsable;

- Proyecto Lontra - específicamente para las visitaciones de los ecovoluntarios, se presentan a continuación informaciones más detalladas sobre este proyecto, sus acciones e investigaciones realizadas/ofertadas para visitantes:

Las acomodaciones de la base principal del proyecto son simples, pero confortables, especialmente proyectados para investigadores, estudiantes en prácticas y ecovoluntarios. Los cuartos poseen nevera, la sala social tiene tele y ordenador. La conexión a Internet es vía wireless, accesible a todos y gratuita. Cocina equipada y a disposición 24 horas.

El desayuno está incluido durante los días de trabajo. Almuerzos y cenas no están incluidos, pero el visitante puede comprar sus propios ingredientes en mercados próximos y prepararlos en la cocina de la base o se puede comer en restaurantes próximos que ofrecen comida típica compuesta de frutos del mar (EKKOBRASIL, 2009).

Los fines de semana son libres y el visitante puede relajarse y visitar nuevos lugares por su propia cuenta. En viaje de campo, las comidas son organizadas de forma comunitaria, según la estructura local.

En lo que se refiere a la involucración, se sigue una programación semanal de actividades, de esta forma, el visitante sabe, con antelación, lo que acontecerá. Las actividades incluyen caminatas a través de la Mata Atlántica, uso de canoas y piraguas, vehículos especiales (4x4), además de trabajos de mantenimiento de los recintos y de los animales en cautiverio. Dependiendo del clima, el trabajo de campo puede ser hecho a pie y esto incluye análisis de la frecuencia de las nutrias en los abrigos, monitoreo de nidos, estudios de las especies en cautiverio y hábitos alimenticios. Aunque la mayor parte del trabajo sea de campo, algún trabajo de laboratorio también es efectuado. El visitante puede hacer visitas cortas a otras áreas de estudio, siempre acompañado por un equipo experto, conforme la Ekko Brasil (2009).

La sensación de vivir, respirar y dormir en un ambiente de este tipo de investigación es significativa en lo que se refiere a la satisfacción del turista y, seguramente, es una experiencia auténtica y singular.

Como requisito para participación en este proyecto en cuestión, consta la observación relativa a la edad mínima de 12 años (acompañado de los padres) o 16 años solo. No existe límite superior de edad.

Debido a las características de los trabajos de campo, el voluntario debe estar preparado para dividir tareas y colaborar con los investigadores. Como ya fue mencionado el Proyecto ofrece siempre una programación de actividades en consonancia con la periodicidad y tareas de las investigaciones, como en el ejemplo a continuación:

CUADRO 5 - programación de una semana común "WEEK – 1".

ACTIVITY	Morning	Afternoon	Night
Monday	Kaiaque training Project 14 Project 05	Project 05 Project 14 Project 08	
Tuesday	Project 08 Project 14 Project 04	Study Time- Talk about River Otter Project Project 14	
Wednesday	Project 14 Base work- Clean up cages	Meeting In the center base	
Thursday	Project 02	Project 02	Overnight camping

| Friday | Project 02 | Back to Otter base | |

– RESEARCH PROJECTS – RIVER OTTER PROJECT:

Project	Subject	Periodicity
Project 1	**Monitoring Otter Shelters 1 and 2**	**15 days**
Project 2	**Diet and frequency of otters at Lagoinha do Leste Beach**	**30 days**
Project 3	**Diet and frequency of otters at Naufragados Beach**	**30 days**
Project 4	**Analysis of diet of otters at Lagoa do Piri**	**7 days**
Project 5	**Otter activities based on the frequency of faeces in active areas** **Section A (Tucano 1 a Tucano 2) Section B (Tucano 4 a Tuc. 7)**	**15 days**
Project 6	**Duration of active faeces in the Lagoa do Piri**	**30 days**
Project 7	**Estimation of economic impact related to the presence of otters at aquaculture ponds**	**30 days**
Project 8	**Observation Point**	**7 days**
Project 9	**Distribution of shelters in the Lagoa da Conceição**	**30 days**
Project 10	**Eclogical Corridor: Pântano do Sul, Saquinho, Channel, Waterfalls**	**30 days**
Project 11	**Frequency of otter activities in shelters in the Lagoa do Piri**	**15 days**
Project 12	**Frequency and diet of otters at Porto Belo Island**	**30 days**
Project 13	**Pró-Lontrinha School – Social Project with children from the community**	**7 days**
Project 14	**Monitoring Otter Shelter 7**	**15 days**
Project 15	**Ecological studies of otters at the hydrographic basin of Cubatão River – Rafting**	**30 days**
Project 16	**Impact of otters on mariculture and aquaculture farms (Ribeirão, Barra da Lagoa, Lontras)**	**30 days**
Project 17	**Otters monitoring on mangroves areas**	**7 days**

Project 18	Monitoring Otter canal Lagoa do Peri	30 days

Fuente: Ekko Brasil (2009)

Los precios varían aproximadamente entre US$ 550,00 para la primera semana con descuento para las semanas siguientes, siendo que no hay tiempo máximo para la estancia. La participación es posible durante todo el año. El turista voluntario puede determinar sus propias fechas, horario de llegada y partida. La Participación de Ecovoluntarios en el Proyecto Lontra comenzó efectivamente en 2002. La participación de ecovoluntarios aún no es suficiente para una viabilidad plena, pero es significativa e importante para la sostenibilidad económica de los proyectos de investigación y conservación. La participación de ecovoluntarios a lo largo del año indica una aparente estacionalidad, conforme los picos registrados en Enero, Julio/Agosto y Octubre. Algunos trabajos fueron publicados por los investigadores del Proyecto Lontra teniendo como foco la participación de ecovoluntarios, mantenimiento de la biodiversidad y unidades de conservación;

- El proyecto Baleia Jubarte - Abrolhos y Forte / Bahia

Participando en este proyecto en Brasil el turista voluntario auxilia de forma práctica los estudios y la conservación de la Ballena Jubarte, en su época de apareamiento y reproducción, que es la época en que frecuentan esta parte del litoral brasileño.

En el país existen dos polos en el mismo Estado, Bahía, donde existe la posibilidad de que el visitante se hospede y participe en las investigaciones.

Uno de ellos está localizado en la Praia do Forte, 80 km norte de Salvador. Donde se encuentran algunas de las más lindas playas tropicales de Brasil, pero también desarrollo del turismo internacional, inclusive resorts, restaurantes y tiendas. Sin embargo hay una gran variedad de ecosistemas, desde restinga, dunas, marismas, lagunas y mata atlántica. Es también conocida como un destino de tortugas marinas, sin embargo, las mismas no ocurren en la misma época que las ballenas (EKKOBRASIL, 2009).

El otro local es un área protegida, el Parque Nacional Marino de Abrolhos. El hospedaje es en la ciudad de entorno y villa de pescadores que se llama Caravelas. Se trata de una extensión de la plataforma continental con arrecifes de coral, islas y una ciudad costera con turismo doméstico e internacional moderado, en el extremo sur de Bahía. Los cruceros son dentro del Banco dos Abrolhos, pero no todas las rutas son trazadas con destino al Archipiélago de los Abrolhos. Cuando el destino es al norte del Banco dos Abrolhos generalmente se pernocta en Cumuruxatiba, Puerto Seguro o Belmonte/BA y cuando la ruta es al sur del Banco de Abrolhos se pernocta en Barra del Riacho/ES. Recordamos que en la ruta norte y sur muchas veces el mar es bastante agitado. Para embarcar dependerá del espíritu de aventura del participante. Después de horas de trabajo es importante encontrar un puerto seguro para el merecido descanso.

La especie de ballena Jubarte, es de porte medio, con una envergadura aproximada de 16 metros (del tamaño de un autobús) y nadaderas pectorales muy largas. Son muy sociables y curiosas. El visitante puede ver interesantes patrones de comportamiento, como cuando salta, muestra la cabeza o la cola, y golpea el agua con las nadaderas. Estas características hacen de las jubartes, una de las más fotografiadas y filmadas de todas las ballenas (EKKOBRASIL, 2009).

El turista voluntario puede oír las ballenas "cantando" a través de un equipo que se llama 'hidrofone' y algunas veces, incluso oírlas cuando bucean en algunos locales propios.

Las ballenas migran anualmente entre las áreas de alimentación próximas a los polos y sus áreas de reproducción en los trópicos. En el Atlántico sur occidental la principal área de reproducción de la especie es a lo largo de la costa de Bahía (Brasil). Permanecen entre julio y noviembre en aguas tranquilas, calientes y poco profundas, donde pare una sola cría, después de un periodo de gestación de 11 meses. Muy cazadas durante el periodo de captura comercial, hoy constan en la Lista Oficial de Especies Brasileñas Amenazadas de Extinción.

Las Jubartes habitan todos los océanos del mundo. La población "brasileña" se alimenta cerca de las islas Geórgia del Sur, en el mar de Escocia, pero en el periodo de julio a noviembre, se aparean y reproducen a lo largo de la costa de Bahía (EKKOBRASIL, 2009).

Para acompañar el Proyecto, el turista debe viajar independientemente para el local y es esperado en el aeropuerto por el equipo de trabajo. La acomodación es básica y compartida, con camas duchas y cuarto de baño. El visitante debe ser capaz de improvisar – sacos de dormir son bienvenidos. Mientras se esté en tierra, solo el desayuno está incluido; a bordo, toda la alimentación está incluida. No hay acceso a la cocina y el servicio de Internet y lavandería deberán ser pagados independientemente por el voluntario.

El trabajo de los voluntarios está dividido en varias categorías, tales como investigación y educación ambiental. Durante los cruceros de investigación, siempre que el tiempo lo permita, son recolectados datos del comportamiento de las ballenas, sacando fotos de las nadaderas caudales con fines de identificación, algunas veces se hacen biopsias y también, grabaciones bioacústicas. El turista voluntario podrá ayudar buscando ballenas en actividad, operando el GPS, así como, observar y registrar el comportamiento de esos animales (EKKOBRASIL, 2009).

Actividades adicionales pueden envolver trabajo de educación ambiental con la comunidad local, educación de turistas en los cruceros de observación de ballenas, y contacto con el grupo Patrulla Ecológica, formado por adolescentes entre 12 y 16 años, estudiantes de las escuelas locales. Capacitados con informaciones sobre las ballenas y el ecosistema marino y su importancia. Así ayudarán a diseminar estas informaciones en sus comunidades. Los voluntarios podrán ayudar en casos de rescates, encalles de animales o ballenas heridas o enfermas.

También, son estudiados paralelamente, por monitoreo, la población de botos-sotália (delfines) residentes en el estuario del río Caravelas.

La participación es adecuada para personas que estén en buenas condiciones físicas aunque ningún conocimiento previo específico sea necesario, pues todo el entrenamiento será dado. Es necesario tener flexibilidad y saber relacionarse y trabajar con un grupo de personas de varias edades y culturas. Sin embargo, se solicita que el visitante pueda tolerar un mar difícil y pueda caminar largas distancias, tenga más de 18 años y pueda hablar inglés o portugués.

Precios (en 2009): Alta temporada (Julio a Noviembre) dos semanas cuestan aproximadamente US$ 1.600,00, semana adicional US$ 920,00. Baja temporada dos semanas US$ 1.300,00. Tres semanas US$ 2.050,00. Participación mínima de dos semanas. Los precios no incluyen las comidas en tierra.

El mismo proyecto es ofrecido, con ligera diferencia, en dos localidades, una en Caravelas (Abrolhos) y otra en la Praia do Forte. Ambas localizaciones tienen administración separadas.

- El Proyecto Onça Pintada cuya misión es promover la conservación de la especie, de sus presas naturales y hábitats, así como su coexistencia pacífica con el hombre. La gestión del proyecto está a cargo del Fondo para la Conservación de la Onça Pintada (Jaguar Conservation Found). Entre cuerpo técnico y administrativo, el proyecto involucra directamente a más de 40 personas, además de auxiliares en las áreas donde las investigaciones son desarrolladas. La programación de campo para turistas depende de la disponibilidad de los investigadores.

- El Proyecto Tucano. Bonitas y coloridas aves forman parte de uno de los más peculiares y populares grupos de especies, características de América del Sur y Trópicos. Este Proyecto cuida del tucano de pecho rojo, una especie que vive en el sudeste de Brasil.

- El Santuario Rancho dos Gnomos. Este Proyecto abriga animales víctimas de la degeneración de hábitat, tráfico (biopiratería), del comercio de pieles, malos tratos y de animales procedentes de circos. Centenares de animales, de diferentes especies, son recuperados y mantenidos en este Santuario. Muchas especies diferentes viven en el Santuario, exóticos, silvestres y domésticos, que incluyen leones, un tigre, monos, chinchillas, venados, iguanas, vacas, caballos, tortugas de tierra, araras, papagayos, tucanos, perezosos, búhos, gavilanes, perros y gatos. Todos los animales fueron incautados por los órganos oficiales.

Estos tres últimos ejemplos funcionan, de manera general, en los moldes de los otros proyectos del Instituto Ekko Brasil/Ecovoluntarios presentados anteriormente.

III.1.1.4. Alerta: turismo científico en la Hacienda Río Negro

Otro ejemplo significativo para la presente tesis es la experiencia de turismo científico con la ONG Conservation International (CI-Brasil) en la Hacienda Río Negro (FRN), denominado "Proyecto Desarrollo del Turismo Sostenible y del Turismo Científico en la Hacienda Río Negro", que actualmente se encuentra inactivo, ya que paró sus actividades principalmente por inviabilidad económica.

El principal objetivo de la adquisición de la FRN fue la creación de una unidad de conservación que sirviera como fuente y apoyo para investigaciones científicas en la región del Pantanal. Las actividades de turismo científico ocurrían con la visitación de voluntarios que acompañaban a los investigadores en las actividades de campo y de laboratorio. Eran grupos de hasta 14 personas que se dividían según la actividad y el investigador, raramente excediendo de tres voluntarios por investigador durante el levantamiento in loco (AMARAL et al, 2007).

Según Prado (in RABINOVICI, 2009), el cierre del Programa de Turismo en la FRN fue causado principalmente por los altos costes de mantenimiento del Hostal – entre ellas el fiel cumplimiento de toda la legislación laboral a la que la CI está obligada, mientras la competencia no lo hace necesariamente, la constante tarea y costes de mantenimiento, la competencia con los demás hostales de la región que obligaban a la creación de infraestructuras tales como piscina y otros, que, según Prado, no son estructuras que pueden ser costeadas con los recursos captados para la conservación.

Así, el principal Proyecto de Turismo Científico, la Hacienda Río Negro, fue extinto, prácticamente finalizando las actividades de la CI con Turismo en Brasil.

Es lo que comenta el gestor en relación a la planificación del "negocio" turístico que consideró ineficiente,

> [...] la ONG, es muy buena, sabe trabajar con indicadores, sostenibilidad, principalmente en la parte de impacto ambiental, la mayoría del personal que trabaja en las ONGs es biólogo, o es ecólogo, pero en el momento en que vas para la gestión del negocio, es un fallo enorme que hay. (...) Ellos contrataron una consultoría en la época, para hacer un plan de negocios y ahí, es mi lectura, no en relación a esa consultoría específica, pero a muchos planes de negocios que ya he visto, es lo siguiente: a veces pagas a la persona, para que te diga lo que quieres oír. Fue lo que aconteció allí. Se pagó a una persona para que dijera que el negocio era viable, entonces él hizo y mostró que era viable, pero era completamente inviable. Entonces realmente es eso, en la parte financiera el proyecto fue un fiasco. (...) ellos también hicieron una súper estimación en relación al mercado consumidor potencial. (...) entonces creo que hay este fallo en los proyectos que yo conozco en Brasil, faltó esa lectura de mercado, los proyectos son muy bonitos, pero ellos no son financieramente viables (PRADO in RABINOVICI, 2009).

Todas las actividades eran monitoreadas y acompañadas para fines de conocimiento de la capacidad de carga y evaluación de los impactos que ocurren. Para eso, fue prevista la creación de un Programa de Monitoreo de Impactos del Turismo Sostenible, con la definición de los parámetros, de los indicadores y de las formas de evaluación de los impactos resultantes de esta actividad. Sin embargo a pesar de una gestión ejemplar este Proyecto terminó por no haber alcanzado su sostenibilidad económica. Tal constatación sirve de base significativa para la presente tesis, pues, por lo observado no basta con tener investigaciones de calidad y primar por la conservación del "medio ambiente" si no se tiene una visitación expresiva, es decir, viabilidad financiera o, por otro lado, si no hay compromiso público.

Así, después de la presentación de estos buenos ejemplos, donde fueron resaltadas algunas experiencias, es importante añadir que uno de los enfoques de la presente tesis es que, en áreas protegidas brasileñas, el Estado debería estar presente y fomentar activamente iniciativas como estas, debido a las potencialidades locales y posibilidades, no solamente para el ecoturismo científico, sino también, para el desarrollo del ecoturismo de conocimiento. Este último, diferenciándose de aquel por el hecho de involucrar, activamente, a las poblaciones locales y sus saberes populares que interactúan con los saberes científicos en el desarrollo de los proyectos. Estas iniciativas pueden generar incontables beneficios relacionados con el medio ambiente, comunidades del entorno y producción de conocimiento en beneficio de una sostenibilidad ética. Lo que debería ser una política pública prioritaria actualmente, en consonancia con el abordaje escogido para la presente tesis.

Este ejemplo de la Hacienda Río Negro, supra citado, también sirve de reflexión para que se elaboren paralelamente alternativas de actividades que agreguen valor a la experiencia del visitante con bajo coste y mayor participación comunitaria, con especial atención a la viabilidad económica del proyecto. Cabe en este momento una reflexión, debido a la relevancia expuesta en el caso de la FRN: el destaque de esta tesis para el turismo de aventura es, principalmente, para componer parte de las posibilidades que se imaginan para agregar valor al destino y ampliar la satisfacción del visitante además de proporcionar a los habitantes locales más ganancias con actividades extras, haciendo el producto turístico mínimamente sostenible en su forma más amplia.

Sin embargo, el ecoturismo necesita algo más que una buena planificación financiera.

Torres, orientador de la presente tesis, destaca puntos de reflexión a ser considerados en el ecoturismo científico, y que están relacionados con "Los límites de la intransigencia y de la población objetivo". Entre ellos, es preciso observar:

Ecoturismo científico para científicos.

Ecoturismo científico para entusiastas de la temática medioambiental "fanáticos de la naturaleza" (ayudantes activos).

Ecoturismo científico para educadores, donde, el planteamiento de oferta es distinto.

Ecoturismo científico para "contempladores", son pasivos y solo quieren, experiencias, saber más y disfrutar.

Ecoturismo casi científico para educandos (alumnos) y personas sensibles. Entra en gran parte la interpretación y el disfrutar trasmitiendo valores.

Ecoturismo con base o elementos científicos. Va dirigido al turismo genérico (de masas aunque no sea masivo) y está especialmente indicado para los centros de interpretación.

Ecoturismo científico "on-line". Se lo dejamos a National Geographic.

Es de fundamental importancia evidenciar que no es posible que haya de todo para todos, hay espacios para participación específica de alumnos, espacios para participación de "voluntarios", espacio para la participación de públicos diversos con posibles patrocinios en algunas actividades, entre otros.

III.1.2. El "Eco" Turismo de Aventura

Inicialmente, es importante destacar la relevancia del segmento turismo de aventura que, asociado al ecoturismo, puede agregar expresivo valor al atractivo turístico además de proporcionar mayor visibilidad y satisfacción del visitante frente al producto turístico a ser desarrollado. Históricamente, los mismos siempre anduvieron juntos con algunas propuestas comunes, sin embargo existen actividades de turismo de aventura que no son compatibles con el concepto de ecoturismo y otras sí.

Importante aclarar, también, en este momento, que las prácticas de turismo de aventura (TA) que son relevantes para esta propuesta de fusión de segmentos, son las consideradas ambientalmente sostenibles, es decir, que respetan y están adecuadas a las áreas que la presente tesis prioriza, las Unidades de Conservación brasileñas. En este contexto se propone el término "ecoturismo de aventura" – que, de esa forma, reúne las prácticas de TA que se adecuan a la fragilidad del medio ambiente así como las premisas del considerado auténtico ecoturismo. Así, para la presente tesis, ecoturismo de aventura comprende los movimientos turísticos resultantes de la práctica de actividades de aventura, propias del segmento turismo de aventura, que atienden a las premisas del considerado "auténtico" ecoturismo, es decir, de la sostenibilidad en su forma más amplia.

La relevancia de esta incorporación/fusión de segmentos, se debe al hecho de que estos segmentos están en pleno ascenso en Brasil, y en el mundo, atrayendo a miles de visitantes que pueden dejar muchos beneficios en la localidad. Esta fusión de conceptos, para la presente tesis, tiene mucho sentido principalmente al recordar el ejemplo del turismo científico supra citado vivido por el Projeto Fazenda Río Negro (FRN) de la *Conservation International Brasil*, que fue cerrado por inviabilidad económica derivada, fundamentalmente, de la poca frecuencia de los visitantes.

En este sentido, es expresivo observar que existen investigaciones científicas que son especialmente atractivas para la visitación, mientras que otras no tanto. Así, posteriormente, aquí, será esgrimida una argumentación sobre el tema. Otro punto importante a ser mencionado es que, paralelamente, a las actividades de interacción de los visitantes con las investigaciones científicas, se puede pensar en atractivos alternativos comunes a otros segmentos turísticos como, por ejemplo, los del turismo de aventura.

Es significativo comentar que el propio ecoturismo ya es citado por algunas personas como un turismo más activo, que presenta en su gama de atractivos, actividades de interacciones con "naturaleza" y cultura locales. Valente afirma que,

> [...] después de varios estudios sobre el tema Turismo de Aventura, a través de cuestionamientos propuestos, el escenario actual está más para Turismo de Naturaleza, pero el cliente recibe informaciones, aunque de poco contenido, sobre el ambiente que va a visitar, lo que tiene una gran aproximación con el segmento Ecoturismo (2003, p. 471).

El término turismo de aventura puede ser comprendido sumariamente como "turismo más aventura", añadido de aventura, que remite a algo diferente, al desafío, a cierto riesgo capaz de proporcionar la sensación de placer, libertad, superación personal. Swarbrooke (2003) define con sus palabras este término "aventura": "[...] traduzco una asociación de ideas para esa terminología, como por ejemplo, emoción, adrenalina, entusiasmo, miedo, paseo, desafío, novedad, elevación, terror, expedición, inspiración, riesgo, conquista, éxito y audacia."

Uvinha (2005), otro investigador de esta área, apunta que la palabra aventura significa "experiencias arriesgadas e inciertas, traduciendo la atracción por la novedad y el desafío".

Smith que estudia el cerebro y el sistema nervioso presenta una breve argumentación que puede ser utilizada como reflexión sobre la creciente busca por aventura en los viajes.

> La endorfina es un neurotransmisor, tal como la acetilcolina y la dopamina. Es una substancia química utilizada por las neuronas en la comunicación del sistema nervioso. Existen veinte tipos diferentes de endorfinas en el sistema nervioso, siendo la beta-endorfina la más eficiente, pues es la que da el efecto más eufórico al cerebro (SMITH, 1993, p. 05).

También comenta sobre posible atracción que las actividades de TA poseen, y explica su forma, la sensación del "querer más", común a los practicantes de aventuras que viajan a locales muchas veces inhóspitos. Esa búsqueda de realizaciones que incluyen actividades físicas vigorosas y sensaciones placenteras, muchas veces acarrea estrés en la búsqueda de la popularmente llamada "adrenalina".

> Liberadas durante la realización de ejercicio vigoroso, las endorfinas contribuyen para la disminución del dolor y son consideradas como el opiáceo natural del encéfalo, pues se fijan en los receptores de ciertas neuronas a través de un mecanismo semejante al de los opiáceos. La liberación de endorfinas en el cuerpo humano ocurre después de diversas actividades o situaciones, entre las cuales se incluyen la actividad física, la acupuntura y el estrés físico o psicológico. Más allá de estas

situaciones, todas las ocasiones que nos dan placer provocan la liberación de endorfinas como la actividad sexual, y la ingestión de comida (SMITH, 1993, p. 05).

En Brasil, el TA fue inicialmente entendido como una actividad o subproducto del ecoturismo, como las posibilidades de actividades que se realizaban en el ecoturismo. Pero actualmente, aunque posea una lógica de mercado propia y su desarrollo esté adquiriendo características específicas en su oferta, puede ser adaptado/compatible al concepto de ecoturismo y respeto al patrimonio natural y cultural en algunas de sus prácticas, que serán expuestas a continuación. Pues, según el Ministerio del Turismo (MTur):

> El segmento de Turismo de Aventura debe contemplar, en su práctica, comportamientos y actitudes que puedan evitar y minimizar posibles impactos negativos al ambiente, resaltando el respeto y la valorización de las comunidades receptoras. Se entiende por ambiente - natural y construido - el conjunto de interrelaciones sociales, económicas, culturales y con la naturaleza de determinado territorio, (BRASIL, 2006).

La dimensión conceptual de TA abordada por el MTur inicia con las siguientes palabras:"Turismo de Aventura comprende los movimientos turísticos resultantes de la práctica de actividades de aventura de carácter recreativo y no competitivo" (BRASIL, 2006). Formalmente la definición de TA surgió en Brasil solamente en el año 2001, en la ciudad de Caeté-MG donde en un taller realizado por estudiosos, profesionales del área organizada por el Instituto Brasileño de Turismo (EMBRATUR), que adoptó y oficializó el concepto por medio del documento "Plano Nacional de Desenvolvimento Sustentável do Turismo de Aventura – PNDSTA" (BRASIL/EMBRATUR, 2001).

> Segmento del mercado turístico que promueve la práctica de actividades, de aventura y deportes recreacionales, en ambientes naturales y espacios urbanos al aire libre, que comprenden emociones y riesgos controlados exigiendo el uso de técnicas y equipamientos específicos, la adopción de procedimientos para garantizar la seguridad personal y de terceros y el respeto al patrimonio ambiental y sociocultural (BRASIL, 2001, p. 7).

Brasil pasó a ser una de las referencias mundiales cuando el asunto es turismo de aventura, ya que cuenta con una potencialidad impar, con inmensa biodiversidad y grandes bellezas naturales. El país también está avanzando en esa área debido a la consolidación del Programa Aventura Segura, que enfoca en calificación, normalización y certificación en el sector. Este programa fue motivado, sobre todo, debido a la gran informalidad en el segmento, e indeseables accidentes, y ya muestra resultados positivos actualmente. En total son 28 normas técnicas desarrolladas en el ámbito de la Associação Brasileira de Normas Técnicas (ABNT), con todo el trabajo en el área de gestión y de calificación profesional. Más de 50 mil personas fueron movilizadas y más de 5 mil profesionales y gestores fueron capacitados. En relación a las normas de seguridad, el programa auxilió en la implementación del Sistema de Gestão de Segurança (SGS). Cabe resaltar las alianzas internacionales como con Reino Unido, que juntamente con Brasil lidera el Grupo de Trabajo de Turismo de Aventura en la Organización Internacional para Normalización, órgano responsable por la normalización de bienes y servicios reconocidos por la Organización Mundial del Comercio.

A partir de entonces, el MTur definió una serie de actividades y deportes que forman parte del segmento, y que están divididos en tres medios: agua, aire y tierra.

En el agua: buceo, surf, bodyboard, rafting, canotaje, Kayac, bóia-cross, aqua-rider, ski aquático, wake board, windusrf, vela-láser, out-rigger.

En el aire: paracaidismo, vuelo libre, bungee jump, parapente, paseo y ultraligero.

En la tierra: cabalgada, mountain bike, trekking, montañismo, alpinismo, hikking, escalaminada, cascading, rapel, canionismo, espeleologia, rallies off road, motocross, sandboard, carreras de aventura, rope-swing.

Se deben destacar, también, las características recreativas de la experiencia, donde destaca la superación de límites personales, y no el valor de competición.

En el contexto del ecoturismo de aventura, adaptado de Bahia (2002) y semejante en Prado (2001), algunas prácticas del TA pueden adecuarse a la fragilidad de algunas áreas protegidas y otras no. El cuadro demuestra posibles impactos negativos que deben ser minimizados con una gestión eficiente del atractivo.

CUADRO 6 - Prácticas del TA compatibles con el ecoturismo.

Deporte	Posibles Impactos Negativos	Grado de Intensidad
Vuelo Libre: Ala Delta / Parapente	Impacto en los senderos donde el salto acontece; Contaminación: ruido, basura; Alteración y destrucción de la vegetación; Alteración en el hábitat de animales; Compactación y erosión del suelo; Interferencia social y cultural en comunidades próximas involucradas.	Bajo
Paseo en globo	Contaminación: quema de gases, ruido, basura; Posibles alteraciones en la vegetación donde el globo despega y posa; Interferencia social y cultural en comunidades próximas involucradas; Compactación del suelo (poso y despegue).	Bajo
Paracaidismo y sus variaciones	Pequeña compactación del suelo (poso); Alteración y destrucción de la vegetación. (poso); Alteración en el hábitat de animales (poso); Contaminación: ruido, basura; Interferencia social y cultural en comunidades próximas involucradas.	Bajo

Canotaje, Rafting y sus variaciones	Contaminación: ruido, basura; Disturbios y alteración de la fauna; Posibles roturas de pequeños pedazos de roca en rápidos (contacto con los Flotadores o Kayacs); Interferencia social y cultural en comunidades próximas involucradas.	Bajo
Buceo y sus variaciones	Alteraciones en la fauna subacuática por ocasión de los buceos; Contaminación: ruido, basura; Interferencia social y cultural en comunidades próximas involucradas.	Bajo
Surf, Wind Surf, barcos a vela	Alteración y Disturbios de la fauna marina; Contaminación: basura; Interferencia social y cultural en comunidades próximas involucradas.	Bajo
Senderismo, Escalada, Espeleologia, Rapel, *Canyoning, Cascade*	Como tales modalidades utilizan senderos para llegar a puntos de bajada, subida o aún la caminada por la mata, hay impacto en la utilización de los senderos; Impacto en la vegetación donde se fija el equipamiento de seguridad (canyoning, escalada, cascade, espeleologia, rapel); Contaminación: ruido, basura; Disturbios, alteración y destrucción del hábitat y vegetación (sendero); Compactación y erosión del suelo; Interferencia social y cultural en comunidades próximas involucradas.	Bajo
Mountain Bike y paseos en bicicleta	Compactación y erosión del suelo; Contaminación: ruido, basura; Alteración y destrucción de la vegetación y del hábitat de animales; Interferencia social y cultural en comunidades próximas involucradas.	Bajo

FUENTE: Adaptado de Bahia (2002, p. 132-133)

Algunas prácticas del TA, no son compatibles con áreas naturales protegidas por sus posibles impactos negativos, por ejemplo: off-road (rally), motocross, enduro, pesca deportiva, esquí en el agua, jet sky, entre otros que acaban por tener un grado de intensidad medio a alto, pues utilizan equipos con motores de combustión interna, que consumen derivados de petróleo, emiten fuerte ruido y producen humo, y por tanto contaminación.

Sin embargo, no se descarta la posibilidad y tendencia actual en las unidades de transporte, la energía eléctrica. Algunas de esas actividades, con ese tipo de propulsión, podrían encuadrarse como respetuosas al medio ambiente. Bicicletas eléctricas son un buen ejemplo, proporcionan la comodidad deseada, con motores que son completamente silenciosos y limpios. Incluso coches eléctricos pueden ser tolerados, si circulan por áreas predeterminadas y bien planificadas. Por supuesto todo transporte "limpio" también debe ser considerado, canoas con remos, barcos de vela, bicicletas comunes, incluso vehículos con tracción animal, con algunas restricciones, pueden ser considerados como propios para el ecoturismo de aventura.

Importante subrayar una vez más que algunas de estas prácticas de TA, jamás podrían ocurrir en una unidad de conservación u otras categorías de áreas naturales protegidas. Pero su conocimiento puede ser significante para la planificación de actividades semejantes, pero menos agresivas para la naturaleza y cultura presentes en la localidad. Se vuelve a subrayar que las actividades que interesan en esta investigación, por lo tanto, para áreas naturales protegidas, son las consideradas sosteniblemente éticas, es decir, que respetan y están adecuadas a las áreas priorizadas aquí, que se adecuan a la fragilidad del medio ambiente. Son las actividades del propuesto "ecoturismo de aventura".

III.1.2.1. Cuando la búsqueda por conocimiento se caracteriza como una aventura para el visitante.

En el contexto de la presente tesis, se destaca la aventura de la búsqueda por el conocimiento, el visitante puede aprender en una investigación científica de campo, donde para el investigador en cuestión es una actividad trivial, pero para quien no está habituado a esas actividades las mismas pueden constituir una gran aventura. Por ejemplo, en una investigación con grandes felinos o con otros animales peligrosos en un local inhóspito, el visitante puede integrarse en el equipo de trabajo, mediante la observación de determinados criterios, como un colaborador y aprendiendo a conocer esta realidad, al mismo tiempo que hace este tipo de turismo. Un turista que es profesor podrá vivenciar esta experiencia llevando los resultados de la misma para la institución de enseñanza. Sus testimonios no resultarán una experiencia ocasional, sino una vivencia donde la producción de conocimiento se realiza de manera científica.

En ese sentido es expresivo comentar que según Swarbrooke (2003) existe una dimensión llamada no-física en el turismo de aventura, "¿Qué llevaría a una persona a pasar por una aventura con un frío sobrehumano para acampar en la Antártida?". Las aventuras físicas poseen un componente no-físico de emoción, miedo y objetivos como desafío; en el montañismo, por ejemplo, una sensación casi espiritual vivenciada en el instante de la contemplación solitaria en la cima del Everest, por ejemplo.

No tan alejado de esto, el turismo de aventura aparece como: "fenómeno físico envolviendo turistas que se someten, a actividades físicas en ambientes no-familiares" (SWARBROOKE, 2003). Se destaca, aquí, el empleo del término 'no familiares' por ser él, justamente, el foco del abordaje sobre TA. Esta se caracteriza por la realización de actividades que para algunas personas serían una aventura inusual, al contrario de otras personas para las cuales las mismas serían consideradas triviales en su cotidiano. Se trata, por lo tanto, de un concepto altamente personal, asumiendo diferentes significados para diferentes personas, dependiendo de sus experiencias o personalidad.

Ese carácter de subjetividad del TA se apoya en el hecho de que, lo que puede parecer aventura para uno puede no serlo para otro. Depende de varios factores, como ejemplo práctico se puede imaginar que para un brasileño del norte (Amazonia), andar por la nieve espesa de grandes picos nevados de Noruega es ciertamente una aventura, mientras que para un noruego no. Por otro lado, al invertirse el local de la visita en relación a la vivienda, se tiene el sentimiento opuesto, caminar por un sendero en plena floresta amazónica para el noruego es una gran aventura y para el nativo no, es el patio de su casa.

Otro punto que hay que tener en cuenta en la actualidad es que además de estas prácticas expuestas arriba, ya popularizadas por los amantes de aventura, hay recorridos que son vendidos y buscados por el todo el mundo y que traen una muestra de esta subjetividad de la búsqueda por la misma. Un ejemplo es el viaje en tren por toda la extensión del ferrocarril Transiberiano que es ofrecido como TA. Actividades consideradas por todos como siendo "más de aventura" es el también muy buscado, "buceo con tiburones", en Sudáfrica, o aproximación de panteras en Namibia, gorilas de montaña en Uganda y Ruanda. Otros productos buscados actualmente, según Swarbrooke (2003), entre otros, son: la observación de ballenas en Noruega; participación en los "encierros" en San Fermín, Pamplona, España; práctica de la halconería en Inglaterra; participación en un crucero polar por el Ártico o la Antártida; recorridos de Surf en Hawaí; travesía en motocicleta en Nueva Zelanda. En Brasil incursiones en barrios de chabolas son ofrecidas, y consumidas como recorridos de TA. También, en lo que se refieren a áreas naturales protegidas brasileñas, las "travesías" de varios días entrando por un lado (municipio) y saliendo por otro, en una caminata de hasta 100 km. y varios días en que el visitante lleva su infraestructura personal a la espalda (mochilas) y contempla la riquísima biodiversidad y paisajes locales.

Sin embargo, como ya fue mencionado anteriormente, es interesante comentar que, por ejemplo, tratar con peligrosos animales y, exponerse a la muerte es normalmente una actividad para quien necesita arriesgarse para sobrevivir, muy común aquí en Brasil. Arriesgarse para poder alimentarse, comprar medicinas y comida para que los hijos no se mueran de hambre, es algo trivial para los mismos por fuerza de los mandos de la miseria derivada de las máximas de la sociedad del capital. No solamente por la personalidad del ciudadano.

En suma, algunas prácticas de investigaciones científicas *in loco*, en la naturaleza, se constituyen como herramienta de gran potencialidad para pensar en la elaboración de actividades para la atracción de visitantes en áreas naturales protegidas. Lo que parece ser poco, o no ser aventura, para un investigador habituado con el contacto con determinada especie y sus habituales incursiones en la selva puede caracterizarse como una gran aventura para el visitante. Así, se destaca aquí que se puede, con el debido cuidado, formatear expresivas experiencias para el visitante con el carácter de "aventura del conocimiento".

III.1.3. "Eco" Turismo Cultural

La denominación "ecoturismo cultural", aunque parezca innecesaria, toda vez que la definición aquí adoptada de ecoturismo menciona "patrimonio cultural", merece una breve aclaración. Así, en el contexto de la presente tesis, respetando los cuidados ya mencionados sobre una sostenibilidad efectiva, se subraya que las actividades conectadas a lo "cultural" deben adecuarse a estas preocupaciones "ambientales" y sociales. Por tanto, esta tipología de ecoturismo no es otra cosa sino turismo cultural, añadiendo los cuidados pertinentes al ecoturismo. Los atractivos a ser elaborados deben dialogar con los elementos que resaltan las vivencias locales, evidenciando y rescatando sus trazos culturales como un diferenciador particular y muy importante para el desarrollo del turismo local, sin dar margen, por lo tanto, a la creación de lo que Marc Augé denomina de "no-lugar".

En ese sentido es expresivo que se comente algo sobre este concepto. El autor resalta como ejemplos de no-lugares en la sociedad de la globalización los parques temáticos, Disneylandia, diciendo que el protagonista de estos espacios es lo espectacular del lugar y no el sujeto que los visita y, en el contexto de la presente tesis, menos todavía de la comunidad local.

En lo que se refiere a lo "cultural" propiamente dicho, la riqueza del patrimonio cultural de la localidad puede contribuir significativamente para la formación de un producto turístico "sostenible" y de gran notabilidad en el turismo. Las prácticas de vida, las historias, las experiencias de los habitantes locales también pueden ser convertidas en atractivo para los visitantes.

El segmento del turismo que hace referencia a la cultura, como principal motivación del viajero, también se adecuaría a otra tipología de turismo en especial. El ecoturismo o, turismo añadido de "eco" que, también engloba cultura. La cultura forma parte de ese todo. Verificable también en el concepto de ecoturismo, en la conceptualización adoptada en Brasil, que trae: "[...] que utiliza de forma sostenible el patrimonio natural y cultural", luego, también, involucra, literalmente, a la cultura.

En consonancia con Ministerio del Turismo (MTur) desde los primeros registros de desplazamientos de la humanidad, las diferencias culturales pasan a ser la motivación principal de los viajes, como a "inicios del siglo XVIII, en los viajes de aristócratas europeos denominados *grand tourists*" (2009).

"No existe turismo sin cultura" afirmó Pires, en entrevista dada a la Fantim (2000, p.75). Así, cultura y turismo tienen una relación intrínseca. Se nota, aquí, una indiferenciación por parte de los autores en lo que se refiere a la discusión que envuelve los embates entre la cultura que se tiene como dominante y las otras.

Es interesante conocer el abordaje de Ferreira (2004) sobre cultura, "La parte o el aspecto de la vida colectiva, relacionados a la producción y transmisión de conocimientos, a la creación intelectual y artística, etc.". Este autor también atribuye un significado para cultura utilizado en la filosofía y diferenciándolo de la manera como es utilizado en la antropología, que es.

> El conjunto complejo de los códigos y patrones que regulan la acción humana individual y colectiva, tal como se desarrollan en una sociedad o grupo específico, y que se manifiestan en prácticamente todos los aspectos de la vida: modos de supervivencia, normas de comportamiento, creencias, instituciones, valores espirituales, creaciones materiales, etc. Como concepto de las ciencias humanas, especialmente de la antropología, cultura puede ser tomada abstractamente, como

manifestación de un atributo general de la humanidad, o, más concretamente, como patrimonio propio y distintivo de un grupo o sociedad específica (FERREIRA, 2004).

Ya para la filosofía el abordaje sobre cultura es:

> Categoría dialéctica de análisis del proceso por el cual el hombre, por medio de su actividad concreta (espiritual y material), a la vez que modifica la naturaleza, crea a sí mismo como sujeto social de la historia. El conjunto de características humanas que no son innatas, y que se crean y se preservan o perfeccionan a través de la comunicación y cooperación entre individuos en sociedad (FERREIRA, 2004).

Para el MTur (2009), en su marco conceptual, la definición de Turismo Cultural quedó definida como:

> Turismo Cultural comprende las actividades turísticas relacionadas a la experiencia del conjunto de elementos significativos del patrimonio histórico y cultural y de los eventos culturales, valorando y promoviendo los bienes materiales e inmateriales de la cultura (BRASIL, 2009)

El segmento turismo cultural, aun siendo posible constatar que el término cultura es empleado, siempre, dentro de una generalidad donde está negada la posibilidad de existencia de diferentes culturas, está relacionado a la motivación del turista en aproximarse y conocer el patrimonio histórico y cultural, así como determinados eventos culturales, pretendiendo hacer valer la preservación y la integridad de esos bienes.

Importante aclarar que aproximarse implica, esencialmente, dos formas de relación del turista con la cultura o algún aspecto cultural: la primera se refiere al conocimiento, aquí entendido como la búsqueda de aprender y entender el objeto de la visitación; la segunda corresponde a experiencias participativas, contemplativas y de entretenimiento, que ocurren en función del objeto de visitación.

En este contexto es pertinente considerar también el término aculturación, que puede estar asociado al turismo, especialmente al turismo de masa. Cuando la práctica del turismo se hace de forma desordenada, sin una previa planificación y sin una buena gestión (aunque estos "factores" nada garanticen), varias cuestiones pueden llevar a la aculturación, o a la pérdida/descaracterización de la cultura local.

Según Ferreira (2004), Aculturación es el "proceso resultante del contacto más o menos directo y continuo entre dos o más grupos sociales, por el cual cada uno de esos grupos asimila, adopta o rechaza elementos de la cultura del otro, sea de modo recíproco o unilateral". La aculturación sería el estado que resulta de ese proceso.

La realidad de países en desarrollo como Brasil es que normalmente la población como un todo, que se considera con poca información/formación imagina, de modo general, que aquello que observa de otros países parece mejor y debe ser seguido o tomado como referencia para sus vidas. "Hecho" mediado por las formas de dominación que se verifica en la relación de algunos países con aquellos que no poseen el poderío y control económico de los mismos.

Influenciados por la medios de mayor alcance, en el caso brasileño la televisión, a través de las películas y programas globalizados, el pueblo puede comenzar a descalificar la cultura que tiene. Importante considerar que las películas y programas no tienen este poder en sí mismos: son vehículos ideológicos que difunden pilares del capital, en el caso, los de que la cultura oficial, que se tiene como válida, es la de la clase de los dueños de los medios de producción. Es lo mismo que afirmar, erróneamente, que el trabajador no tiene cultura.

No solamente en Brasil, el documento "Estado del Mundo 2010", disponibilizado por el Instituto Akatu (2010), producido anualmente por el *Worldwatch Institute* (WWI), contiene una parte que hace referencia a los medios. Según el informe, el 83% de las residencias en el mundo tienen aparatos de televisión y 21 de cada 100 personas tienen acceso a Internet. Sin embargo, la mayor parte de los medios todavía refuerza el consumismo, a pesar de existir esfuerzos para que la vasta influencia y alcance sean utilizados para promover culturas sostenibles. En el caso del capital, el consumo es ley, es combustible, es vida para él. Así, si el término sostenible supone muchas veces extirpar el consumo, "el capital lo matará", es lo que autores como Montibeller-Hijo (2001) en su libro "El mito del desarrollo sostenible", afirma.

En la continuidad de la reflexión sobre aculturación, lo que se observa actualmente es que las nuevas generaciones ya no desean hacer las mismas actividades que sus padres realizaban. Quieren hacer lo que los protagonistas de las películas o novelas hacen en la televisión, usar las ropas que usan en la televisión y otras "modas" dictadas por esa tendencia consumista de la contemporaneidad. Como ejemplo las *rendeiras* (mujeres que viven de la confección de mantelería de encaje artesanal) de la Avenida das Rendeiras en Florianópolis - SC que, antes eran numerosas, son hoy cada vez más difíciles de encontrar. Sus hijas no tuvieron interés en aprender a hacer ese tipo de encaje, prefiriendo otras ocupaciones sin éxito, por la falta de estudio, debido a la realidad de desigualdad social en que viven.

Otro ejemplo es el de Laranjal do Jarí – AP, en el mayor barrio de chabolas fluvial del planeta, conocido como "Beiradão", algunos miles de personas viviendo en palafitos, sin agua tratada, en un área anegadiza localizada en una curva del Río Jarí. Sus desagües, por falta de saneamiento básico, van a parar al curso del río inmediatamente debajo de sus casas y la basura también. En el río, donde juegan sus hijos, es también donde cogen una serie de enfermedades transmitidas por el agua. La cultura de cuidados con su tierra o lugar de vivienda, antes difundida entre los antiguos habitantes, no encuentra eco entre los habitantes actuales: es preciso consumir nuevas informaciones sin saber para qué sirven. Hecho verificado *in loco* por el autor de la presente tesis durante el Proyecto Rondon de 2006 – Laranjal do Jarí / AP del Ministerio de Defensa brasileño, donde actuó como profesor orientador.

Es el caso, también, de las poblaciones que habitan los márgenes de los grandes ríos del norte de Brasil, en especial los de la Amazonia oriental (región este) y que acompañan la gran influencia de las mareas, próximo a la línea del ecuador: en torno a cuatro metros de amplitud de oscilación del nivel de agua, dos veces cada veinticuatro horas. Este "fenómeno" es usado para justificar la misma costumbre de tirar todo (residuos, basura) en los ríos de la región, ocasionando miseria y toda suerte de enfermedades originadas por esta condición. Vivir sobre el río que les "regala" peces y agua, pero también con sus desechos y el lodo que queda debajo de sus casas, con la subida y bajada de la marea, parece no tener relación. La contaminación del agua y la calidad de los frutos del mar que consumen parece no contar mucho. Y la televisión está allí, enseñando buenas maneras, hábitos de higiene y recetas de culinaria sofisticada, como si toda la población gozara de los mismo privilegios, indistintamente, y que la miseria "es cosa de gente que no quiere aprovechar las oportunidades de trabajo ofrecidas por el mercado".

Estos palafitos con condiciones subhumanas poseen en muchos casos, para la sorpresa de todos, antenas parabólicas, donde los habitantes pasan necesidades en detrimento de la posesión de un aparato de televisión. La cultura del consumismo, con su estruendoso llamamiento, se sobrepone a aquella de los cuidados básicos de saneamiento.

Para ilustrar esta constatación con otro ejemplo de descaracterización de los saberes locales en función de las demandas consumistas, se cita Barros (2000, p.90) que cuenta, a su manera, algo sobre la interfaz entre turismo y cultura, al hablar de una familia que trabajaba con el cultivo de mandioca en la región Amazónica.

> Conversamos con la familia y explicamos lo que queríamos. Llevamos los turistas y ellos comenzaron a mostrar la planta, el funcionamiento de la fabricación, su modo de vida y otras características habituales. Había un rallador primitivo, una tabla llena de pequeños clavos, una prensa llamada de tipiti que ellos tenían para quitar el agua del tucupi de la harina – la masa de la mandioca – y también un tubo grande hecho de paja que funcionaba con la ayuda de los niños que se sentaban encima de él y lo aplastaban para salir el agua. En pocas palabras, este era el curioso proceso. Fue fantástico! Dueña Raimunda puso la familia toda para trabajar, mostrando con entusiasmo a los turistas que llegaban las diferentes etapas de la fabricación de la mandioca. Al final de la exposición, ponía a la mesa todas los manjares, bolos y delicias que se podían hacer con la mandioca para que la gente probara. Comenzamos a llevar norte americanos y les gustó mucho aquel lugar. Quedamos en que recibirían una gratificación para cada turista que viniera; con el dinero, los habitantes podrían mejorar su calidad de vida. Cuando volvimos, en la otra temporada, Dueña Raimunda había ganado bastante dinero con los turistas y ya no tenía el rallador primitivo de hierro. Era una bomba a gasolina; había comprado una prensa nueva, ya no era el tipiti. Así, de forma

ingenua, ella misma descaracterizó el producto, que perdió la gracia (BARROS in LAGE Y MILONE, 2000, p. 134).

Infelizmente acontecen, todavía, otras formas de "pérdida" de cultura local, muchas veces motivada por comparaciones hechas por los "autóctonos" frente al gran movimiento de visitantes que introducen nuevos hábitos y valores en este local. Entendiendo que estas personas habitantes del local, también motivadas por las verdades de la cultura dominante, autorizan la sumisión. Puede ser, incluso, por el hecho de que la región aún no esté debidamente preparada para recibir turistas que tienen la tendencia de hacer una desconsiderada estandarización.

> La actividad ecoturística puede llevar a una tipificación, que muchas veces es hecha de modo inocente, pues los autóctonos son físicamente y se visten de modo diferente; Viven en viviendas inusuales para los turistas; Poseen una alimentación diferenciada; Bailes y rituales pintorescos. Los turistas pueden tipificar a la población local de dos diferentes modos: seres primitivos, atrasados que deben ser tratados "de arriba para abajo", aunque sean vistos como "entretenimiento". O como seres sobre humanos, con una capacidad sobrenatural de identificación con la naturaleza, estilo de vida a muchas generaciones, lo que resulta menos ofensivo, pero que también, a su manera, tipifica. (SWARBROOKE, 2000, P. 64).

Según Rabinovici (2009) en el Turismo es muy común observar cambios significativos en la percepción de los visitantes y de las comunidades de habitantes, al convivir con sus diferencias, aceptando posturas totalmente contrarias a las suyas, valorando determinados aspectos de las culturas locales o del visitante. En el primer caso hay, siempre, el riesgo de convertirlas en folclore, creando o quitando su autenticidad, alterando radicalmente sus modos de vida y la anteriormente destacada "Alma del Lugar" (YÁZIGI, 2001). Una casa de campo arqueológica puede dejar de ser vista en su aspecto histórico y cultural para transformarse, por ejemplo, en lugar de "pintadas" por ser considerado, tal vez, como un lugar que "habla del amor": nombres escritos dentro de dibujos con el formato de un corazón estilizado al lado de una inscripción rupestre, como es el caso observado en la Isla del Campeche en Florianópolis.

Sin duda, vale hablar aquí de aspectos relacionadas a la preparación del turista como espectador de estas riquezas. Sin dudas el aculturamiento, producto de los medios y de los valores del inmediatismo de la sociedad de consumo, son mediadoras de las actitudes de tales visitantes en detrimento de programas educacionales que informen y discutan cuestiones antropológicas, por ejemplo, posibilitando al visitante otra mirada sobre el local. Sin embargo, es preciso que la propia comunidad y, en especial, los educadores y los llamados guías de turismo tengan claridad sobre la importancia y dimensión del significado del concepto de patrimonio histórico y cultural y de su preservación, de lo contrario repetirán las acciones de los primeros.

En consonancia con el MTur (2009), se considera patrimonio histórico y cultural a los "bienes de naturaleza material e inmaterial que expresan o revelan la memoria y la identidad de las poblaciones y comunidades". Esos bienes culturales, históricos, artísticos, científicos y simbólicos son pasibles de atracción turística, tales como: archivos, edificaciones, conjuntos urbanísticos, casas de campo arqueológicas, ruinas; museos y otros espacios destinados a la presentación o contemplación de bienes materiales e inmateriales; manifestaciones, como música, gastronomía, artes visuales y escénicas, fiestas y otras; comunidades, grupos e individuos que se reconocen como integrantes del patrimonio.

Muchos de esos bienes culturales aparecen en el País en la forma de eventos, como es el caso del carnaval, por ejemplo, que engloban las manifestaciones temporales, enmarcadas o no en la definición de patrimonio. Se incluyen también en esta categoría los eventos religiosos, musicales, de baile, de teatro, de cine, gastronómicos, exposiciones de arte, de artesanía y otros.

La "utilización" turística de los bienes culturales presupone su valorización y promoción, así como el mantenimiento de su dinámica y permanencia en el tiempo. Valorar y promover significa difundir el conocimiento sobre esos bienes y facilitarles el acceso y el usufructo, respetando su memoria y características. Es, también, reconocer la importancia de la cultura en la relación turista y comunidad local, aportando los medios para que tal interrelación ocurra de forma armónica y en beneficio de ambos. Resta saber si el aporte estará dirigido a todos y todas, indistintamente.

Se resalta que los desplazamientos para fines religiosos, místicos y esotéricos, y de visitación a determinados grupos étnicos (en los cuales el atractivo principal es la "identidad" y modo de vida de cada uno) y atractivos cívicos son entendidos por el MTur (2010) como recortes en el ámbito del turismo cultural y pueden constituir otros segmentos para fines específicos, Derivaciones posibles: turismo religioso, turismo místico y esotérico, turismo étnico y turismo cívico. El turismo gastronómico, entre otros, está incluido también en el ámbito del turismo cultural.

De los beneficios proporcionados por ese segmento de turismo y sus diversas derivaciones, son destacados por la mayoría de los teóricos del turismo: la valorización de las características culturales, el rescate y la dinamización de la cultura, la creación de oportunidades de negocios y puestos de trabajo, la preservación del patrimonio histórico y cultural y el intercambio cultural entre los pueblos a partir del conocimiento, de la comprensión y del respeto a la diversidad. Dicho como si fuera posible: hablar de manera amplia desconsiderando la realidad de la sociedad que necesariamente margina a una parte significativa de la población; como si fuera posible considerar que aquello que se tiene como riqueza del patrimonio no haya sido valorado según el punto de vista de la minoría de la población, la que cuenta de la historia, tan solo su versión.

Cuestiones como esta necesitan comenzar a ser discutidas por los teóricos del turismo para que no caer en visiones despegadas de la realidad, donde visitantes y visitados producen su vivir socialmente. Realidad que también es producida por quien da vida a estas máximas.

III.1.4. Ecoturismo de base local/comunitaria

Para empezar, es importante aclarar que no todo el ecoturismo se desarrollada con base local: la mayoría no lo es. Sin embargo se evidencia que en la perspectiva de esta tesis, las premisas del "auténtico" ecoturismo que fue llevada en consideración con la definición del Ministerio del Turismo para la actividad descrita en su marco conceptual, presenta los decires: "trayendo el bienestar para las poblaciones involucradas". De esa forma, se entiende que no es solamente con un subempleo o algunos avances en la infraestructura local que haya mejorías significativas en la vida de los "autóctonos". En realidad, se imagina que puedan emprender y tal vez, a través de una cooperativa o asociación, realmente obtener ganancias expresivas en lo que se refiere a la calidad de vida. En localidades como la investigada por esta tesis, con bajo Índice de Desarrollo Humano (IDH), el ecoturismo puede ser una herramienta capaz de transformar, en parte, la realidad de subdesarrollo de la localidad. Pues con tanta potencialidad local es inadmisible ver gente pasando necesidad con tantos recursos a sus pies.

De esta forma el turismo de base comunitaria/local es entendido aquí como parte integrante y esencial del "verdadero" ecoturismo, toda vez que "bienestar para las poblaciones involucradas", en la concepción del autor de la presente tesis, es desarrollar acciones del ecoturismo que efectivamente contribuyan con el lugar donde está planificado y, antes todo, contribuyan con la inclusión social y desarrollo local, dentro de lo posible, ya que la exclusión es estructural en la sociedad en la que se vive.

Cabe, aquí, también otra aclaración, la que habla sobre inclusión social, en primer lugar,

> [...] cuando se habla de inclusión, es preciso preguntarse donde se quiere incluir a los excluidos. En este caso, a pesar de tenerse conocimiento que en el mundo neoliberal no hay lugar para todos, es interesante, aquí, incluir a las personas desde que ellas no alteren el cuadro de dominación existente. De esta manera, se percibe como la inclusión social no supera los límites de una expresión vacía de sentido, debido a la fragilidad teórica y por haberse transformado en un "juego de palabras" que promete mucho y nada puede cumplir (MATIELLO, 2010).

En consonancia con el autor y para la presente tesis el discurso de inclusión social debe, ante todo, tener un carácter ético y realista, pues no está siendo usado de esta manera, actualmente.

Otra autora, Coriolano (2006), también hace un comentario en este sentido:

> "El Estado evita muchas veces hacer interlocuciones con universidades, ONGs y la propia sociedad civil, por colocarse por encima de ellas, desvalorizar la teoría, priorizar el pragmatismo y, ciertamente, por saber que no puede ceder sus puntos de vista y

posturas políticas, quedando a servicio de los grupos empresariales, de que forma parte, incorporando, sin embargo, en su discurso algunas propuestas que vienen de esas críticas, como por ejemplo, la de la inclusión social, del Turismo social, el discurso de comunidades, incluso como forma de legitimarse" (CORIOLANO, 2006).

Hay, de esa forma, posibilidades de un nuevo diseño para proyectos que sean dirigidos a asociaciones, cooperativismos, para conseguir la participación efectiva de la comunidad local, como ya se subrayó arriba. Sin embargo, en Brasil aún son tímidas las iniciativas de turismo de base local, o turismo comunitario, es decir, desarrollado por los habitantes del posible destino turístico. En este contexto, otro punto que será discutido posteriormente es la efectiva participación de las universidades en iniciativas de turismo desarrollado con base local como alternativa que podrá contribuir para que la llamada exclusión no se realice en su maléfica totalidad.

En consonancia con el Ministerio del Turismo brasileño (MTur) el propio Plan Nacional del Turismo 2007-2010 trae deliberaciones sobre el turismo de base local. Pues según el MTur, "consiste en la herramienta de planificación y acción estratégica del gobierno federal, para estructuración y ordenamiento de la actividad turística, con respecto a los principios de la sostenibilidad económica, ambiental, sociocultural y político-institucional". Entre las directrices del Plan, se destaca el compromiso con el desarrollo local y la inclusión social, con vector en el turismo. En este contexto, la interacción del hombre con el "ambiente" puede resultar en diversas maneras de organizarse y relacionarse con la "naturaleza", la cultura transformando estos activos en fuente de ocio, entretenimiento y conocimiento para visitantes, además de la inserción socioeconómica de la población local en las actividades relacionadas con el turismo (MTur, 2008).

Para el MTur el turismo de base comunitaria se comprende como un "modelo de desarrollo turístico, orientado por los principios de la economía solidaria, asociación, valorización de la cultura local", y, principalmente, "protagonizada por las comunidades locales, con vistas a la apropiación por parte de estas de los beneficios advenidos de la actividad turística" (MTUR, 2008). Claro, si está bien planificada y gestionada en el sentido de la no privatización y explotación de la población, lo que acaba por traer algunos beneficios para todos los que están involucrados en ella.

El MTur ha incentivado, en todo el País, iniciativas de turismo de base comunitaria (TBC). Actualmente, el MTur apoya 50 proyectos de TBC con vistas a un efectivo desarrollo de las comunidades locales, principales beneficiadas por el desarrollo de la actividad, con vistas a la sostenibilidad ambiental, social y económica. En la tabla abajo los principales proyectos apoyados:

CUADRO 7 – Proyectos de TBC apoyados por el MTUR

UF	Nombre del proyecto	Proponente	Destino
PR	Desplazamientos: ecoturismo de base comunitaria	Sociedad de pesquisa em vida selvagem e educação ambiental – SPVS	Litoral Norte de Paraná
SC	Turismo Rural - Acogida en la Colonia	Asociación Acogida en la Colonia	Región de las Encostas da Serra Geral /SC
RS	Recorrido Caminhos Rurais	Cooperativa de Formación y Desarrollo del Producto Turístico LTDA – Coodestur	Porto Alegre/RS
RS	Turismo rural solidario	Grupo Interdisciplinar Ecopolis	Santo Antônio da Patrulha/RS
PR	Turismo de Base Comunitaria en las comunidades de Río Sagrado	FURB - PM de Morretes	Morretes/PR
PR	Turismo solidario - conservando la Floresta con Araucária	Instituto Agroflorestal Bernardo Hakvoort – IAF	Turvo/PR
SC	TBC en el área de influencia de los Parques Nacionales Aparados da Serra e Serra Geral	Asociación de los Colonos Ecologistas del Vale Mampituba - ACEVAM	Praia Grande e Jacinto Machado/SC

Fuente: MTUR, 2008

Significativo destacar que con una población de cerca de 190 millones de habitantes en Brasil, con un gran porcentaje que pasan necesidades y con el manantial de potencialidades y posibilidades para ese tipo de turismo, el Estado debería formular políticas públicas específicas más eficientes en lo que se refiere a esta alternativa de desarrollo vía turismo de base local. Sumados a esa necesidad social del País, los déficits ambientales, con diversas Unidades de Conservación (UC) en estado de abandono, aquí destacado, se justifica la promoción de acciones de esta magnitud.

Algunos investigadores han publicado significativas experiencias y apuntado potencialidades y soluciones en este sentido. La autora Vininha F. Carvalho (2007) apunta las principales características del desarrollo del Turismo con base comunitaria,

> El turismo comunitario se destaca por la movilización de la comunidad en la lucha por sus derechos contra grandes emprendedores de la industria del turismo de masa que pretenden ocupar su territorio amenazando la calidad de vida y las tradiciones de la población local. Este modelo de turismo a través del desarrollo

comunitario es capaz de mejorar la renta y el bienestar de los habitantes, preservando los valores culturales y las bellezas naturales de cada región (CARVALHO, 2007).

Como referencia en esta área, Coriolano (1998, 1999, 2006) apunta en "Turismo Solidário e Desenvolvimento na Escala Humana", "Reflexões sobre o Turismo Comunitário" y "O turismo nos discursos, nas políticas e no do combate à pobreza", que "Se trata de un eje del turismo centrado en el trabajo de comunidades, de grupos solidarios, en vez del individualismo predominante en el estilo económico del eje tradicional".

La misma autora critica los discursos turísticos que han creado retóricas y mitos que manipulan datos y personas, haciéndolas creer que el simple aumento de esta actividad lleva al desarrollo socio económico.

También compara esta actividad con un "cuchillo de dos filos", pues así como ofrece oportunidades de trabajo a los residentes y de placer a los viajeros, ofrece también riesgos, peligros e impactos. Es como el autor Van Hoot (apud Nieves, 2005) se refiere al turismo: "es como el fuego, puede ser usado para hacer la sopa, pero, también para quemar la casa".

En este contexto, apuntado por la autora, importa la forma de realizarlo, o sea, la definición de lo que se quiere alcanzar, si la acumulación de ganancias en la mano de grandes empresas u oportunidades para un mayor número de personas, con mayor distribución de los beneficios. Los resultados del turismo pueden estar dirigidos solo al mercado, con acumulación de lucros o entonces incluyendo grupos y comunidades, con valorización de personas y del patrimonio natural y cultural.

El modelo de turismo adoptado por los grandes emprendedores y gobiernos neoliberales objetiva acumular lucros y divisas, por esto no cumplió, y probablemente no cumplirá las promesas de generar empleo y distribuir posibilidades de renta para todos. Estas ideas también permanecen en los discursos oficiales y no llegan a las políticas. Pero, contradictoriamente, la actividad turística deja huecos no ocupados por el grande capital, que pasan a constituir oportunidades para aquellos excluidos de esta concentración creándose, así, un turismo alternativo, solidario y comunitario. Se trata de servicios turísticos realizados por pequeños emprendedores, pequeños núcleos receptores, comunidades que descubren en el turismo oportunidades de trabajo y formas de inclusión en el mercado del turismo, siendo estas actividades estrategias de supervivencia (CORIOLANO, 2006).

En consonancia con la misma autora, sus organizadores elaboran críticas al modelo excluyente e intentan producir servicios turísticos de otras formas juntando esfuerzos, ideas y las pocas condiciones financieras de personas que se agrupan para desarrollar servicios que, así, se realiza de forma compartida. La creatividad es otro componente importante en la elaboración de estos proyectos productivos locales, pues, frente a la carencia de capital, de informaciones y otras, se adaptan a las realidades locales. En algunos casos quedan al margen de la gran hostelería, de las áreas del turismo globalizado ofreciendo productos alternativos. Coriolano (2006), dice que se alocan en los corredores turísticos y son beneficiados por aquellos flujos, en otros casos están en áreas diferenciadas y atraen una demanda específica, más interesada en apreciar modos de vida, culturas tradicionales, aprendizajes y valores éticos, que consumir. Dice la misma que, atraen como clientes aquellas personas con preocupaciones socioculturales, tales como extranjeros de países europeos y suramericanos que desean conocer mejor Brasil. Tienen en cuenta, esencialmente, a personas que tratan el turismo como un fenómeno humano, y no como una actividad exclusivamente económica. Finalizando este comentario la autora dice que en este eje del turismo la economía está puesta a servicio del "hombre", y especialmente de aquellos que son marginados en el modelo económico vigente (ídem).

Coriolano (2006) presenta, en este sentido, el turismo como forma viable de conciliar, en esos locales, el crecimiento de las oportunidades de trabajo y del bienestar social, el placer de los viajeros así como el placer y condiciones dignas de los que allí trabajan: conciliar trabajo y ocio, valorando tanto a los visitantes como a los que trabajan y habitan esas localidades.

Cruz (in BARTHOLO et al ,2009) argumentando sobre los flujos internacionales de turistas con datos de la Organización Mundial del Turismo (OMT, 2004), realiza cuestiones en torno al concepto de desarrollo local, al comparar los mayores países receptores de turistas, con la posición de esos países en el mundo en relación al IDH – Índice de Desarrollo Humano, que es un indicador de calidad de vida según datos del Programa de las Naciones para el Desarrollo (PNUD, 2007/8). Según la autora: la comparación entre IDH y el ranking del turismo internacional, producido pela (OMT), es la siguiente:

CUADRO 8 – Mayores receptores de turistas X IDH.

País	IDH
1. Francia	10º
2. España	13º
3. Estados Unidos	12º
4. China	81º
5. Italia	20º
6. Reino Unido	16º
7. México	52º
8. Turquía	84º
9. Alemania	22º
10. Federación Rusa	67º

11. Austria	15º
12. Canadá	4º
13. Malasia	63º
14. Ucrania	76º
15. Polonia	37º
16. Hong Kong, China	21º
17. Grecia	24º
18. Hungría	36º
19. Tailandia	78º
20. Portugal	29º
29. Brasil	73º

Fuente: adaptado de CRUZ (*in* BARTHOLO *et al* ,2009).

Según esta autora, una de las críticas metodológicas se refiere al hecho de que la Organización Mundial del Turismo reconoce que la mayor parte de los flujos de turistas del mundo es "doméstica", o sea, de flujos internos a los propios. Sin embargo, es sabido que el turismo internacional tiene importante impacto sobre las economías nacionales, al promover, por ejemplo, la entrada de divisas en esos países. Además de eso, el ranking de la OMT utilizado en el cuadro arriba se refiere al número de turistas y no a los ingresos generados por la actividad.

Ante lo expuesto, hay que reconocer que solamente un análisis profundo sobre cada caso podría revelar el impacto real del turismo sobre el IDH de cada nación considerada. Aún así, se insiste en esa comparación porque se entiende que la misma es indicativa de procesos importantes en curso. Abajo, se listan algunas de esas reflexiones:

1. México, séptimo colocado en el ranking de la OMT (2004) tenía, aquel año, el 52º IDH del mundo;

2. A pesar de ser la octava nación que más recibe turistas en el planeta, Turquía tiene el 84º IDH;

3. Tailandia, colocada entre los veinte destinos más visitados del mundo, tenía, en 2004, el 78º IDH del planeta.

Brasil ocupa el 29º lugar en el ranking de la OMT, pero tiene mejor IDH que China, que tiene la 4ª posición en recepción de turistas y el 81º lugar en IDH.

La principal hipótesis que se obtiene a partir de esa confrontación es la de que, si por un lado el desarrollo económico, social y humano de una nación parece ser un importante factor propulsor del turismo internacional (por la generación de flujos emisivos), por el otro no es necesariamente verdad. De hecho, esos factores de desarrollo de una nación son frutos de un complejo conjunto de factores históricos, económicos, sociales y políticos, del cual el turismo es solo una pequeña parte. Esa hipótesis ayuda a comprender la aceptación que tiene la idea de desarrollo local relacionada con el turismo, que se presentó como un nuevo paradigma a finales del siglo veinte (CRUZ in BARTHOLO et al ,2009).

Pero, esta perspectiva se presenta bastante compleja, una vez que se percibe una gran dificultad en la implantación de un modelo de desarrollo turístico alternativo que tenga como base los principios de sostenibilidad (BURSZTYN, 2004). Esta dificultad se revela con mayor intensidad en regiones marcadas por la elevada fragilidad del poder político local, desigualdad social y bajo grado de organización social.

Esta propuesta del desarrollo turístico proporciona a los diferentes segmentos de la sociedad, que sean incluidos en el proceso de planificación, operación y monitoreo, expresando sus ideas y preocupaciones, identificando sus intereses, sus necesidades y de qué modo piensan beneficiarse (NELSON, 2004). Con eso, se debe buscar la armonía entre equidad social, eficiencia económica y conservación "ambiental" como en la premisa del concepto de ecoturismo aquí llamado de "auténtico" ya presentado en la presente tesis.

La autora Sílvia Mitraud apunta que "la participación efectiva de los diferentes segmentos de la comunidad, por medio de representantes por ellos reconocidos como tal, es lo que confiere legitimidad a las decisiones del grupo, reconociendo su pertinencia y autoridad en los procedimientos y en las personas" (MITRAUD, 2003, p. 393).

Según la autora Irving, esto "significa abdicar del saber totalitario y optar por nuevas formas de construcción de la realidad basadas en el saber compartido, en la experiencia colectiva, en el poder de la participación" (IRVING, 2002).

Esta autora comenta además que considerando que el turismo, en cualquiera de sus formas de expresión e intervención, interfiere en la dinámica socio-ambiental de cualquier destino, el turismo de base comunitaria solo podrá ser desarrollado si los protagonistas de este destino son sujetos y no objetos del proceso (ídem, 2002).

En este caso presentado por la autora arriba, el sentido de comunitario transciende la perspectiva clásica de las "comunidades de baja renta" o "comunidades tradicionales" para alcanzar el sentido de común, de colectivo. El turismo de base comunitaria, por lo tanto para esta autora, tiende a ser aquel tipo de turismo que, en tesis, favorece la cohesión y el lazo social y el sentido colectivo de vida en sociedad, y que por esta vía, promueve la calidad de vida, el sentido de inclusión, la valorización de la cultura local y el sentimiento de pertenecer. Este tipo de turismo representa, por lo tanto, la interpretación "local" del turismo, frente a las proyecciones de demandas y de escenarios del grupo social del destino, teniendo como telón de fondo la dinámica del mundo globalizado, pero no las imposiciones de la globalización (ídem, 2002).

Conforme a la argumentación de la autora es evidente que el turismo de base comunitaria resulta de una demanda directa de los grupos sociales que residen en el lugar turístico, y que mantiene con este territorio una relación cotidiana de dependencia y supervivencia material y simbólica. Así, no es posible imaginar una iniciativa de turismo de base comunitaria resultante de una decisión externa, de una intervención exógena a la realidad y a los modos de vida locales.

Enrique Leff (2010) apunta que la empresa turística debe explorar otras posibilidades, atrayendo medios y pequeños capitales e invirtiendo en emprendimientos de pequeña escala e integrados en el entorno ecológico y cultural, asociando el turismo a otras actividades productivas. Lo que se considera cuestionable y peligroso para la propia localidad, una vez que tales emprendedores están regidos, fundamentalmente, por las leyes capitalistas.

También afirma que el turismo debe dignificar a las poblaciones que lo reciben. "Ni un turismo-boutique ni un turismo de la pobreza" (ídem). El turismo debe incorporarse a procesos integrales de desarrollo sostenible de los pueblos basados en la preservación de sus riquezas naturales y de sus tradiciones culturales (ídem). Leff afirma que será necesario valorar el patrimonio ecológico e histórico en una perspectiva ética de la sostenibilidad, evitando un turismo basado en la mercantilización de la naturaleza y de la cultura. "El turismo debe estar a servicio del enriquecimiento económico, ambiental y cultural" (LEFF, 2010).

Así una propuesta de ecoturismo pautada en el conocimiento para ser desarrollada en áreas protegidas brasileñas tiene que, efectivamente, ser desarrollada en asociación con la comunidad local para que genere los beneficios por ella detectados y deseados y, siempre, en la perspectiva de lo público. Hablar de enriquecimiento económico de forma general en esta sociedad sin olvidar que, este enriquecimiento tiene dirección marcada y fija: el de los dueños de los medios de producción.

III.1.5. El Turismo Social en este contexto.

En el proceso de organización del turismo, lo que se denomina de Turismo Social está siendo tratado por el Ministerio del Turismo (MTur) como una forma de conducir y practicar la actividad turística, con vistas a promover la igualdad de oportunidades, sin discriminación, accesible a todos, de manera solidaria, en condiciones de respeto y bajo los principios de la sostenibilidad. Por lo tanto, las premisas, estrategias y acciones definidas para el Turismo Social, por el MTur, en sus palabras, "abarcan todos los segmentos o tipos de turismo, como forma de promoverse la inclusión por la actividad turística".

El Turismo Social surgió en Europa – a inicios del Siglo XX - utilizado como propuesta de proporcionar vacaciones y ocio a un número mayor de personas, organizado por asociaciones, sindicatos y cooperativas con la finalidad de atender a las necesidades de ocio de las capas sociales menos favorecidas. En el Congreso del Bureau Internacional de Turismo Social, en 1996, quedó oficialmente registrada la Declaración de Montreal: "todos los seres humanos tienen derecho a descansar, a un tiempo de ocio, a un límite de horas trabajadas y a vacaciones pagadas"; "el objetivo primario de todas las iniciativas de desarrollo turístico debe ser la realización plena de las potencialidades de cada individuo, como persona y como ciudadano". Interesante destacar que en Brasil, a pesar de estar muy modestamente garantizado, el ocio también es un derecho social.

La Organización Mundial del Turismo (OMT, 2005) elaboró el Código Mundial de Ética del Turismo, donde dispone que el Turismo Social tiene "por finalidad promover un turismo responsable y sostenible y accesible a todos, en el ejercicio del derecho que cualquier persona tiene que utilizar su tiempo libre en ocio o viajes y en el respeto por las elecciones sociales de todos los pueblos".

La comprensión para el MTur parte de que el papel del Estado es de,

> [...] agente fomentador y coordinador en lo que concierne a la participación de otros órganos de gobierno, de la sociedad civil organizada y del sector privado en relación al turismo, con objetivos claramente definidos de recuperación psicofísica y ascensión sociocultural y económica de los individuos (BRASIL/MTUR, 2006).

En esa perspectiva, el MTur busca desarrollar el turismo con vistas a la pretendida inclusión, privilegiando la óptica de cada uno de los distintos actores involucrados en la actividad: el turista, el prestador de servicios y el grupo social de interés turístico. Es importante, en este contexto, reafirmar qué se considera, en la presente tesis, como inclusión, una vez que el uso de este término, sin hacerlo preciso, puede llevar a interpretaciones equivocadas. Partiendo del presupuesto de que la necesidad de crear proyectos e intentar implementar acciones inclusivas solo se manifiesta cuando la exclusión es un hecho alarmante. Así, es preciso comprender que el par inclusión/exclusión guardan dependencia mutua en la sociedad capitalista y, así, la pretendida inclusión será siempre parcial, pese a que los discursos sobre la misma estén repletos de humanismos utópicos – aunque no se deje de querer y luchar para que ningún ciudadano quede al margen de la posibilidad de usufructuar una parte de las riquezas producidas por los trabajadores.

Coriolano (2005) en "O Turismo, a Exclusão e a Inclusão Social" coloca el debate de la inclusión y exclusión social en el desarrollo económico y en el turismo. Muestra que aunque estén todos incluidos en el mismo modelo de desarrollo socio económico, pues se vive en una sociedad capitalista, el proceso ocurre de forma excluyente. El modelo de desarrollo contribuye para la concentración de riqueza en las manos de unos pocos, y esto acontece en todas las actividades económicas. Así la autora interroga: "¿por qué sería diferente en relación al turismo?".

Comenta la autora, además, que es una de las más nuevas modalidades del proceso de acumulación, produce nuevas configuraciones geográficas y se materializa en el espacio de forma contradictoria, por la acción del Estado, de las empresas, de los residentes y de los turistas. Dice que, comprender esa dinámica significa entender las relaciones productivas del espacio y el ejercicio de poder del Estado, de las clases empresariales y trabajadoras en movimiento y conflicto. Sin embargo para el MTur (2006),

> - Bajo la óptica del turista, el interés social se concentra en el turista
> en sí, como perteneciente a determinadas clases de consumidores
> con renta insuficiente para usufructuar de la experiencia turística de
> calidad, o a grupos en situación de exclusión que, por motivos
> diversos tienen sus posibilidades de ocio limitadas. Esa constituye
> el abordaje clásico de Turismo Social, que trata de los viajes de
> ocio para segmentos populares y de la cuota de la población en
> situación de vulnerabilidad (BRASIL/MTUR, 2006).

En lo que se refiere a la promoción de la igualdad de oportunidades, de la equidad, de la solidaridad y del ejercicio de la ciudadanía el Ministerio trae los decires,

> La razón de ser, la función del Turismo Social está enfocada en la
> efectivación de condiciones que favorezcan el ejercicio de la
> ciudadanía - igualdad de derechos y deberes, entendiendo y
> trabajando turismo en relación a la propia condición humana,
> además de la cuestión económica y de la carencia material. Se
> refiere a la facilitación del acceso a los potenciales beneficios
> advenidos de la actividad como incentivadora de los sentimientos
> de responsabilidad y de respeto por el otro, independientemente de
> la precariedad económica o de la situación de discriminación por la
> sociedad (BRASIL/MTUR, 2006).

En la continuación del abordaje del MTur, consta que:

> [...] - Por la óptica del prestador de servicios turísticos el foco está
> en los micro y pequeños emprendedores y en los trabajadores que
> tienen la posibilidad de inclusión social posibilitada por las
> oportunidades advenidas de la actividad turística. El fomento a las
> iniciativas de tales emprendedores y la integración con otras
> actividades económicas del negocio productivo del turismo y a las
> actividades productivas tradicionales son algunos de los temas
> relevantes en este abordaje.
>
> - Por la óptica de los grupos y comunidades de interés turístico, la
> énfasis está en las condiciones sociales y culturales de un
> determinado grupo o comunidad que integra el activo turístico local.
> La conservación del patrimonio cultural, natural y social de la
> población local es uno de los temas desarrollados bajo este
> abordaje (BRASIL/MTUR, 2006).

Con esta visión el MTur pretende desarrollar este tipo de turismo, aunque hasta el momento (2010) solamente algunas iniciativas aisladas fueron efectivamente blanco de políticas por parte del Ministerio en cuestión, aunque esté bien claro se destina

[...] a aquellos que, [por un lado y] por los más variados motivos (renta, prejuicio, alienación, etc.), no forman parte del desplazamiento turístico nacional o consumen productos y servicios inadecuados; por otro, para los que no tienen oportunidad de participar, directa o indirectamente de los beneficios de la actividad con vistas a la distribución más justa de la renta y la generación de riqueza (BRASIL/MTUR, 2006).

Bajo tal argumentación el MTur (2006), con este abordaje que, en parte, no escapa a las reglas mayores de la exclusión, definió que "Turismo Social es la forma de conducir y practicar la actividad turística promoviendo la igualdad de oportunidades, la equidad, la solidaridad y el ejercicio de la ciudadanía en la perspectiva de la inclusión".

De acuerdo con esto, las formas de conducir y practicar la actividad turística son,

> La forma de conducir se refiere a la manera de entender, concebir y dirigir políticas y orientar los procesos que llevan al desarrollo del turismo. La forma de practicar se refiere a las circunstancias de acceso a la experiencia turística. Ambas deben ser mediadas por la premisa de la ética (en las relaciones turísticas comerciales, con las comunidades receptoras y con el ambiente) y de la sostenibilidad en su sentido más amplio: económica, social, cultural, ambiental y política (BRASIL/MTUR, 2006).

Importante destacar qué son para el MTur (2006) las formas de turismo: "se consideran formas de turismo "el cómo" las personas ejercen o practican las varias modalidades (turismo doméstico, turismo internacional, turismo emisivo, turismo receptivo, etc.) y los diferentes tipos de turismo ofrecidos (ecoturismo, turismo rural, turismo de aventura, etc.)".

En lo que se refiere a la promoción de la igualdad de oportunidades, de la equidad, de la solidaridad y del ejercicio de la ciudadanía el Ministerio trae los decires,

> La razón de ser, la función del Turismo Social está enfocada en hacer efectivas condiciones que favorezcan el ejercicio de la ciudadanía - igualdad de derechos y deberes, entendiendo y trabajando turismo en relación a la propia condición humana, además de la cuestión económica y de la carencia material. Se refiere a la facilitación del acceso a los potenciales beneficios advenidos de la actividad como incentivadora de los sentimientos de responsabilidad y de respeto por el otro, independientemente de la precariedad económica o de la situación de discriminación por la sociedad (BRASIL/MTUR, 2006).

Sobre la perspectiva de la inclusión que el desarrollo de la actividad puede traer, se destaca:

> La palabra perspectiva traduce el anhelo, la esperanza de proporcionarse la inserción de personas, grupos y regiones que por motivos variados pueden ser considerados excluidos de la fruición del turismo - de la posibilidad de acceso a los beneficios de la actividad por el potencial consumidor, por el ofertante y por la comunidad receptora - o de los que usufructúan de la experiencia turística de forma inadecuada, al consumir productos turísticos sin la debida calidad. Se trata de la implicación y participación del ser humano como perteneciente al ejercicio de los derechos y deberes individuales y colectivos (BRASIL/MTUR, 2006).

Por lo tanto, en este contexto, se considera que para la presente tesis el concepto de turismo social puede hacerse significativo en el sentido de constituirse como herramienta que podrá provocar alguna forma de transformación, dentro de lo posible, trayendo nuevas ópticas de mundo para visitantes y visitados. Sin embargo, hay que pensar en las posibilidades efectivas de su realización, principalmente si se considera la extensión de aquello que pregona teóricamente y que se traduce en sus publicaciones oficiales, en las cuales puede constatarse la presencia de terminología como derechos, ciudadanía, inclusión social y otras que, o son utópicas o vacías si consideramos las condiciones materiales de su aplicación cuando se vislumbra la población como un todo. Es sabido que la cuestión de los derechos, tan pregonada, cabe solamente a una parte de la población y que no será el turismo social el que revertirá esta situación. Así, como el denominado turismo social se propone ampliar los derechos sociales de todos los ciudadanos y ciudadanas, vale hacer una breve reflexión sobre el tema.

Para hablar del turismo, como economía del ocio, como ejemplo de algo que se pretende inclusivo y extensivo a todos y todas, es interesante considerar, inicialmente, la propia definición de qué es turismo para la Organización Mundial del Turismo (OMT), "actividades que las personas realizan durante sus viajes con permanencia en lugares distintos de los que viven, por un periodo de tiempo inferior a un año consecutivo, con fines de ocio, negocios y otros" (OMT, 2009).

El concepto actual de turismo de la OMT menciona el término ocio como una de las finalidades de la actividad turística. Pero, ¿qué es de hecho el ocio? Para Dumazedier, ocio es:

> Un conjunto de ocupaciones a las cuales el individuo puede entregarse de libre voluntad, sea para reposar, sea para divertirse, recrearse y entretenerse, o aún para desarrollar su información o formación desinteresada, su participación social voluntaria o su libre capacidad creadora después de librarse o desentenderse de las obligaciones profesionales, familiares y sociales (apud PIRES, 2001).

Para Tribe (2003), simplemente ocio es el "tiempo libre para realizar actividades placenteras" y la recreación son las "actividades emprendidas durante el tiempo de ocio" y el tiempo libre "es lo que viene tras el tiempo dedicado al trabajo, al descanso y a otras obligaciones secundarias".

Según Camargo (2008), en "toda elección de ocio, existe sí el principio de la búsqueda por el placer", sin embargo esa búsqueda puede no hacerse efectiva como, por ejemplo, en el caso de un hincha que va al club a ver, con sus amigos, un partido de fútbol con la expectativa de la victoria de su equipo y eso no ocurre.

El ocio, así como se conoce actualmente, surgió en la posrevolución Industrial, donde la jornada de trabajo disminuyó paulatinamente. Sin embargo el punto más interesante de la comprensión sobre el ocio es que se considera un derecho social en consonancia con el Artículo 6° de la Constitución Brasileña, así como educación, la salud, el trabajo, la vivienda entre otros.

Algunos datos apuntados por Marcellino (1996), entre otros como el informe del PNUD, dicen que el 33% de la población de los países en desarrollo (1.300 millones de personas), vive con menos de un dólar al día. Dicen que 358.000 millonarios tienen activos que superan la renta anual de países en el cual viven 2.300 millones de personas (el 45% de la población mundial). Y, frente a esta realidad, ¿en qué consistiría el ocio para toda la población? Quién puede entregarse "de libre voluntad, ya sea para reposar o para divertirse, recrearse y entretenerse..." como desean la palabras de Dumazedier (apud PIRES, 2001).

De esa forma y, en consonancia con los rumbos de la sociedad actual, considerando que Brasil forma parte de esa realidad, aunque haya habido mejoras, surge la pregunta: ¿Cómo garantizar este derecho social?

Camargo (2008) indica que "toda política urbana de ocio debería comenzar por una política habitacional justa, que respete las necesidades de un espacio social íntimo y externo de las residencias".

Asociada a la política habitacional, por supuesto, deberían constar otros aspectos considerados como esenciales, tales como educación y salud. Servicios públicos de excelente calidad podrían suplir esta necesidad de ocio, juntamente con otras necesidades básicas, componiendo un todo no excluyente de gran parte de la población. En cuanto a esto, el renombrado geógrafo Milton Santos es aún más claro: "Quién no puede pagar por el estadio, por la piscina, por la montaña y el aire puro, por el agua, queda excluido del gozo de esos bienes que deberían ser públicos porque son esenciales (apud Andrade, 2001). Así, mucho hay que discutir sobre la relación turismo y ocio, lo que no se profundizará en este momento debido ya que la presente tesis se centra en la cuestión del conocimiento.

III.2. LAS UNIVERSIDADES PÚBLICAS Y El ECOTURISMO DE CONOCIMIENTO

Las áreas protegidas brasileñas, más de 1 millón de km² bajo forma de Unidades de Conservación (UCs), se caracterizan como de expresiva potencialidad para el desarrollo del ecoturismo asociado a acciones que objetivan una sostenibilidad efectiva, o sea, aquella que puede ser anhelada dentro de los límites que la sociedad actual posee. El recorte geográfico de la presente tesis, las UCs del recorrido turístico integrado denominado Ruta de las Emociones (RE), en el litoral del nordeste brasileño constituye, igualmente, grandes posibilidades para dicho aspecto y, especialmente, para la tipología denominada ecoturismo de conocimiento, propuesta por esta tesis. La realidad de las UCs de Brasil además de clamar por esfuerzos que se destinen a la conservación de la "naturaleza", así como otras en el País, poseen justificaciones aún mayores para las acciones de instituciones públicas: el cuadro de subdesarrollo de las comunidades de entorno de estas UCs. De este modo las Universidades, y otras instituciones Públicas, pueden (y deben) tener un papel que muchas veces transciende el campo de acción que se propone, contribuyendo expresivamente como transformadoras de esta realidad.

La singularidad de la vegetación de la RE, de los ríos y lagunas, dunas, viento y mar, la existencia de significativas iniciativas de proyectos científicos con potencialidad para atraer visitación turística, la hospitalidad, gastronomía y el "exotismo" de culturas tradicionales y de los saberes populares presentes en las UCs de la misma, adquieren expresivas posibilidades para el ecoturismo de conocimiento. La economía generada por este tipo específico de turismo, guardados sus principios fundamentales, puede hacerse una alternativa para la mejoría de la calidad de vida, entiéndase: promoción de IDH.

En este contexto, las posibilidades de colaboración participativa entre Universidades Públicas y proyectos relacionados al ecoturismo de conocimiento podrían ser transformadoras de una parte significativa de la realidad de estas localidades, aún en el contexto excluyente del capitalismo. Las iniciativas de ecoturismo, que tengan como foco el conocimiento, coordenadas por Cursos Superiores de Turismo que pueden y deben asociarse a otros cursos superiores generando la interdisciplinaridad deseada por este ramo de las ciencias sociales, el turismo. Esta perspectiva favorecería las conexiones necesarias ente enseñanza, la investigación y la extensión, tan importantes en las Instituciones de Enseñanza Superior Públicas (IESPs).

Las propias instituciones de carácter público encabezarían actividades relacionadas con el ecoturismo de conocimiento en lo que concierne a la captación de recursos y, en sintonía con uno de los puntos céntricos sobre los cuales se asienta el trípode de sus acciones, la extensión, por ejemplo, ganaría, en mucho, con el intercambio entre los estudiantes y turistas nacionales y extranjeros en lo que se refiere a la ampliación de vivencias y estudios de los académicos. Según Rauber (2010), "la extensión universitaria presupone una acción junto a la comunidad, ofreciendo al público externo el conocimiento adquirido con la enseñanza y la investigación que fueron desarrollados por la institución".

Además, la participación del "ecoturista de conocimiento" se reflejaría en ganancias relacionadas a la formación de sujetos defensores de un turismo no predatorio, a la divulgación de las riquezas físicas y simbólicas de los lugares donde se realizan tales actividades y al alcance de los objetivos de las propias universidades.

Como apunta la propia Constitución Federal de la República Federativa de Brasil (1988) en el Art. 207: "Las universidades gozan de autonomía didáctico-científica, administrativa y de gestión financiera y patrimonial, y obedecerán al principio de indisociabilidad entre enseñanza, investigación y extensión". Y aún en este contexto: el Art. 213, § 2°, que dice: "Las actividades universitarias de investigación y extensión podrán recibir apoyo financiero del Poder Público".

La viabilidad de asociación entre determinados cursos, de las universidades públicas, con los cursos superiores de turismo, como ejemplo, biología, botánica, arqueología, biomedicina, ingeniería de pesca, entre otros, caracterizaría otra forma de pensar el turismo y, principalmente, de ampliar, interdisciplinarmente, las posibilidades de acciones de los futuros profesionales en sus trabajos de campo.

De esa manera, los programas de extensión universitaria pueden revelar la importancia de su existencia en la relación establecida entre institución y sociedad. Esa aproximación es una de las maneras de intercambiar conocimientos y experiencias entre profesores, alumnos y población, por la posibilidad de desarrollo de procesos de enseñar y aprender a partir de prácticas cotidianas, buscando la implicación del máximo de alumnos, pues "el aprendizaje solo acontece cuando la teoría es aplicada en la práctica", según Rauber (2010).

La extensión, si la comparamos con la enseñanza y la investigación, ocupa aún un papel más pequeño dentro de las IESPs, y es reconocida como esencial para desarrollar en el alumno "la sensibilidad social" según Morel (2003). La extensión universitaria, según la misma autora, oscila entre una extensión que tiene por meta el desarrollo de la visión social por parte del alumno y que, por otro lado, interferir en la sociedad, "proyectándose" sobre diferentes problemas.

Así, con el desarrollo de proyectos de ecoturismo de conocimiento a ser implementados en áreas protegidas en asociación con la comunidad local y apoyo efectivo de la universidad pública, articulado por el curso de turismo, además del beneficio generado trae para la academia, justamente, la deseable indisociabilidad entre enseñanza, investigación y extensión que la caracteriza y la posibilidad de una formación científicamente interdisciplinar.

Siguiendo esta explicación, cabe hacer algunas consideraciones importantes acerca de aquello que fue elegido para ser presentado en la misma.

Inicialmente, será resaltada la consideración relativa a los pilares del ecoturismo de conocimiento, enfatizando que se obedece a las premisas de la definición nacional del ecoturismo, según el marco conceptual presentado por el Ministerio del Turismo (MTur) en el año 2006 y encontrada en los documentos oficiales del mismo, haciendo determinadas restricciones a su espíritu inclusivo sin considerar que la exclusión compone los cimientos de la arquitectura capitalista.

En cuanto a las interfaces del ecoturismo de conocimiento (EC) y otras tipologías turísticas, en este contexto donde se comenta la imposibilidad de llevar a la práctica tales interfaces, es expresivo apuntar dónde se diferencian y en qué se apoyan.

Considerando que en la descripción de esta nueva tipología, el ecoturismo de conocimiento (EC), hay interfaces significativas con otros segmentos/tipos de turismo, que ya fueron descritos, se presenta abajo, bajo forma de figura para facilitar la comprensión, el encuadramiento de esta tipología entre otras aquí consideradas como referentes al ecoturismo.

CUADRO 9: El Ecoturismo de Conocimiento e interfaces

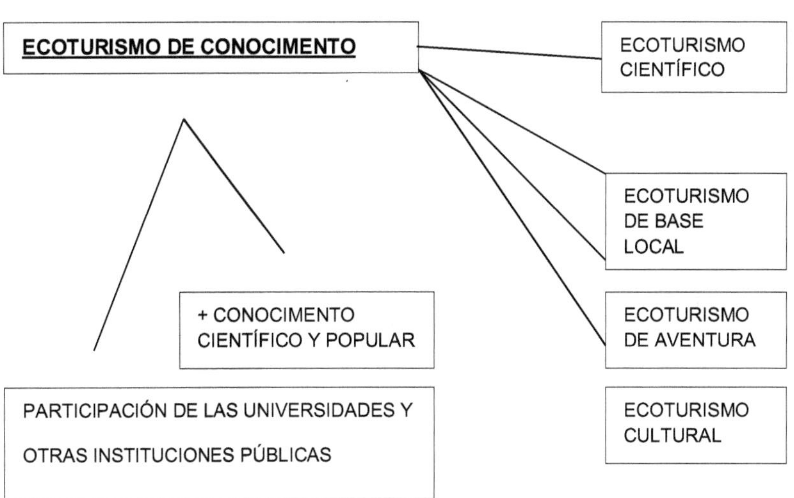

III.3 APUNTES SOBRE LAS INTERFACES

Uno de los conceptos a ser comentado y cuestionado es el de turismo de aventura y aquí adaptado/caracterizado para la interfaz con el EC como "ecoturismo de aventura", abordado anteriormente. Para el MTur el concepto es únicamente: "Turismo de Aventura que comprende los movimientos turísticos producidos por la práctica de actividades de aventura de carácter recreativo y no competitivo" (BRASIL, 2006). De ese modo, se propone una fusión de conceptos, teniendo en cuenta que no todas las actividades del turismo de aventura son compatibles con el ecoturismo. Así, para el ecoturismo de aventura: Tipología turística que atiende a las premisas del considerado "auténtico" ecoturismo y que comprende los movimientos turísticos originados por la práctica de algunas actividades de aventura de carácter recreativo y no competitivo.

Para facilitar una mayor comprensión, serán expuestas a continuación figuras con círculos solapados donde se visualizan estas interconexiones de algunas de las tipologías propuestas para la caracterización del ecoturismo de conocimiento.

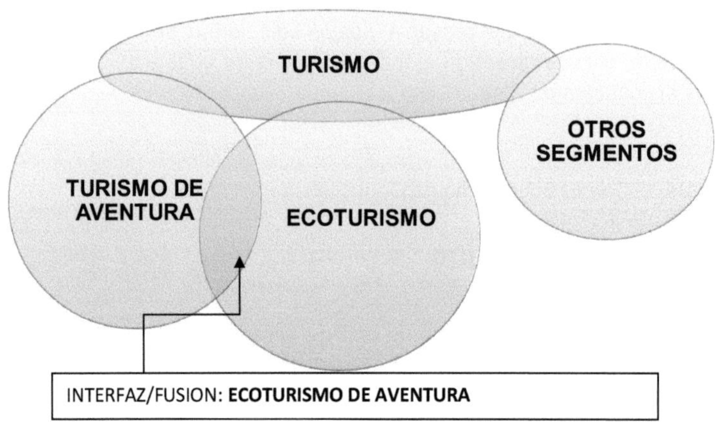

Importante resaltar una vez más que las actividades que componen/son aptas para ser desarrolladas en el EC son, de esa forma, las del aquí denominado "ecoturismo de aventura", que están adecuadas a las fragilidades de las áreas protegidas.

De esta forma el ecoturismo de conocimiento concentra algunas de las oportunidades de actividades del turismo de aventura y las coloca como prácticas guiadas por la premisa del "auténtico" ecoturismo. Así pueden traer mayores beneficios a la localidad y, por otro lado, pueden desarrollarse dentro de algunas UCs, más específicamente para el local que es el recorte geográfico de la presente tesis: las UCs del recorrido turístico integrado Ruta de las Emociones en el nordeste brasileño.

Siempre respetando las premisas del ecoturismo y, específicamente, lo que se defiende en relación a la modalidad ecoturismo de conocimiento, la perspectiva de la aventura gana un carácter bien particular: aquel donde la "búsqueda por el conocimiento se caracteriza como una aventura para el visitante" y, también, para los habitantes de las comunidades turísticas. Esta aventura, mediada por la producción y socialización de saberes supone considerar que en el turismo de conocimiento la relación entre los sujetos acontece en interlocuciones donde hay embate de valores. Esto demanda pensar en una particularidad muy específica que tiene que ver con las relaciones humanas y que carece de atención de los equipos gestores de los proyectos, objetivando administrar los conflictos propios de este tipo de situación. Tales conflictos no pueden ser encarados como un obstáculo para las actividades, al revés, son, antes, puntos impulsores de las mismas, una vez que, solamente en el enfrentamiento y debate en torno a los juicios de valor habrá espacio para la diversidad. Esto es válido tanto para el turista como para el llamado autóctono como, también, para cada una de las personas que participan de tales proyectos.

Por lo tanto, en relación a la interfaz del turismo de aventura con EC, es importante esclarecer en qué puntos se diferencian y en qué puntos se apoyan de hecho. Así una actividad de *wakeboard*, (lancha tirando una tabla, como esquí acuático), por ejemplo, debido al impacto ambiental de un motor de combustión interna, su ruido y la contaminación que genera, se puede considerar como pertinente al turismo de aventura, sin embargo no se encuadra como EC ni como ecoturismo de aventura. Un sendero (caminatas en la naturaleza) se puede considerar como respetuosa con el medio ambiente, por tanto como ecoturismo de aventura, sin embargo el EC va aún más lejos, admite el anterior como oferta complementaria, sin embargo tiene como elemento central el desarrollo de atractivos conectados a la producción del conocimiento científico y popular y, obligatoriamente, el desarrollo de base local, es decir, tiene la comunidad como protagonista de la iniciativa de turismo en su región.

En este contexto, de manera figurativa se puede imaginar, por ejemplo, en la oferta de servicios locales, un paseo en canoa con remos por los afluentes de los ríos que componen el Delta del Parnaíba acompañando por el investigador que observa el comportamiento del mono guariba, lo que se caracteriza como "aventura del conocimiento", actividad del EC. Además de estos puntos se debe evidenciar también la participación de las universidades y otras instituciones públicas en su planificación y gestión

En lo que se refiere al énfasis en el EC para el desarrollo de actividades conectadas al conocimiento científico y popular, debe ser considerado que ni todos los conocimientos por sí mismos, pueden interesar/atraer visitantes y, efectivamente, agregar valor al destino turístico.

CUADRO 11 – EL Conocimiento no EC

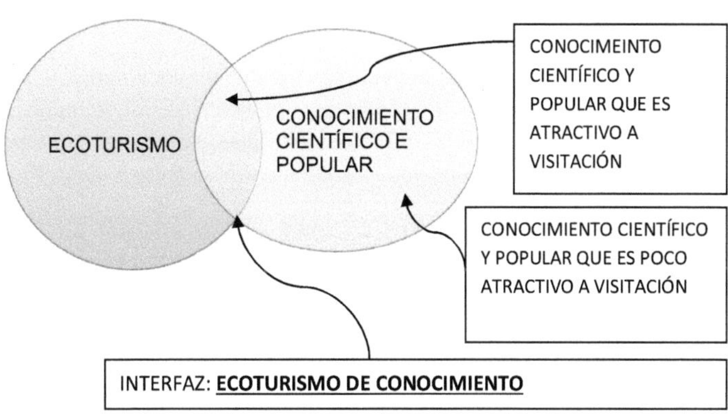

En este contexto, es importante destacar nuevamente que además de estos puntos que merecen reflexión, el EC es obligatoriamente desarrollado con base local, con la contribución de Universidades y otras instituciones públicas, en áreas protegidas brasileñas, además de las interfaces que serán presentadas en esta secuencia a continuación.

Así, fundiendo las figuras supra citadas, sigue la respectiva al EC y sus interfaces con el conocimiento científico y popular y con el ecoturismo de aventura.

CUADRO 12 – La aventura del conocimiento en el EC

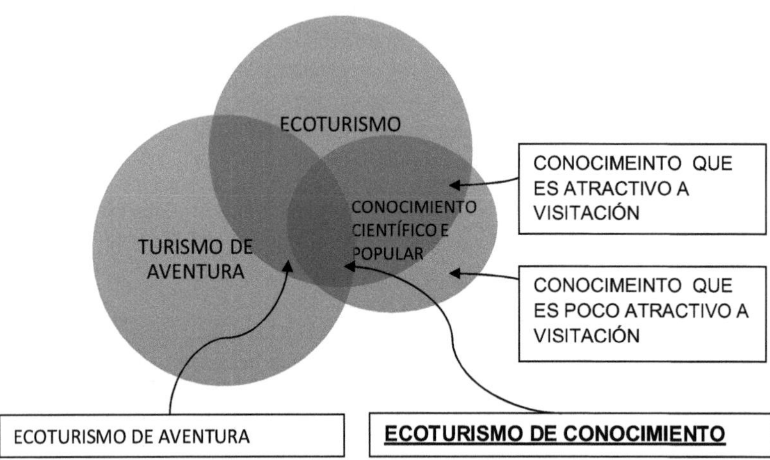

En cuanto a otras interfaces posibles con el foco de la presente tesis, que también congregan el conocimiento científico y popular, el turismo cultural y las posibilidades de actividades y recorridos elaborados a partir de las experiencias y saberes locales se constituyen como notables potencialidades para tal.

El turismo cultural en consonancia con el MTur,

> comprende las actividades turísticas relacionadas a la experiencia del conjunto de elementos significativos del patrimonio histórico y cultural y de los eventos culturales, valorando y promoviendo los bienes materiales e inmateriales de la cultura (BRASIL, 2009)

De esta forma, en el contexto del EC, esta interfaz consistiría en una tipología turística que respeta la premisa del "auténtico" ecoturismo, con el objetivo de realizar observaciones y/o recolectar datos realizando actividades relacionadas a la vivencia del conjunto de elementos significativos del patrimonio histórico y cultural. De esta manera hay que subrayar que el propuesto EC va más allá, pues integra a los visitantes y visitados en la producción y socialización colectiva de los conocimientos científicos y populares involucrándolos, como sujetos históricos que no solo preservan y re-significan, sino que valoran más determinadas cuestiones, pudiendo, aún, deshacerse de otras, como por ejemplo, las que los vuelven pasivos frente a su propia historia.

No se pretende afirmar aquí que el turismo cultural se reduce al repaso de informaciones sobre la vida y la cultura observada en un determinado local, sin embargo, lo que se pretende es llamar la atención sobre el hecho de que tal turista encuentra allí las personas que habitan ese local y que tal vez, en relación a ellas, mantenga la misma mirada con la que admiró cualquier otro atractivo.

De la misma forma, en contrapartida, los propios habitantes pueden mirar a los turistas considerándolos como ejemplares raros de otras culturas, personas que invierten tiempo, dinero y energía para conocer aquello que es tan común en esta región, considerado muchas veces por ellos como algo banal.

Tanto de un lado como del otro, las miradas están pautadas en el "desconocimiento" o negación de que, en esta situación, hay culturas y personas relacionándose, hay oportunidad de educación para ambas. Esto puede descalificar la perspectiva de transformación de visitantes y visitados esperada por el ecoturismo. Transformación no en el sentido de que ambos se desnuden de sus valores, pero que de la interacción haya cuestionamientos sobre la naturaleza de sus riquezas considerando que esta naturaleza es "cosa de los hombres" y que el hecho de estar identificados con ella, conociéndola y allí habitando no se constituya en disculpa para no respetarlas. Es posible que ni los inspectores de viajes ni siquiera los guías se constituyan como mediadores de esta relación humana.

Así, esa interfaz con el turismo cultural o ecoturismo cultural con las "premisas del eco", supone obligatoriamente la participación de las universidades y otras instituciones públicas, como también de la comunidad local protagonizando el turismo en su región. El EC admite el ecoturismo cultural como oferta complementaria, sin embargo tiene como elemento central el desarrollo de atractivos conectados a la producción y socialización del conocimiento científico y popular y lo administra horizontalmente.

En esta misma perspectiva, se encuentra, entonces, el turismo científico con el cual son posibles interfaces significativas, como el aquí llamado "ecoturismo científico". Tanto como el turismo cultural, el científico puede constituirse en un aliado en el establecimiento de acciones conjuntas al del conocimiento, siempre que sean respetados los pilares que sostienen a este último. Por este motivo se presentaron tantos ejemplos del mismo. En lo que se refiere a esta interfaz para el EC, se destaca la investigación científica dirigida/adaptada a un turismo más activo, carácter propio del ecoturismo, que posibilita actividades con una significativa satisfacción para el visitante, sin embargo siempre necesariamente desarrolladas por la comunidades locales, con participación de universidades para que se haga viable la interacción del visitante con la producción del conocimiento por medio de investigaciones in loco que tengan la posibilidad de participación del turista.

En lo que se refiere al ecoturismo de base local/comunitaria es significativo destacar que atiende a las premisas del ecoturismo, se desarrolla por la comunidad, y aunque en su concepción haya tenido como foco el desarrollo local, acaba en "poner un casita para alquilar", es decir, la relación turista/autóctono normalmente sucede de arriba para abajo y no horizontalmente, como se desea y se puede facilitar con la participación efectiva de las universidades. Así, para su interfaz con el EC se imagina, por ejemplo, la comunidad realizando el oficio de guía de turismo, como conductores locales, por ejemplo, haciendo interpretación ambiental. Obviamente con un entrenamiento previo ofrecido por las universidades públicas (cursos de turismo en asociación con otros como: biología, historia, entre otros). Expresivo destacar que el ecoturismo de base comunitaria a priori no produce conocimiento, es decir, no tiene como énfasis la interacción por parte del visitante con la producción científica, característica fundamental del EC.

Todavía, es importante evidenciar más una vez que, según Pulido (2005), existen cuatro grandes tipos de manejo posibles a escala mundial, reconocidos por la UICN, independientemente de los objetivos de las áreas protegidas. La gestión estatal de los Sistemas Nacionales de Áreas Protegidas; La cogestión entre autoridades nacionales y otras partes interesadas; La gestión privada y, sobretodo, la gestión comunitaria. Esa última fue el modelo de gestión escogido para, adaptado y con apoyo de las universidades públicas, caracterizar el EC.

Otra consideración importante se refiere al turismo social. Sería el caso de pensar muy seriamente en la posibilidad de viabilizar acciones que incorporen el turismo social a las concepciones del ecoturismo de conocimiento. Esto al evaluar: que el último posee suficiente apertura en lo que se refiere a la visión de la diferencia y que su finalidad última no es la del retorno financiero. También por poseer preocupaciones con las relaciones intersubjetivas que se entablan en las interacciones que aproximan visitantes y "autóctonos". Aquí, conocer el local significa, también, conocerse. Aquí, la preservación no se restringe a la memorización de frases de efecto que dan vida a la naturaleza. Aquí, la preservación es vivida, pues el ambiente natural es comprendido como ambiente social.

El MTur (2006), definió que "Turismo Social es la forma de conducir y practicar la actividad turística promoviendo la igualdad de oportunidades, la equidad, la solidaridad y el ejercicio de la ciudadanía en la perspectiva de la inclusión".

En este momento se hace interesante una observación en cuanto a este abordaje que se propone inclusivo: a qué se refiere la exclusión, que comienza a ser practicada cuando se habla de ella sin que, también, sea considerada la cuestión de las clases sociales. En realidad, bajo la óptica de la presente tesis, solo existen dos clases sociales: la de los trabajadores que producen la riqueza para todos y la de la "burguesía" que usufructúa elocuentemente aquello que es socialmente producido, o sea, se apropian, hacen suyo, aquello que sería de todos – no se puede simplemente mencionar el término "las clases desfavorecidas", pues, hay solamente una que es "desfavorecida", la otra es la del gozo, la de aquellos que expropian. En este contexto, se destaca dentro de algunas posibilidades para este momento histórico, la idea de un turismo para todos, como actividad de ocio que es, inclusive, un derecho social y que el Estado no consigue garantizar para toda su población, aún con sus políticas públicas. Aunque se sepa que en la sociedad del consumo el turismo, incluso el doméstico, es una actividad muy restrictiva en Brasil, sea por la desigualdad social presente como, también, por sus grandes dimensiones. La mayoría de las veces, para que algunos favorecidos económicamente hagan turismo, millones de personas necesitan, necesariamente, no hacerlo. Una cosa condiciona la otra, entonces ¿qué inclusión es esta a la que algunos autores se refieren? Si solo los favorecidos pueden usufructuar este bien, y otros son excluidos de esta posibilidad, es preciso pensar dónde están estos los otros y por qué hay excluidos.

Las comunidades colindantes con la Ruta de la Emociones y su entorno pueden muy bien caracterizarse como excluidas: los derechos esenciales para una supervivencia menos indigna es algo distante de la población de las mismas

Acciones en asociación con la comunidad local, como propone el ecoturismo de conocimiento, ampliando, de esta manera el campo de acción de otras tipologías con las cuales puede hacer interfaz como turismo de aventura, por ejemplo, tiende a agregar valores al destino que pueden ir mucho más allá de lo que una u otra modalidad aislada pueden ofrecer. Existen, sin embargo, otros perfiles sobre los que reflexionar. Otra importante interfaz es la que se propone como imprescindible en la realización del ecoturismo de conocimiento es aquella ya propuesta, cuando se habló de las universidades. Delante de la argumentación expuesta y de las informaciones presentadas sobre las potencialidades ecoturísticas de la Ruta de las Emociones, se constata que hay, efectivamente, la posibilidad de valorar la producción del conocimiento científico y popular como atractivo turístico que genera beneficios al investigador/comunidad científica, para el área protegida y su población y, aún, con grandes oportunidades de realización de investigaciones, extensión en su comunión con la enseñanza para las Universidades Públicas brasileñas.

Así para alcanzar esa deseada trilogía, los departamentos/cursos de turismo podrían facilitar la participación del turista en proyectos de investigación desarrollados en el contexto del ecoturismo de conocimiento. Hacer asociaciones con otros departamentos/cursos que realizan investigaciones de campo en áreas protegidas para elaboración de un producto turístico sostenible.

Los Cursos Superiores de Turismo podrían auxiliar directamente en el proceso de elaboración y concepción (formateo) de estos destinos, además de acompañar sus desarrollos incentivando acciones marcadas por el sesgo de la interdisciplinaridad pudiendo, así, aproximar a estas iniciativas, la universidad como un todo.

La participación del Curso de Turismo de la Universidad Federal de Piauí, con campus localizado en el centro del área de estudio de esta tesis, la ciudad de Parnaíba, puede ser impulsada a corto plazo considerando que el autor de la presente tesis es profesor de esta Universidad, y en este Curso, y que en el mismo hay un núcleo de otros profesores fuertemente inclinados a implementar iniciativas innovadoras dirigidas al enfrentamiento de los llamamientos del turismo de masa, predatorio.

Las iniciativas que pueden ser hechas con la universidad en esta interfaz con el EC, pasan por: la creación de residencias (formaciones prácticas) multiprofesionales para las áreas del EC; la formación de los técnicos que conocen la región, que podrían llevar a turistas por itinerarios locales y, además, actuar como monitores y supervisores de los posibles delitos ambientales en las áreas protegidas, donde se encuentran sus comunidades; la producción de publicaciones reconocidas por la comunidad científica; la creación de núcleos que actúan como centros de recepción e interpretación ambiental para los turistas que puedan tener información e incluso, por ejemplo, museos relacionados con las cuestiones ambientales en la región; promover los intercambios culturales con universidades de todo el mundo, incluso en el posgrado. Todas estas posibilidades serán recapturadas en las consideraciones finales de una forma más detallada y como propuestas.

Se destaca, que el manantial de posibilidades turísticas de la región es grande y el desarrollo del ecoturismo de conocimiento se constituye como una alternativa significativa y probablemente organizadora de un eje que puede congregar diferentes cursos en una misma actividad académica teniendo, así, un carácter interdisciplinar.

Sin duda, contribuiría, también a disminuir la distancia entre los diferentes campos del conocimiento, cartesianamente apartados.

En este sentido, según Mészáros (2006), "llevar el conocimiento científico para las comunidades más aisladas territorialmente de las grandes ciudades, por involucrar ciudadanos empobrecidos financieramente, debería ser lo menos que las universidades deberían proponerse a hacer". El autor apunta también que, además de eso, "[...] debería ser papel de la universidad establecer un profundo diálogo con el saber popular sin menospreciarlo, pero articulándolo con el conocimiento científico", Refiere, en esta reflexión, que tales acciones de la universidad deberían destacarse en el contexto de la sociedad actual, "[...] en la búsqueda de la superación de las desigualdades promovidas por nosotros, seres humanos, a partir de la forma como nuestra vida es producida en la actualidad: la forma capital".

De estas iniciativas podría nacer un nuevo proyecto pedagógico, dirigido a la Universidad entera, delineamiento de acciones en el interior campus y fuera de él, publicación de artículos de los diversos cursos (producción de ciencia en un nuevo modelo universitario). El trabajo interdisciplinar, el modelo de universidad integrada, los nichos para segmentos diferenciados de turismo y un modelo pedagógico ecocentrado, son posibilidades de la ciencia para esta región, dentro de una dinámica de flexibilidad y de consideraciones de la realidad social en la cual los seres humanos protagonizan la historia de la vida, sin muchas veces, gozar del derecho a usufructuar, sin restricciones de todas sus riquezas por los modos de producción de las sociedades que los constituyen, y que son constituidas por los mismos. Tales proyectos, por las razones anteriormente citadas, no pretenden adquirir un carácter "salvador", sino luchar contra las leyes predatorias actuales, beligerantes con lo humano.

Capítulo IV. LA RUTA DE LAS EMOCIONES (ROTA DA EMOÇÕES) Y SUS UNIDADES DE CONSERVACIÓN

IV.1 EL RECORRIDO TURÍSTICO INTEGRADO DENOMINADO RUTA DE LAS EMOCIONES

FIGURA 1 – El recorrido turístico Integrado "Ruta de las Emociones"

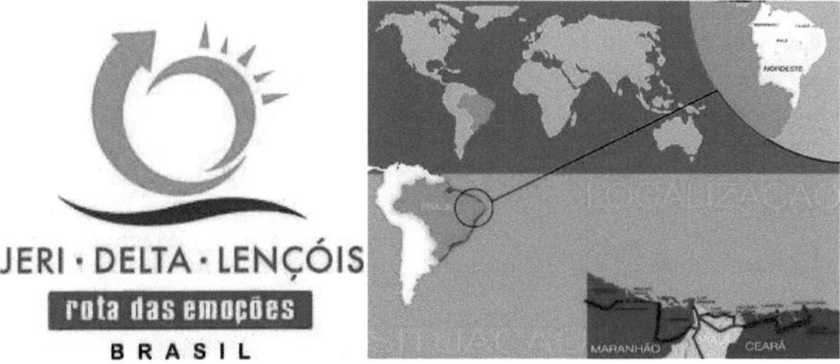

Fuente: SEBRAE (2010)

La Ruta de las Emociones es el destino considerado por muchos turistas como de excelencia para el turismo de sol y playa, por tener calor todo el año, entre 22°C y 35° C, y apenas precipitaciones. El destino cuenta con naturaleza exuberante y potencialidades para el ecoturismo de conocimiento en sus áreas protegidas, y con una diversidad de paisajes como pocos en el planeta.

Este recorrido, situado en un local geográficamente privilegiado, también tiene gran incidencia de vientos alisios, que asociados a las altas temperaturas siempre dejan una sensación térmica agradable. La "naturaleza" aún está bien preservada, vegetación íntegra, dunas, playas, lagunas y ríos. Además de estos atributos, un precio medio por debajo del patrón nacional y hospedajes diferenciados para todos los gustos con la atención de personas receptivas y hospitalarias.

El recorrido turístico integrado Ruta de las Emociones (RE) está localizado en el nordeste brasileño y está compuesto por los Estados de Ceará (CE), Piauí (PI) y Maranhão (MA). Condensa dos parques nacionales (Parna) y un área de protección ambiental (APA) que prácticamente los une. Constituidas por el Parque Nacional dos Lençóis Maranhenses (MA), el área de Protección Ambiental del Delta del Parnaíba (PI/MA/CE) y el Parque Nacional de Jericoacoara (CE).

En el año 2009 la RE fue elegida por el Ministerio de Turismo (MTur) como el Mejor Recorrido Turístico de Brasil. Premio concedido en el 4° Salón del Turismo, considerado el mayor evento turístico de América Latina.

Sin embargo dos de los tres Estados que componen la Ruta están clasificados como pertenecientes a los tres peores en lo que se refiere al índice de desarrollo humano (IDH) a nivel nacional. Tienen un manantial de potencialidades, sin embargo, aún concentran una gran cuota de población de baja renta. En contra de lo que se imagina en Brasil, el índice de criminalidad en estas regiones son casi inexistentes si los comparamos con el resto del País, en parte por la gran abundancia de la naturaleza local que hace posible una vida agradable sin mucha renta, contrariando la lógica del consumismo en la actualidad, y también por la cultura local.

El recorrido integrado es el resultado de una política pública para el desarrollo del turismo, el Proyecto de la Red de Cooperación Técnica para los Recorridos, que [...] "tiene por premisa básica orientar a los actores de la actividad turística sobre las estrategias para organizar recorridos, y la adhesión de los actores del mercado en la concepción de esos nuevos recorridos". El referido recorrido fue implementado, en su 1ª edición, por el Servicio Brasileño de Apoyo a las micro y pequeñas Empresas (SEBRAE) y MTur el año 2005.

Para este primero, los principios básicos de la RE son:

> - Compromiso con el desarrollo sostenible y mejoría de la calidad de vida de las comunidades involucradas.
>
> - Fortalecimiento de la gobernación local.
>
> - Efectivación del proceso de integración en todas las instancias.
>
> - Vivencia de una experiencia de gran significado para el turista.
>
> - Observancia de las políticas públicas nacionales, estaduales y municipales, orientadas al turismo (SEBRAE, 2011).

La línea del tiempo del proyecto es presentada en la figura a continuación, con respectivos marcos.

CUADRO 13 - Línea del tiempo de la RE

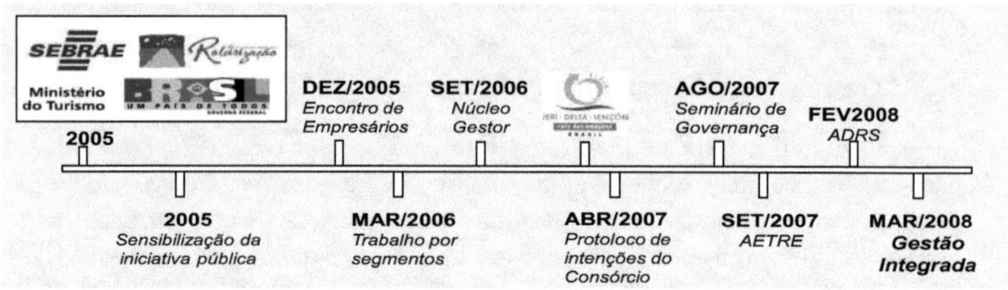

Fuente: SEBRAE (2010)

De forma sintética y en orden cronológico a la evolución del recorrido: en el año 2005 la formación de un Consorcio Público con la región formada por el norte de los estados de Maranhão, Ceará y Piauí, con la Ley 11.107 de 6 de abril de este año. En el "protocolo de intenciones", este Consorcio Público, fue denominado "Agencia para el Desarrollo Regional Sostenible" (ADRS) y culminó en la formación de una Mesorregión, en los términos de las indicaciones de los estudios del Ministerio de la Integración Nacional.

El mismo año, las acciones de la política pública del MTur, con los "Recorridos", iniciativas del SEBRAE, sensibilización de la iniciativa pública, encuentro con empresarios. En 2006 la formación de un núcleo gestor, creación de la logomarca y trabajos por segmentos, enfocando hacia el público meta. En 2007, el protocolo de intenciones, el seminario de gobernación y la creación de la Asociación de la Empresas de Turismo de la Ruta de las Emociones (AETRE) que contribuye para una sinergia local.

En 2007 fueron presentados los resultados de la Evaluación Ambiental Estratégica de la Costa Norte, producida por el MTur / UFRJ / Lima-Coppe. También el consorcio público denominado Proyecto Turístico Recorrido Integrado (PTRI), que ha fomentado la asociación y la cooperación entre las empresas del *trade* de este recorrido.

Sin embargo, se destaca que los atractivos de este Recorrido Integrado (RI) ya son visitados desde los años 80, intensificándose en los años 90 y consolidándose en los últimos años. Según SEBRAE (2007) "La excelente aceptación por parte de quien viaja por el RI, demuestra su viabilidad operacional. Eso está demostrado en los resultados de las investigaciones de satisfacción de los turistas realizadas por entidades idóneas".

Entre los obstáculos para el desarrollo del turismo en el referido recorrido aparece la precariedad de las vías de acceso, debido a la complejidad del territorio, y la inexistencia de empresas aéreas en la región, estando el aeropuerto más próximo con vuelos regulares localizado a 330 km de la ciudad de Parnaíba, considerado centro de la RE, que queda, por su parte, a 190 km del Parna de Lençóis Maranhenses y a180 km del Parna de Jericoacoara. Esta ciudad ya posee un aeropuerto internacional, pero recibe solo vuelos chárter en épocas de alta temporada.

Por otro lado, se ven también oportunidades locales para este problema, conforme al documento Evaluación Ambiental Estratégica en la Costa Norte presentado en mayo de 2007, producida por el MTur/Universidad Federal de Río de Janeiro/Lima-Coppe. La minuta en respuesta fue producida por los empresarios del Grupo Gestor del Proyecto Turístico Recorrido Integrado (PTRI) de los Estados de Ceará, Piauí y Maranhão.

Entre otros, hacía referencia a déficits en el documento, y vislumbraba oportunidades en estos puntos del mismo: "El hecho del PTRI comprender un área relativamente extensa no constituye solamente un problema, ya que diversas oportunidades están ocurriendo". Y apuntaban que este posible déficit generaba conveniencias que inciden en la generación de renta para la localidad: "La diversidad de traslados-paseos que posee la operación turística del RI se antoja como un importante atractivo". Apuntando que "las distancias son realizadas con "cuenta-gotas", cada día se recorre un pequeño trecho utilizando vehículos distintos, y dando placer al turista". Vehículos como: pequeños aviones, helicópteros, lanchas rápidas, barcos típicos, vehículos todoterreno de lujo y vehículos adaptados.

En 2008 la consolidación de la ADRS y foco en la gestión integrada para la localidad/destino. Según SEBRAE (2010), este mismo año el flujo de turistas en la Ruta de las Emociones fue de 94.864 personas, de este montante solamente 12.977 turistas hizo el recorrido de la ruta íntegramente, es decir, conoció otros locales además de los Parques Nacionales (Parnas), resultando en un 14% del número total de turistas atendidos. El año siguiente este porcentaje subió a un 19% de los visitantes con un total de 16.724 turistas lo que demuestra que los visitantes están conociendo y dejando divisas en otros locales de este recorrido turístico integrado, no solamente en las villas de acceso de los Parnas como era costumbre. Resultado alcanzado en parte por la consolidación de otros atractivos de calidad en la región y de la divulgación hecha nacional e internacionalmente de este recorrido. Hecho significativo toda vez que distribuye a los visitantes en un área mucho mayor.

La estacionalidad generada por la alta estación acontece, principalmente, de la siguiente forma: Enero, febrero, junio, julio, noviembre y diciembre con más turismo doméstico que internacional, y agosto, septiembre y octubre con mayor número de visitantes internacionales. Verificable en la figura abajo:

CUADRO 14 - Tasa de ocupación hotelera (baja estación en destaque).

	2008		2009		1º semestre - 2010	
	GERAL	FORNECEDORES	GERAL	FORNECEDORES	GERAL	FORNECEDORES
JAN	58%	63%	62%	75%	69%	72%
FEV	48%	45%	49%	58%	53%	48%
MAR	28%	35%	30%	41%	28%	39%
ABR	24%	26%	28%	40%	26%	38%
MAI	23%	28%	24%	29%	23%	24%
JUN	32%	36%	29%	39%		
JUL	56%	69%	63%	74%		
AGO	46%	61%	50%	66%		
SET	33%	48%	40%	49%		
OUT	37%	48%	43%	54%		
NOV	39%	47%	42%	45%		
DEZ	47%	49%	46%	93%		
TOTAL	39,30%	46,30%	42,20%	55,30%		

Fuente: SEBRAE (2010)

Otra política pública orientada a la región surgió en el año 2001, donde el Instituto de Ecoturismo de Brasil (IEB), EMBRATUR y el entonces Ministerio de Deportes y Turismo publican, conjuntamente, el documento Polos de Ecoturismo Brasil. En este documento indicaron los considerados 91 Polos de ecoturismo en el País con una división por Estados, aparecen los tres Estados foco de esta investigación con cuatro Polos que contemplan el recorrido turístico integrado Ruta de las Emociones. Son ellos:

En el estado de Piauí, el Polo Delta del Parnaíba, en la Región del área de Protección Ambiental (APA) homónima; en el estado de Ceará, el Polo Litoral Oeste Cearense, que comprende la áreas del Parque Nacional (Parna) de Jericoacoara; en Maranhão, el Polo de los Lençóis Maranhenses, que comprende el Parna homónimo y el Polo Delta del Parnaíba Maranhense, también en la región de la APA.

Importante también mencionar que dentro del área de la APA Delta del Parnaíba aún existen otras dos Unidades de Conservación menores, se trata de la Reserva de Explotación Marina Delta del Parnaíba y de la Reserva Particular del Patrimonio Natural Ilha do Caju que son más pequeñas, pero también cuentan con posibilidades para el ecoturismo de conocimiento.

VI.2. LAS UNIDADES DE CONSERVACIÓN PRESENTES

VI.2.1. El Parque Nacional de Jericoacoara

La creación de la Unidad de Conservación (UC), el Parque Nacional de Jericoacoara fue en el año 2002. Se trata de una nueva categoría de UC, de Área de Protección Ambiental de Jericoacoara (APA), a Parque Nacional (Parna). Está localizado en los municipios de Jijoca de Jericoacoara, Cruz y Camocim en el estado de Ceará.

FIGURA 2 - O Parna de Jericoacoara.

Fuente: SEBRAE (2010)

La UC cuenta con varias dificultades, principalmente referente al acceso a la región, hecha por vehículos todoterreno y explotación desordenada del turismo en la villa homónima.

De las tres UC de la Ruta de las Emociones, es la que posee un mayor flujo turístico del segmento de sol y playa, ya consolidado, debido a que su atractivo principal es el litoral, con sus aguas calientes y viento constante. Por otro lado existen posibilidades para el desarrollo del ecoturismo aprovechando estos atributos dentro de la UC, aprovechando este flujo turístico ya existente.

El Parna de Jericoacoara tiene como particularidad ser una comunidad aislada en el centro de esta área, la villa de Jericoacoara con sus hoteles, hostales, bares y restaurantes, que hace obligatorio el pasaje por el Parna para acceder a la localidad. El tráfico de vehículos está permitido por sendas autorizadas, como la Senda del Preá, la Senda de la Laguna Grande y la Senda del Mangue Seco/Guriú. Todas ellas conectan las respectivas entradas del Parque a la Villa de Jericoacoara, que está circundada por el mismo.

Con un área de 8.416,08 hectáreas, además del atractivo natural más buscado, la playa de la localidad, posee también otros atractivos naturales con potencialidades para el ecoturismo, como el afloramiento rocoso denominado "Serrote", gran presencia de avifauna, dunas, lagunas, ríos y campos.

Clasificada como Unidad de Conservación de Protección Integral, el Parna de Jericoacoara tiene su gestión bajo-responsabilidad del Instituto Chico Mendes de Conservación de la Biodiversidad (ICMBio) como las otras UCs nacionales. Los objetivos del Parque son: proteger y preservar muestras de los ecosistemas costeros; asegurar la preservación de sus recursos naturales y proporcionar oportunidades para el desarrollo del uso público (visitación), educación ambiental e investigación científica. Objetivos estos que están en consonancia con los objetivos de los Parques Nacionales en el Sistema Nacional de Unidades de Conservación de la Naturaleza (SNUC) y que hacen particular sentido con la propuesta de la presente tesis.

Algunos atractivos serán concisamente expuestos a continuación, en base a la descripción del propio sitio web de la Ruta de las Emociones (2010).

Mangue Seco, compuesto por dunas móviles y rico ecosistema de manglar, lo que significa fuente de renta para muchos recolectores de cangrejo. El Río Guriú se puede cruzar con pequeños barcos que llevan los vehículos para otras áreas del Parque. Otro atractivo ofrecido actualmente en esta área es el paseo a caballo, para contemplación de las bellezas del local.

La Laguna Azul y Laguna Verde, con agua dulce y cristalina que se sitúan entre las dunas. En los márgenes hay pequeñas barracas de habitantes de las villas más próximas, que sirven pescados y bebidas en un escenario paradisíaco.

La Laguna de Jijoca, también conocida como Laguna del Paraíso, es uno de los mejores puntos de la región para la práctica de kitesurf y windsurf, aunque recientemente haya habido una prohibición de las actividades en todas las lagunas del Parna, antes de eso, fue sede de una de las etapas del Campeonato Cearense de esta última modalidad, y está considerado uno de los mejores puntos para la práctica de este deporte en el País. A lo largo de sus 15 km de extensión, hay varios hostales con buena estructura de cuartos y material deportivo de alquiler. Está prohibida la utilización de equipamientos náuticos con motor. En el tramo denominado Laguna Azul hay paseo de jangada, buceo libre (alquiler de equipamiento) y restaurante.

La Duna del "Por-do-sol", con 30 metros de altura, uno de los pocos puntos de Brasil donde se puede observar la puesta del sol en el mar, está en las proximidades de la villa. Hay también formaciones rocosas notables, como acuario natural, Gruta da Princesa, Sala de Duas Portas, Pedra Furada. Esta última considerada como tarjeta postal del Parna. Muchas playas y también un faro, localizado a 98 m. por encima del nivel del mar. Entre los atractivos culturales, se destaca la Iglesia de Jericoacoara, una construcción antigua hecha con las piedras locales que mantiene sus características desde que fue construida, además de la artesanía local de calidad.

Se destacan aún en el turismo de la localidad los hospedajes que combinan lo rústico de la arquitectura local con ambientes acogedores, cafés y restaurantes singulares, donde se encuentran comidas típicas de la localidad.

La mayor parte del público internacional está compuesto por europeos, principalmente provenientes de Italia y en escala menor, Alemania, España y Francia.

VI.2.2. El Parque Nacional de los Lençóis Maranhenses

Con un binomio marino/costero y con inmensa cantidad de dunas con lagunas de agua cristalina, este Parna fue creado el año de 1981 y se sitúa en el Estado de Maranhão, en una franja de litoral que se extiende a partir de la divisa con Piauí. Diferente de lo que se suele concebir como un "desierto", este Parna está repleto de lagunas. El arenal ocupa más de 150.000 hectáreas prácticamente deshabitados. El área abriga dunas que van del litoral a 50 km hacia el interior del continente, manglares y restingas. Diversas aves migratorias usan la franja de litoral como puntos de apoyo, además de especies de tortugas marinas que ponen sus huevos en este extenso litoral.

FIGURA 3 – Parna Lençóis Maranhenses

Fuente: SEBRAE (2010).

En el centro de este escenario inusitado, hay locales que pueden ser considerados como oasis verdes. Uno de ellos, la comunidad de Queimada dos Britos hace el Parna de los Lençóis Maranhenses aún más exótico: cerca de 100 familias ocupan las dos "islas" verdes en medio del desierto. Un local adónde solo se llega a pie, tras una buena caminata.

La región es extremadamente dependiente de los ciclos de la naturaleza y sus efectos. La lluvia es fuerte entre enero y junio. Los ríos se llenan, invaden las dunas. La población va en dirección al litoral y pasa a vivir de la pesca. A las orillas del Río Preguiças, límite oriental del Parna, resurgen los poblados de pescadores. En la época de la sequía, los ríos bajan y se forman los lagos de agua dulce entre las dunas. Miles de lagos, muchos de ellos con peces. Los habitantes dejan las cabañas hechas con la paja de una palmera nativa, el buriti, y retornan al interior donde ejercen actividades alternativas como plantaciones y creaciones de ganado.

El Parna existe solo desde el punto de vista formal, necesitando acciones para desarrollar el uso público dentro del mismo. La visitación está reglamentada por el plan de manejo, a través del zoneamiento y de las normas de uso del área, sin embargo aún necesita algunas acciones puntuales para que el ecoturismo se consolide en el local. La estructura se limita a la sede del IBAMA/ICMBio en la ciudad de Barreirinhas, principal núcleo urbano de la región. Pocas personas conocen la región de las dunas dentro del Parque. Así, la gran mayoría de los turistas ni siquiera llega al Parna. Las dificultades de acceso y la desinformación acaban por limitar el turismo a las orillas del río Preguiças que posee una muestra de lo que es realmente el Parna, y consecuentemente hace que los visitantes salgan con la sensación de que conocieron el local.

VI.2.3. La APA Delta del Parnaíba

El año de 2011 el Instituto Brasileño de Turismo (Embratur) apuntó que la región del Delta del Parnaíba tiene gran potencialidad para consolidarse con destino de turismo internacional por formar parte del recorrido Ruta de las Emociones. El presidente de esta institución, Flávio Dino, resaltó que "El destino está presente en la lista de productos del instituto como recorrido de ecoturismo y aventura" (BRASIL, 2011). Segmentos del turismo abordados en la presente tesis.

Esta UC fue creada en 1996, posee un área de 313.809 hectáreas, comprende tierras de los municipios: Barroquinha y Chaval (Ceará); Agua Doce, Araióses, Paulino Neves y Tutóia (Maranhão); Cajueiro da Praia, Ilha Grande, Luís Correta y Parnaíba (Piauí). La intención, en su creación, no era solo proteger los recursos hídricos y la mata aluvial, sino también incentivar el turismo ecológico y concienciar a la población del área (OKTIVA – UFC, 2010).

El Delta del Parnaíba es uno de los únicos en mar abierto del mundo y es el único de América. Formado por el río Parnaíba, con 1.485 km de extensión, el Delta del Parnaíba se abre en cinco brazos, comprendiendo más de 70 islas fluviales bien preservadas que lo caracterizan como uno de los principales santuarios ecológicos brasileños. Su dibujo se asemeja a una mano abierta, donde los dedos representan las siguientes barras: Barra de Tutóia, Barra del Caju, Barra del Igaraçu, Barra de las Canarias y Barra de la Melancieira, que se ramifican en brazos más pequeños. Cabe recordar que los Deltas son raros fenómenos de la naturaleza que ocurren también en el Río Nilo, en África, y en Me Kong, en Vietnam, entre otros.

Frente a toda esa singularidad, el Delta presenta en un mismo ecosistema diferentes paisajes: mar con incontables playas desiertas, ríos, lagunas, dunas de arenas blancas, humedales, y varios tipos de manglares de la región.

FIGURA 4 – APA Delta do Parnaíba

Fuente: SEBRAE (2010)

Algunas actividades depredadoras de la naturaleza local en la APA son apuntadas por los gestores, el ICMBio. Se desarrollan varias actividades potencialmente contaminantes, tales como, el crecimiento desordenado de las ciudades, los vertederos, criaderos de gambas, la producción de sal marina, las deforestaciones y quemas, el comprometimiento de los recursos hídricos, la utilización indiscriminada de agro tóxicos, y el turismo no planeado.

FIGURA 5 – APA Delta do Parnaíba y la playa

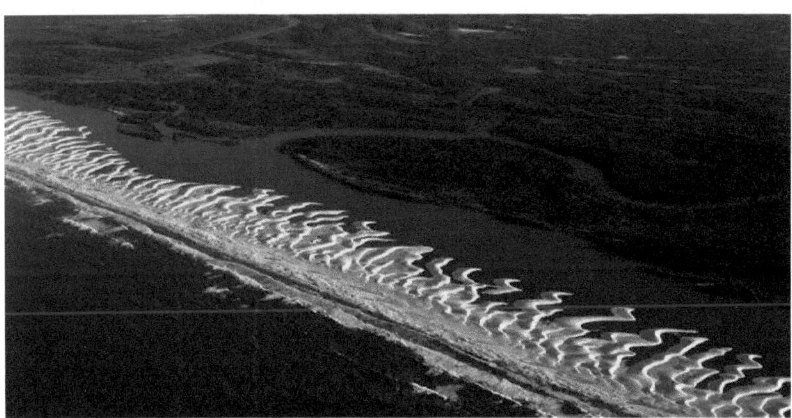

Fuente: SEBRAE (2010)

El plan de manejo para un adecuado uso público del ecoturismo en la UC aún no fue elaborado, lo que resulta en la constatación de una necesidad primordial para una efectiva conservación del área. Según sus responsables, el documento está a la espera de un presupuesto federal para ser concluido. Fue firmado un convenio entre el Ministerio del Turismo y el IBAMA/ICMBio donde quedaron asegurados recursos financieros para la contratación de una empresa de consultoría para la formulación del plan de manejo de la APA.

A partir de la aprobación de este instrumento, habrá un mayor respaldo técnico y científico para la toma de decisiones de acciones que afectan la Unidad, permitiendo una mejor gestión de la UC y consecuentes posibilidades para iniciativas de ecoturismo de conocimiento con apoyo de las universidades, tema de la presente tesis.

Los objetivos de la APA Delta del Parnaíba, según el ICMBio (2010) son:

1. Proteger los deltas de los ríos Parnaíba, Camurupim, Cardoso, Timonha y Ubatuba, con su fauna, flora y complejo de dunas;

2. Proteger remanentes de mata aluvial;

3. Proteger los recursos hídricos;

4. Mejorar la calidad de vida de las poblaciones residentes, a través de la orientación y disciplina de las actividades económicas locales, buscando la sostenibilidad de las mismas;

5. Fomentar el turismo ecológico y la educación ambiental;

6. Preservar las culturas y las tradiciones locales.

El principal recorrido ofrecido por las agencias en Parnaíba es el paseo en barco, donde es posible tener una idea de la diversidad y grandeza del Delta, con salida a partir del Puerto de Tatus, Ilha Grande. Muchos visitantes optan por barcos grandes, con capacidades de hasta 50 personas y comida a bordo, pero también se hace en barcos pequeños, lanchas a motor con lugares para hasta siete personas, donde se puede parar en los restaurantes disponibles en los márgenes y degustar un plato típico, la *caranguejada*, entre otros. Los paseos en barcos más pequeños, aunque más caros, suelen ser más provechosos, pues además de todos los atractivos naturales disfrutados en otros barcos, es posible entrar en brazos del río donde los barcos grandes no lo consiguen. Alternativa tímidamente explorada es la de paseos en canoa a remo, estas embarcaciones están hechas en las comunidades del Delta y pueden acceder a brazos finos de los ríos, además de ser mucho más respetuosas con la naturaleza local. En estos locales muchas veces se pueden ver monos, yacarés y muchas aves como el "guará", un tipo raro de garza roja, entre otras diversas especies.

En lo que se refiere a la población presente en la APA Delta, es importante decir que la mayoría de las casas/construcciones presentes no están regularizadas por el gobierno local y son principalmente de pequeño porte. Existen muchas casas que corren el inminente riesgo de ser invadidas por el avance de las dunas móviles. Varios factores contribuyeron para el fenómeno natural del avance de las dunas de arena en la APA. Además de los factores antrópicos, como la deforestación, el propio clima (baja pluviosidad y alta evaporación) y el relieve de la región, han favorecido el desplazamiento de las dunas. El avance de esas masas de arena amenaza propiedades públicas y privadas en toda la región, impactando en el ambiente, sobre todo el social, además de comprometer importantes rasgos paisajísticos.

Así los principales problemas existentes son el avance de las dunas y, sobre todo, el cuadro de subdesarrollo local. En relación al primero, hubo la necesidad de establecer un invernadero de plantones resistentes a la arena en la comunidad, y su plantío constituye una importante herramienta para la contención de estas dunas. En relación al segundo problema es importante considerar que en la APA Delta del Parnaíba existe un bajo nivel de empleo formal y una constante incapacidad de generar renta, por parte de los habitantes locales, con los recursos naturales que son utilizados principalmente para la subsistencia, lo que se refleja en un bajo IDH.

Entre las actividades primarias predominan la pesca y la agricultura artesanal además de la popular extracción del cangrejo "Uça", cría de ganado, extracción de la cera de carnaúba (árbol típico) y artesanía (encajes de bilro, barro y paja). De estos, infelizmente, solo la extracción del cangrejo es capaz de generar algo de ganancia que, además, en muchos casos es inestable, pues son vendidos a intermediarios a precios módicos. Esta actividad económica, que es la principal fuente de recursos de los habitantes del Delta, ya encuentra algunas dificultades en lo que se refiere a la cantidad de cangrejos. Al vender grandes cantidades para los intermediarios, los habitantes están acabando con la antes abundante cantidad de esta especie en el Delta. Una posibilidad que se destaca en este momento es que solamente se autorizara la "cata" (nombre popular para el acto de recoger cangrejos) para el consumo exclusivamente dentro de las comunidades de la reserva lo que seguramente disminuiría la cantidad que se retira de la naturaleza, y haría que los visitantes acudiesen a sus áreas para degustar esa especialidad local.

En este contexto, la propuesta de la presente tesis, puede apoyar a la comunidad a través de la implementación de una propuesta de ecoturismo de conocimiento con la inclusión efectiva de las familias locales, para que no se produzcan desequilibrios en la estructura social de la comunidad y, además, que pueda generar beneficios directos e indirectos para toda la población local, atendiendo a las especificidades socioeconómicas, ambientales y culturales de esta comunidad.

CAPÍTULO V - LAS ÁREAS PRIORITARIAS Y LOS INDICADORES PARA EL DESARROLLO DEL ECOTURISMO DE CONOCIMIENTO

V.1. LA ELECCIÓN DE ÁREAS PRIORITARIAS

Se considera fundamental establecer prioridades relativas a ciertas localidades de las Unidades de Conservación (UC) para un efectivo desarrollo de iniciativas como las del ecoturismo de conocimiento (EC). Cada UC y, específicamente, cada comunidad conectada a ella, tiene mayores o menores potencialidades para el desarrollo del EC.

Así, con el manantial de potencialidades de las UCs del recorrido turístico integrado Ruta de las Emociones y con las especificidades de distintas comunidades que están vinculadas a cada UC de esta Ruta, hay una necesidad imperiosa de saber qué comunidad, y en qué localidad, se deben concentrar esfuerzos para el desarrollo de esta tipología de ecoturismo.

En la presente tesis, con base en incontables observaciones hechas en diversas visitas en toda el área de la Ruta de las Emociones, se optó por evidenciar como área prioritaria para propuestas de ecoturismo de conocimiento, el área de Protección Ambiental (APA) Delta del Parnaíba. El área fue priorizada con vistas a su manantial de potencialidades y relevancia debido a la "naturaleza" local, siendo la UC que menos se beneficia con el turismo de esta Ruta. Además de esto, la población local, con bajísimo IDH, puede tener posibilidades significativas de mejorías con un turismo planificado y gestionado, en consonancia con las premisas del ecoturismo, ya presentadas, para y con esta población.

De esta forma, se ratifica que el área prioritaria para el desarrollo de iniciativas del ecoturismo de conocimiento, según los propósitos de la presente tesis, es esta UC: la APA Delta del Parnaíba.

V.1.2. Breve diagnóstico de los proyectos/locales prioritarios en la APA

En este contexto es significativo mencionar que hay una infinidad de posibilidades factibles para el desarrollo de proyectos relacionados al ecoturismo de conocimiento (EC). Así, no desconsiderando las otras potencialidades de la región, la presente tesis, principalmente motivada por las facilidades presentadas, va a desarrollar dos proyectos: el "Peixe Boi" y el "Tartarugas do Delta", que serán presentados a continuación.

Considerando que aquí la APA Delta del Parnaíba fue escogida por esta tesis como UC prioritaria para el desarrollo del ecoturismo de conocimiento dentro del recorrido turístico integrado Ruta de las Emociones, se han buscado entonces comunidades dentro de la APA con potencialidades para el desarrollo del ecoturismo de conocimiento (EC). Para esto fue realizada una compilación de proyectos ambientales e investigaciones científicas existentes en la UC escogida, para que se vislumbrasen posibilidades.

De entre ellos, destacó la contribución significativa del Proyecto Rutas de Conocimiento idealizado por la Profesora/investigadora Shaiane Vargas da Silveira (UFPI). Esta investigación, de la cual el autor de la presente tesis es investigador colaborador, fue sometida y aprobada por el Consejo Nacional de Desarrollo Científico y Tecnológico – CNPq. Se trata de una investigación sobre el llamado turismo científico en algunas Unidades de Conservación (UC) del estado de Piauí. Así, sigue tabla adaptada con las publicaciones e investigaciones realizadas, con la finalidad de destacar las potencialidades para el posible desarrollo del ecoturismo de conocimiento.

CUADRO 15 – levantamiento de las publicaciones y trabajos científicos relacionados a la APA Delta del Parnaíba

INVESTIGACIÓN	INSTITUCIÓN	INVESTIGADOR
DISSERTACIÓN:TURISMO Y DESARROLLO LOCAL SOSTENIBLE EN BARRA GRANDE	UFPI	ALINE SOARES COSTA
PRÁCTICAS PRODUCTIVAS Y (IN) SOSTENIBILIDAD: LOS RECOLECTORES DE CANGREJO DEL DELTA DEL PARNAÍBA	UFPI	ANA HELENA MENDES LUSTOSA
PROYECTO PILOTO ZONEAMIENTO ECOLÓGICO-ECONÓMICO DEL BAJO PARNAÍBA.	MMA/ ZEE	SILMARA ERTHAL
El MUNICIPIO DE CAJUEIRO DA PRAIA: PERSPECTIVAS DE DESARROLLO TURÍSTICO	UESPI	STELLA MARIA SOUSA CARVALHO
REFÚGIO DE LA VIDA SILVESTRE PEIXE-BOI MARINO	AQUASIS	THAÍS M. C. AMÂNCIO
ESTUDIO DE LAS CLOROFÍCEAS DE LA COSTA PIAUIENSE: DATOS PRELIMINARES	UFPI	LARISSA MICAELE DE OLIVEIRA C.
ETNOBOTÂNICA Y ETONOZOOLOGIA DE COMUNIDADES PESQUERAS DE LA APA DEL DELTA DEL PARNAÍBA ,NORDESTE DE BRASIL	UFPI	ROSEMARY DA SILVA SOUSA
LEVANTAMIENTO PRELIMINAR DE LAS TORTUGAS MARINAS EN CAJUEIRO DA PRAIA	UFC	RICARDO MADEIRA TANNUS
ECOTURISMO Y EDUCACIÓN AMBIENTAL: APA DEL DELTA DEL PARNAÍBA	UFPI	AGOSTINHO P. BRITO CAVALCANTI
REGISTROS DE OCURRENCIA DE BALLENA JUBARTE P/ÁREA DE ABRANGENCIA DE LA APA DEL DELTA DEL PARNAÍBA	PROCEMA	ALEXANDRA F. COSTA
DISERTACIÓN - CALIDAD Y POTENCIAL DE UTILIZACIÓN DE CAJUÍS ORIUNDOS DE LA VEGETACIÓN LITORÁNEA DE PIAUÍ	UFPI	MARIA DO S0CORRO MOURA RUFINO

ASPECTOS ECOLÓGICOS CABALLO MARINO EN EL ESTUARIO CAMURUPIM,SUMINISTRANDO SUBSIDIOS P/CREACIÓN DE UN ÁREA DE PROTECCIÓN INTEGRAL	UFPB	ANA CECILIA GIACOMETI MAI
DIVERSIDAD DE CETÁCEOS EN EL LITORAL DEL DELTA DEL PARNAÍBA	UFRN	FAGNER AUGUSTO DE MAGALHÃES
ASPECTOS DE LA CONCESIÓN DE LICENCIAS AMBIENTALES DE LA CARCINICULTURA (CREACIÓN DE GAMBAS) EN LA APA DEL DELTA DEL PARNAÍBA	UFPI – PHB	HAMILTON G. DE ALENCAR ARARIPE
ESTRATEGIA DE DESARROLLO DEL ARREGLO PRODUCTIVO LOCAL DE LA CARNAÚBA EN ISLA GRANDE	UFPI	MARIA DE FÁTIMA VIEIRA CRESPO
COMPOSICIÓN FLORISTICA Y ESTRUCTURAL DE LA VEGETACIÓN DE RESTINGA DEL ESTADO DE PIAUI	UFRPE	FRANCISCO SOARES SANTOS FILHO
PROYECTO DE INTERPRETACIÓN AMBIENTAL DE SENDEROS EN LA RESERVA PARTICULAR DEL PATRIMONIO NATURAL ILHA DO CAJU	UFPI	SHAIANE VARGAS DA SILVEIRA
MORTALIDAD DE SOTALIA FLUVIATILIS POR CAPTURA ACCIDENTAL EN REDES DE PESCA Y POSIBLES SOLUCIONES P/CONSERVACIÓN DE LA ESPECIE EN MA	PROCEMA	FAGNER A. MAGALHÃES
UTILIZACIÓN DE CARCASAS DE CETÁCEOS COMO UNA FUENTE DE RENTA ALTERNATIVA P/LACOMUNIDAD PESQUERA OESTE MA	PROCEMA	FAGNER A. MAGALHÃES
REVISIÓN DEL CONOCIMIENTO SOBRE LOS MAMÍFEROS ACUÁTICOS DE LA COSTA NORTE DE BRASIL	PROCEMA	SALVATORI SICILISNO
LEVANTAMIENTO DE LA FLORA FANEROGÁMICA DE LA RPPN ILHA DO CAJÚ-MA	UFPI	MARIA GRACÉLIA PAIVA DO N.
LEVANTAMIENTO FÚNGIO DE LA ILHA DO CAJÚ	UFPI	LUZIA R. DE ARAÚJO
PROYECTO CETÁCEOS DE MARANHÃO	PROCEMA	GEORGIA ARAGÃO

ECOTURISMO E INCLUSIÓN SOCIAL EN LA RESEX:TENDECIAS,EXPECTATIVAS Y POSIBILIDADES	UFRRJ	FLÁVIA FERREIRA MATTOS
DISERTACIÓN- RESERVAS MORALES: ESTUDIO DEL MODO DE VIDA DE UNA COMUNIDAD EN LA RESEX-PARNAÍBA	UFRRJ	FLÁVIA FERREIRA MATTOS
CONSIDERATIONS ABOUT UCIDE CORDATUS FISHING IN THE PARNAÍBA RIVER DELTA REGION-BRASIL	EMBRAPA	LEGAT,JEFERSON ,F,A
DELTA DEL PARNAÍBA EN LOS RUMBOS DEL ECOTURISMO:UNA MIRADA A PARTIR DE LA COMUNIDAD LOCAL	UFRRJ	FLÁVIA FERREIRA MATTOS
UNIDADES DE CONSERVACIÓN, TURISMO E INCLUSIÓN SOCIAL: CASO RESEX DEL DELTA	UFRRJ	FLÁVIA FERREIRA MATTOS

Fuente: Adaptado de Vargas (2010).

Gran parte de estas investigaciones indicadas en el cuadro está finalizada y otras poseen publicaciones aisladas. Sin embargo, se caracterizan como posibilidades, para continuar y profundizar, en el desarrollo EC por situarse dentro del recorrido turístico integrado Ruta de las Emociones y dentro de la APA Delta do Parnaíba.

En este estudio sobre la APA, se destacaron inicialmente dos proyectos ambientales significativos, localizados en dos comunidades que tendrían mayores posibilidades de éxito para el desarrollo del EC:

- El Proyecto Peixe Boi Marinho en el Centro de Mamíferos Acuáticos en Cajueiro da Praia – PI

- El Proyecto Tartarugas do Delta de la ONG Cia Ilha Ativa, ubicado en Luis Correia, pero que comprende todo el litoral de Piauí, con solo 66 kilómetros.

Estos proyectos se destacaron, principalmente, por poseer estructura formada, financiaciones públicas, equipo técnico formado, investigaciones en marcha, sedes propias, entre otras facilidades que justifican su relevancia. Hay que considerar, también, que se trata de proyectos que poseen pares esparcidos por Brasil, sin embargo, estos que corresponden a la región de la APA son poco beneficiados con la actividad turística. Proyectos de esta magnitud, con la misma similitud en lo que se refiere al éxito de visitación en el País, y especies de fauna investigadas son: el Proyecto Tamar (tortugas marinas), Proyecto Peixe-boi de Itamaracá, en Pernambuco, entre otros ya anteriormente descritos.

Otras posibles potencialidades, que aparecieron en este inventario, están relacionadas a las investigaciones sobre la región, entre ellas se destacan algunas con potencial para visitación.

De las constantes en publicaciones con potencialidades:

- Aves presentes en la APA Delta del Parnaíba, con grandes posibilidades para actividades de observación de pájaros (birdwaching).

- El sendero del Cavalo Marinho en Barra Grande, que ya es ofrecido como atracción de ecoturismo y posibilidades relacionadas.

De las posibles vivencias culturales:

- Comunidades Pesqueras - pesca artesanal en alta mar y en los brazos de río del Delta, realizada con barcos a remo/vela fabricados en la región por los carpinteros navales locales, actividad que aún es totalmente artesanal, y se encuentra presente en toda región del Delta.

- "Cata" (recolección) del cangrejo de la especie Uçá – en toda la región del Delta y las posibles vivencias con los recolectores de comunidades locales.

- Producción de artesanía y cerámica en algunas comunidades del Delta.

No se descarta la posibilidad de utilizar como complemento todo lo que pueda ser aprovechado en este sentido, por ejemplo, la energía eólica ya presente en la región, el Delta como un todo y su profusión de diversidad, formaciones geológicas, recursos hídricos, arqueología, historia y revitalización de lo histórico, antropología, vegetaciones, creaciones de peces y camarones, presencia de pirañas en lagunas de la región, entre otros que necesitarían de una sistematización dirigida hacia la producción del conocimiento y, conforme la presente tesis, su consecuente uso turístico "sostenible" como producto del EC.

Así, en consonancia con las potencialidad y facilidades encontradas para la producción del conocimiento con interacción por parte de los visitantes en la región, conforme descrito anteriormente, la prioridad se centró en los proyectos ambientales/locales: Proyecto Peixe-Boi Marinho/Cajueiro da Praia – PI, y Proyecto Tartarugas do Delta/ Luis Correia - PI.

V.1.3. Breve descripción de los Proyectos Peixe-Boi y Tartarugas do Delta

V.1.3.1. Proyecto Peixe-Boi Marinho (manatí) en Cajueiro da Praia – PI

FIGURA 6 – Peixe Boi Marinho

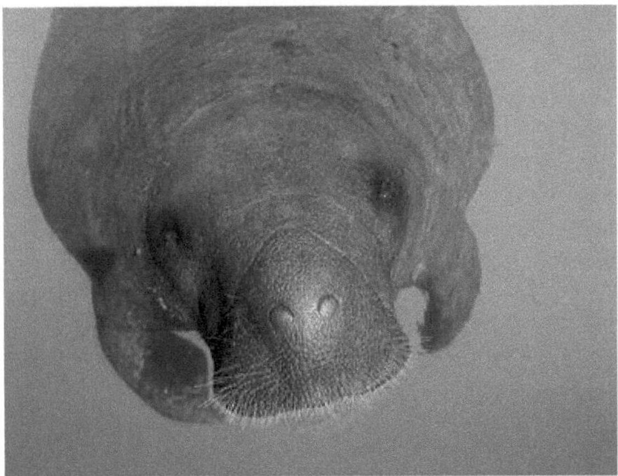

Fuente: rotadasemocoes.blogspot.com

El Proyecto Peixe-Boi Marinho, del Centro de Mamíferos Acuáticos, localizado en el municipio de Cajueiro da Praia – PI, cuenta con acciones e investigaciones que consisten principalmente en observar el comportamiento de la población de los animales presentes, que se concentran solo en esa localidad, principal hábitat del peixe-boi marinho, el estuario del río Timonha, cuna de la especie y área de alimentación de los mismos en la región.

En Cajueiro da Praia está la Base Ejecutora del Proyecto que actúa hace más de 15 años con investigaciones y acciones de preservación de ese animal. La base posee una torre de observación de 7,5 m de altura en el mar, a 1.500 metros de la playa, utilizada para monitorear la población de manatís, además de pequeño anfiteatro, pequeño museo con osamentas de esos animales, entre otros.

Actualmente cuenta con apoyo del Ministerio del Medio ambiente (MMA), el Instituto Chico Mendes para la conservación de la Biodiversidad (ICMBio). En este contexto es importante destacar que en Brasil existen otras cinco bases ejecutoras en los Estados de Alagoas, Paraíba, Pernambuco, Ceará y Maranhão. Hay una de estas bases, en la playa de Itamaracá en el estado de Pernambuco que recibe anualmente un flujo significativo de visitantes y está visiblemente más estructurada que las otras, cuenta con tanques con paredes de vidrio que permiten una interacción aún mayor con estos gigantes mamíferos. Tal proyecto fue observado *in loco* por el autor de la presente tesis que puede confirmar este éxito.

Por eso, es interesante que se sepa un poco más sobre esa notable especie. El manatí (*Trichechus manatus*) pertenencia a la Orden *Sirenia* y es el único mamífero acuático herbívoro, viven cerca de 50 años, puede medir hasta cuatro metros y pesar hasta 800 kilos y está amenazado de extinción. A lo largo de los años ha sido presa fácil para el ser humano, que es el gran responsable por esta amenaza, toda vez que esta especie, aún con tamaño aventajado, es considerada de las más dóciles de la naturaleza y permite aproximación y toque. La caza indiscriminada hizo del manatí el mamífero acuático más amenazado de extinción en Brasil. Hoy en día la caza de este animal en el País es rara, la mayoría de las muertes acontece en la captura accidental en aparatos de pesca, tales como redes, también crías huérfanas varadas y la degradación ambiental de su hábitat. En consonancia con la IUCN, *International Union for the Conservation of the Nature*, todas las especies de sirenios aún existentes corren riesgos de extinción. En Brasil, el manatí es protegido por ley desde 1967 - Ley de Protección a la Fauna, Nº. 5197. La caza y la comercialización de productos derivados del manatí se considera delictiva y puede llevar acarrear hasta 2 años de prisión a sus infractores.

Esta expresiva especie y su monitoreo e investigaciones realizadas por este Proyecto en el municipio de Cajueiro da Praia se constituyen como potenciales atractivos locales para el desarrollo del EC.

V.1.3.2. Proyecto Tartarugas do Delta en Luis Correia

FIGURA 7 – Tortuga marina en Luis Correia

Fuente: Projeto tartarugas do Delta

Según la propia web (tartarugasdodelta.org.br), el Proyecto realiza acciones de conservación de tortugas marinas en la región de la APA Delta del Parnaíba, en particular en el litoral del Piauí, a través del monitoreo de playa y acciones de educación ambiental. El equipo está compuesto por biólogos, estudiantes, voluntarios y representantes de la comunidad (pescadores y surfistas) que contribuyen con la colecta de datos sobre las tortugas marinas. A partir del año 2011, el proyecto cuenta con el patrocinio del Programa Petrobras Ambiental, y tiene como representante jurídico, la Comissão Ilha Ativa (CIA), institución sin fines lucrativos.

Las principales acciones del Proyecto son la investigación, la educación ambiental y la generación de renta, que serán presentadas a continuación.

Investigación: Monitorear las tortugas marinas. Cuantificación del número de puestas, de nidos, nacimiento y liberación de crías introducidas en el mar durante la estación reproductiva; Cuantificación del número de varados (animales encontrados en la playa) muertas o vivas; Acompañamiento de las actividades pesqueras y registros de avistamientos (tortugas encontradas en el mar).

Educación Ambiental: realizada en las escuelas públicas del litoral de Piauí (con profesores y alumnos) y en las comunidades pesqueras.

Generación de renta: Estímulo al turismo pedagógico y ecológico desarrollado con los representantes de la comunidad vinculados a las asociaciones de guías de turistas y de la artesanía local. Las actividades propuestas para las asociaciones de guías visan estimular el turismo pedagógico a través de elaboración de senderos ecológicos.

Importante también es que se sepa un poco sobre el papel de la tortuga marina en el ecosistema, estas desempeñan un importante papel ecológico en los ambientes marinos, en particular, de las áreas costeras. Son fuente de alimento para predadores marinos e importantes consumidores de organismos marinos, sirviendo como substrato para otras especies. Como animales migratorios, las tortugas se desplazan desde los trópicos hasta las regiones subpolares, transfiriendo energía entre ambientes marinos y terrestres. Son responsables de la regulación de la población de gramínea marina y medusas, considerados importantes en la dieta alimenticia de las tortugas marinas. Funcionan como "centinelas" ambientales, siendo indicadores de diagnóstico/evaluación en las cuestiones específicas de la contaminación de ríos y mares.

Existen cinco tipos de tortugas marinas en esta localidad, de las siete que existen en el mundo actualmente y que hacen su puesta de huevos en una cantidad expresiva en las arenas tranquilas de esta región.

Para que se tenga una comprensión mayor de la relevancia de esta parte del litoral brasileño para la especie, de la fragilidad de las mismas, los siguientes tipos de tortugas se encuentran en la región y forman parte del Proyecto en cuestión:

- Nombre Científico: Dermochelys coriácea - Nombres comunes: tortuga-de-cuero o tortuga-gigante - Estatus Internacional: Críticamente En Peligro (clasificación de la IUCN);

- Nombre Científico: Lepidochelys olivacea - Nombres comunes: tortuga-oliva - Estatus Internacional: En Peligro (clasificación de la IUCN);

- Nombre Científico: Chelonia mydas - Nombres comunes: aruanã o tortuga-verde - Estatus Internacional: En Peligro (clasificación de la IUCN);

- Nombre Científico: Eretmochelys imbricata - Nombre común: tortuga-de-peine - Estatus internacional: Críticamente En Peligro (clasificación de la IUCN);

- Nombre Científico: Caretta caretta - Nombres comunes: tortuga cabezuda o tortuga mestiza - Estatus internacional: En Peligro (clasificación de la IUCN).

Existen tan solo otros dos tipos de tortugas marinas en el planeta que no visitan esta parte del litoral brasileño, son:

Tortuga Lora o Kemps Ridley (Lepidochelys kempii) - Críticamente En Peligro (clasificación de la IUCN), en el Golfo de México y áreas de los litorales tropicales del noroeste del océano Atlántico;

Tortuga Flatback - Natator depressus - estatus no definido por la IUCN, solamente en las aguas de los litorales de las regiones noroeste, norte y nordeste de Australia y del golfo de Papua Nueva Guinea.

Así, se considera como significativo este Proyecto "ambiental" con sede en Luis Correia y sus acciones con esta especie por todo el litoral de Piauí para el desarrollo del EC.

Es importante resaltar una vez más la cuestión de la interfaz del EC con la universidad, mostrando que en estos dos proyectos aparece claramente la cuestión de la interdisciplinaridad que el EC proporciona, ver en estos proyectos la presencia de áreas tan variadas de conocimiento como: educación, economía, biología, ingeniería ambiental, geografía, sociología, antropología, salud y obviamente el turismo.

V.2. DEFINICIÓN DE LOS INDICADORES

En la búsqueda por indicadores que reflejasen la real situación del proyecto/localidad, fueron elaborados puntos que de hecho representasen las potencialidades y los déficits locales en la APA Delta do Parnaíba dentro de la Ruta de las Emociones. Los considerados puntos clave, después de estudiados y apurados, constituyeron los indicadores que, en un total de seis (6), congregan en sí las particularidades requeridas para que puedan ser considerados como tal, obviamente todos en el contexto del desarrollo del ecoturismo de conocimiento. Son ellos:

– Patrimonio "natural" – paisaje, clima, geografía, recursos hídricos, diversidad de fauna y flora, posibilidades para desarrollo de actividades en la "naturaleza", entre otros.

– Patrimonio cultural – "Identidad" cultural, involucración de la comunidad con su historia y hábitos culturales, hospitalidad, sabidurías populares, alegría del pueblo, tolerancia racial/religiosa, posibilidades de presentar experiencias cotidianas como una actividad para el ecoturista, entre otros.

– Demandas del conocimiento – Naturaleza de las investigaciones científicas, periodicidad, posibilidades de interacciones por parte del visitante, potencialidad para el EC, posibilidades de la producción del conocimiento *in loco* y de integración entre conocimientos científicos y populares, entre otros.

– UC/comunidad – situación de la Unidad de Conservación (UC) en la localidad donde la comunidad está insertada, la involucración de la comunidad con el área protegida, la interacción con el medio ambiente, UC que posee o no plan de manejo con zoneamiento definido, uso público para el ecoturismo, conservación del área en la región, posibilidades para el EC, relación de la comunidad con los objetivos de la UC, tales como: reciclado de residuos sólidos, obtención de energía limpia, entre otros.

−   Turismo local – facilidades para implementación del ecoturismo, flujo turístico actual (si hay), infraestructura turística, medios de hospedaje, vías de acceso y transportes, hospitales, saneamiento básico, seguridad pública, limpieza pública, indicaciones turística, entre otros.

−   Aspectos sociales – IDH de la región y aspectos vinculados a él, tales como: escolaridad, opciones de ocio, salud pública, existencia de oportunidades de empleo. Aún: posibilidad de inclusión social, empleos en iniciativas de EC, como la comunidad ve el turismo, posibilidades para cooperativismo, formación de actividades turísticas complementarias, entre otros.

De estos puntos presentados existen unos más subjetivos como indicadores y otros más claros u objetivos.

Una reflexión que contribuye para justificar esta argumentación sobre la subjetividad de estos indicadores es sobre las metodologías de evaluación de atractivos naturales existentes que, en la opinión del autor de la presente tesis, son subjetivas. Un buen ejemplo es el modelo del Centro Interamericano de Capacitação Turística da Organização dos Estados Americanos - CICATUR/OEA en asociación con la Organización Mundial del Turismo (OMT) que, en 1977, estableció una tabla de jerarquía que clasifica los atractivos "naturales" y turísticos. En este caso se atribuye un valor en número para sus características, jerarquizándolos con el establecimiento de un orden cuantitativo, para priorizar su desarrollo para el turismo, conforme el cuadro que sigue:

CUADRO 16. Clasificación de jerarquías

	Características que los clasifican
3	Atracción excepcional, altamente significativa para el mercado turístico internacional y capaz de, por sí sólo, motivar una importante corriente de turistas.
2	Atracción con aspectos excepcionales en un país, capaz de motivar una corriente de turistas nacionales o extranjeros, por sí sólo o en conjunto con otras atracciones.
1	Atractivos con algunos aspectos llamativos, capaz de interesar a los turistas que vinieron de lejos para la región por otras motivaciones turísticas, o capaz de motivar corrientes turísticas locales.
0	Atracción sin mérito suficiente para ser incluida en las jerarquías anteriores, que, sin embargo, forma parte del patrimonio turístico como elementos que pueden completar otros de mayor interés en el desarrollo de complejos turísticos.

Fuente: Ruschmann Consultores (2002)

Importante destacar que esta metodología, así como las otras relativas a la evaluación de los atractivos "naturales" puede, ocasionalmente, no retratar la efectiva potencialidad local, toda vez que depende de la interpretación de quien las aplica.

Así de los 3 (tres) indicadores más objetivos: "Aspectos sociales", "Turismo local" y "UC/comunidad", aunque también sean a su vez un tanto subjetivos, cuentan con auxilio de datos como Índice de Desarrollo Humano (IDH), que contribuyen reflejando la situación real de la localidad, referente a las Unidad de Conservación, datos del órgano responsable (ICMBio) entre otros que también sirven como parámetro.

Ya los otros 3 (tres) puntos más subjetivos: "Patrimonio natural", "Patrimonio cultural" y "Demandas del conocimiento", innegablemente, se consideran como puntos con un mayor carácter de subjetividad, ya que dependen de una interpretación de la real potencialidad o déficits que presentan el local evaluado.

Particularmente el indicador "Demandas del conocimiento" parece tener un carácter importante de subjetividad y se caracteriza como una de las cuestiones prioritarias de la presente tesis. En este contexto algunos cuestionamientos surgieron: - ¿Qué tipo de conocimiento científico es más atractivo a la visitación turística que otro? – ¿Cuál puede, por sí mismo, motivar una importante corriente de turistas? - ¿Qué producción del conocimiento debe ser encarada con mayor potencialidad para el desarrollo del EC?

V.3 CUANDO El CONOCIMIENTO CIENTÍFICO ES ATRACTIVO DE VISITAÇÃO TURÍSTICA

Fácilmente encontradas en una búsqueda básica de internet de los días de hoy, actividades ofrecidas en recorridos de ecoturismo que contemplen la observación de algunas especies de animales, como por ejemplo, de pájaros, el *birdwatching*.

En algunos paquetes del turismo científico, aquí presentados e investigados, las actividades relacionadas a la producción de conocimiento científico son, en su gran mayoría, las que poseen interfaz con los estudios de la fauna. La actividad turística de aproximación de fauna, con la vida silvestre, tiene gran relevancia en el escenario turístico mundial de atracciones dirigidas al "medio ambiente".

En diversos destinos de la actualidad, atractivos turísticos con actividades relacionadas a la observación y aproximación a la fauna silvestre, poseen manifestaciones de una interés creciente por parte de los visitantes en apreciar los animales salvajes en su hábitat, lo que caracteriza la llamada conservación "*in sito*", o sea, en las áreas naturales protegidas. También se destaca que hay, por su parte, un número creciente de parques y zoológicos que siempre han atraído visitación y deben continuar atrayendo turistas, lo que caracteriza la conservación "*ex sito*", conservación de esta fauna fuera de su hábitat.

En una miríada de atractivos que contemplan desde los safaris en Sudáfrica dirigidos a los "*big five*" (cinco grandes y peligrosos animales) hasta los destinos ofrecidos en la Amazonia brasileña dirigidos a los "botos côr-de-rosa" (delfines de agua dulce), se destaca un gran número de emprendimientos dirigidos a especificidades de la fauna y proporcionando un contacto mayor con animales de varias especies que en los tradicionales zoológicos, y muchas veces más efectivo, una vez que se puede estar en el hábitat de estas especies. Como ejemplo más allá de las áreas protegidas, se cita un parque temático australiano con un nuevo atractivo que permite que los turistas queden muy próximos a los cocodrilos marinos de más de 5 metros. La nueva atracción llamada de "Jaula de la Muerte" del Parque Crocosaurus Cove (crocosauruscove), consiste en una caja/cubo transparente de acrílico con espesor de 4 centímetros y con 2,8 metros de altura y 1,5 de anchura que protege, con toda seguridad, al turista.

En realidad estos emprendimientos no se constituyen como un nuevo segmento o tipología turística, lo que se quiere resaltar es la constatación del gran número de personas que son atraídas por esas actividades que vienen seduciendo turistas en todos los lugares en los cuales existen calidad y seguridad. Bucear con los tiburones blancos (*big white*) en Sudáfrica, aproximarse a los gorilas de montaña en el Parque Nacional de los *Volcans* en Uganda, bucear con los dóciles tiburones-ballena en Australia, aproximarse a las ballenas (*walewatching*) en diversos países, aproximarse a panteras en Namíbia, elefantes, osos, monos, delfines, tortugas, nutrias, dragones de komodo, etc. Finalmente, la vida salvaje ha sido centro de la demanda de muchos destinos turísticos, y en muchos casos está posibilitando el deseado "vender conservando" proporcionado por la vida salvaje y por una gestión "sostenible" de la actividad turística. Hay una nueva óptica presentada por el mercado turístico: los animales valen mucho más vivos que muertos, ya mencionada anteriormente en el capítulo sobre ecoturismo.

Entre las actividades de observación de fauna más difundidas actualmente, se considera que la principal en términos de número de practicantes alrededor del planeta es el *birdwatching*, la observación de aves (MOURÃO, 2003). Los observadores de aves – *birders* o *birdwatchers* – se convirtieron en el mayor grupo de observadores de la vida silvestre del planeta y es el grupo que más crece sectorialmente en el mundo. Se trata de una actividad que se resume en "coleccionar avistamientos" de aves (MOURÃO, 2003).

Con su inicio en la década de 1940, en los Estados Unidos, John Baker, entonces presidente de la *National Audubon Society*, se quedó preocupado con algunas especies amenazadas de Florida y desarrolló una actividad que desde entonces viene atrayendo nuevos adeptos. Los hoteles a los márgenes del Lago Okeechobee inmediatamente se quedaron llenos de observadores de aves que se inscribieron para excursiones conducidas por guías especializados (MOURÃO, 2003).

Según Hector Ceballos-Lascuráin (1996), uno de los pioneros del ecoturismo, los viajes para la observación de aves son vistos actualmente como un segmento turístico bien definido: "personas visitando áreas naturales poco impactadas o degradadas con el objetivo de observar y coleccionar aves en sus hábitats originales". Este hecho viene al encuentro de aquello que la presente tesis considera como ecoturismo de conocimiento, donde la actividad, si adecuadamente desarrollada, además de fomentar beneficios económicos significativos para comunidades locales, puede ser importante herramienta de protección y conservación del "ambiente natural", principalmente en áreas protegidas, además, de obviamente agregar conocimiento a los visitantes como es ampliamente discutido en la presente tesis.

Otra interesante práctica que ha atraído mucha visitación es el *walewatching*. La actividad de observación de ballenas está tan consolidada mundialmente que hay incluso una ciudad en Canadá que vive principalmente de esta actividad. La ciudad de Tadoussac existe en torno a la preservación de belugas (ballenas) y delfines, proporcionando a los visitantes imágenes de los animales jugando cerca de la costa (PANACHÃO, 2010).

El turismo de observación de cetáceos mueve más de mil millones de dólares al año, y atrae más de 9 millones de turistas en 87 países y territorios del mundo (ídem). Esa actividad genera empleos, nuevos negocios, y ayuda a promover la conservación marina y la investigación científica con las ballenas. Esa forma de economía surgió como una alternativa para el desarrollo "sostenible" de la comunidad local. En Canadá, 400.000 turistas son atraídos por el turismo de observación de ballenas, el llamado *whalewatching*, cada temporada (PANACHÃO, 2010). Oceanógrafos y biólogos acompañan los turistas en los paseos de observación de ballenas, lo que garantiza el cumplimiento de las normas establecidas de aproximación de los animales, protegiendo el ecosistema, además de asesorar a los visitantes, respondiendo las preguntas y pasando informaciones sobre las ballenas. La actividad se hace a bordo de barcos más pequeños, para que el visitante pueda tener una visión general del mar y moverse fácilmente en la embarcación para apreciar mejor a los animales. Todos los involucrados en la excursión siguen normas rígidas dentro del límite del parque marino: "equilibrando el ocio de la actividad con el derecho de preservación de los animales y del ecosistema de la región" (PANACHÃO, 2010).

En Brasil, la observación de ballenas está reglamentada por la Ley Federal 7.643/87, pela Portaría IBAMA 117/96, además de la Instrucción Normativa IBAMA 102/06 que se aplica a la actividad de observación y aproximación de las mismas. Algunas de las normas para observar las ballenas sin molestarlas son:

> Respete las áreas cerradas a la observación embarcada; Respete las distancias de aproximación embarcada (apagar o colocar los motores en neutro a 100m); Nunca avance bruscamente en la dirección de las ballenas; Nunca se aproxime por detrás de las ballenas, ni intercepte su curso, manténgase alejado en posición lateral; No separe grupos de ballenas o las madres de las crías; Nunca encienda los motores sin avistar claramente los animales en la superficie; No haga ruidos innecesarios, ni tire cualquier objeto en el agua; No permanezca junto a las ballenas por más de 30 minutos; Nunca nade en dirección a las ballenas, el riesgo de accidentes es grande.

Así, en este contexto, hay que hacer la siguiente reflexión. Swarbrooke (2000) inició una argumentación sobre la predilección hacia algunas especies que los turistas tienen en detrimento de otras, afirmando además, en una crítica sobre las prácticas no sostenibles de ecoturismo, que los ecoturistas deberían dar un valor igual en importancia ecológica a todos los animales/seres vivos del ecosistema. Ilustra con el ejemplo que el ecoturista se preocupa mucho con los "amables delfines" y con los atunes, siempre que no falten, estos últimos, en la estantería del supermercado. Dice en su libro "el bueno, el gracioso, el grande, el malo, pero no lo repulsivo y lo monótono":

El ecoturista, en lo que se refiere a animales, prefiere el "bueno" y el gracioso, se muestra temeroso delante del grande y fascinado por el malo, pero no se muestra interesado por el feo o por el sin-gracia. Animales como los delfines y los monos son vistos como buenos tal vez por ser criaturas más próximas a nosotros en términos de inteligencia. También los llamamos estéticamente atractivos, en el caso de los delfines, y graciosos, en el caso de los monos, mientras que los elefantes nos impresionan por el tamaño. Consideramos las serpientes y los leones como animales malos y hasta crueles asesinos, pero, a pesar de eso, ellos nos fascinan. Sin embargo, nadie está realmente interesado en viajar para ver alguna vida salvaje que parezca tediosa o repulsiva. Nadie va a ver a la pesca del atún, pues todo lo que se quiere es que los supermercados garanticen que ninguno de nuestros "queridos delfines" sea atrapado por las redes de los pescadores de atún. Al parecer, los ecoturistas no quieren gastar mucho dinero viendo víboras, osos hormiguero o antílopes. Sin embargo, en términos ecológicos, esas criaturas son tan importantes y valiosas cuánto los elefantes o las ballenas. Parece que el ecoturismo es aún un concurso de belleza, en que ella está en los ojos de quienes la contempla, y en el cual los perdedores tienen pocos amigos y protectores (SWARBROOKE, 2000, p.63).

Observando estas prácticas descritas, se puede concluir que las actividades direccionadas al conocimiento, a investigaciones científicas, permitirán al visitante mayor acceso a informaciones actuales y mayor profundización sobre lo que desea saber, proporcionando producción y socialización del conocimiento para los turistas y pueblos "autóctonos" fortaleciendo, así, las tentativas de construcción de un ecoturismo que se diferencia y lucha en el sentido opuesto, dentro de lo que le es posible, y del espacio de autorización "excavado a hierro y fuego", al de la "sociedad de la (in)sostenibilidad", en áreas protegidas brasileñas.

V.3.1. Reflexión sobre el indicador "Demandas del conocimiento"

Frente a las constataciones que evidencian la gran preferencia de los turistas por determinados viajes y con posibles demandas de apropiación/socialización de conocimientos de ahí derivados, se resolvió realizar una pequeña investigación puntual enfocando preferencias y demandas de conocimiento, relacionadas a la visitación de locales turísticos. Tal investigación, abundando en las explicitaciones ya hechas en la presentación, consistió en la aplicación de una cuestión breve, probada en un estudio piloto, que fue realizado con académicos y profesores del curso de turismo de la Universidad Federal de Piauí.

La cuestión clave que orienta la búsqueda de las informaciones pretendidas fue indirectamente formulada, creando una situación ficticia donde el entrevistado, imaginándose en esta situación, elaboraría una respuesta que contemplara la relación entre lo anteriormente destacado: preferencia de viajes ecoturísticas y demanda de conocimiento a través de la misma.

Situación ficticia: ¿Si usted ganara un viaje promocional para ver, de cerca, un atractivo del ecoturismo relacionado con algún conocimiento específico, cuál sería su preferencia? Fue formulada a 504 personas, por medio electrónico, por internet, redes sociales, grupos de e-mails, y por medio presencial, con académicos del curso superior de turismo de la Universidad Federal de Piauí y con profesores de este mismo curso, y otros considerados como potenciales ecoturistas.

Este recorte, en cuanto al universo de personas, tuvo como criterio el hecho de que el 100% de ellos estuvieran vinculados a la Universidad, local de producción y socialización de conocimiento y de que la gran mayoría de los entrevistados fueran habitantes de las proximidades de la Ruta de las Emociones.

Se observó, durante este procedimiento, que fue realizado los meses de mayo y junio de 2010, que a la mayoría de estos posibles ecoturistas les gustaría realmente obtener conocimientos sobre la fauna, reproduciendo los resultados evidenciados en las palabras de Swarbrooke (2000), anteriormente citadas.

De los 504 entrevistados, 431 (85%) se manifestaron en la preferencia por la fauna, mientras que los demás quedaron distribuidos entre preferencias por: cultura, formaciones geológicas, cursos de agua, flora, patrimonio arqueológico y astrología.

Se conjetura que estos 85% opinaron sobre animales, tal vez por conocer poco sobre otras iniciativas con investigaciones que relacionan ecoturismo con conocimiento, o por el hecho de que la aproximación con la fauna ya está consolidada en el escenario turístico mundial, formando parte, por lo tanto, del imaginario de estos posibles ecoturistas. Así, en consonancia con lo que mundialmente se revela, o sea, una predilección por la fauna como atractivo de ecoturismo, se consideraron como válidas para la investigación las respuestas que hacen referencia a la misma.

Los demás cuestionamientos relativos a las motivaciones de los ecoturistas, relacionados a este tipo de búsqueda, serán analizados posteriormente, ya que muchos datos subjetivos se mezclaron con las respuestas objetivas presentadas.

Las respuestas fueron divididas en 7 ejes: Fauna, con todas las especies en sus nombres populares en Brasil; Flora, con grandes árboles, plantas medicinales, vegetaciones características de algunos locales; Cultura, hábitos culturales, historias locales; Patrimonio arqueológico, Inscripciones rupestres, talleres líticos, fósiles (dinosaurios); Formaciones geológicas, cavernas y cuevas, cañones; Cursos de agua, cascadas, ríos, lagos, lagunas, mar, arrecifes; Astrología, astronomía.

Los resultados presentan los siguientes porcentajes: Flora, 14 – 3%; Cultura, 11 – 2%; Patrimonio arqueológico, 29 – 6%; Formaciones geológicas, 12 – 2%; Astrología, 3 – 1%; Cursos de agua, 7 – 1%

Para una mejor visualización, siguen las mismas informaciones en el gráfico:

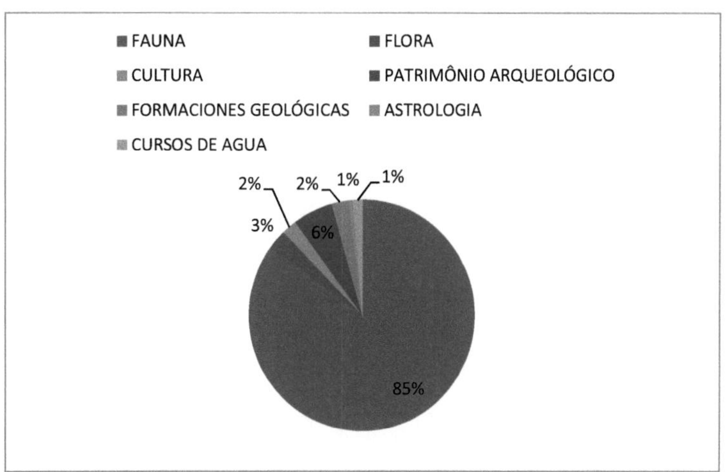

De esa forma, se evidencia que al considerar que el patrimonio arqueológico también forma parte de la cultura, esta quedaría con el 8%, lo que la haría más expresiva.

Sin embargo, como la mayoría optó por la fauna, fue importante que escogieran, entonces, una especie específica: así, una segunda pregunta fue elaborada para estas personas: ¿Entre toda la fauna, cuál sería la especie de su elección, por cuál usted posee mayor interés?

GRÁFICO 5 – Interesados en fauna

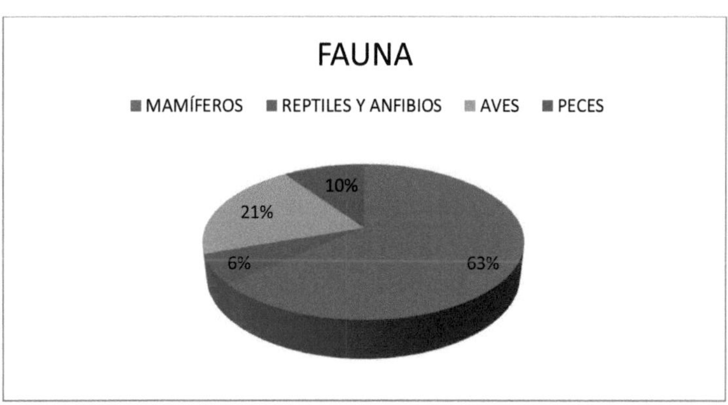

De las 431 respuestas sobre fauna, se constató como 1ª preferencia la de los mamíferos, 274 – 63%, en 2ª posición quedaron las aves, 89 – 21%, seguida por peces 42, – 10%, y en la 4ª posición los reptiles y anfibios, 26 – 6%.

Hay una significativa predilección por mamíferos y, al parecer, de gran tamaño, pues los pequeños aparecieron en números reducidos.

Como las elecciones relativas a la fauna resultaron en gran número, se optó por presentar los resultados de esta preferencia en una tabla para facilitar el análisis más puntual. Así se evidencian los datos, del interés de posibles ecoturistas, discriminados por especie de animal.

CUADRO 17 - De los resultados investigaciones con fauna por especie

<table>
<tr><td colspan="7">INTERACCIÓN CON INVESTIGACIONES SOBRE FAUNA</td></tr>
<tr><td colspan="2">Mamíferos 274</td><td colspan="2">Reptiles/Anfibios 26</td><td>Aves 89</td><td colspan="2">Peces 42</td></tr>
<tr><td rowspan="4">Ballenas 22</td><td>Franca 8</td><td colspan="2">Cocodrilos/ yacarés 9</td><td>Cóndor 2</td><td rowspan="5">Tiburón</td><td>Blanco 9</td></tr>
<tr><td>Jubarte 7</td><td colspan="2">Dragón de Komodo 2</td><td>Pingüino 4</td><td>Tigre 1</td></tr>
<tr><td>Orca 1</td><td colspan="2">Tortugas 4</td><td>Papagayo 11</td><td>Leopardo 1</td></tr>
<tr><td>"Otras" 6</td><td colspan="2">Iguanas Galápagos 2</td><td>Águila 6</td><td>Ballena 4</td></tr>
<tr><td rowspan="7">Felinos 72</td><td>Tigre 23</td><td rowspan="4">Serpiente 5</td><td>Sucurí 2</td><td>Halcones 3</td><td>Martillo 1</td></tr>
<tr><td>León 28</td><td>Pitón 1</td><td>Harpía 5</td><td colspan="2">Marlín Azul 6</td></tr>
<tr><td>Onza 14</td><td>Cobra 1</td><td>Colibrí 4</td><td colspan="2">Peces Ornamentales 13</td></tr>
<tr><td>Guepardo 1</td><td>"Corn" 1</td><td>Tucanos 3</td><td colspan="2">Pirañas 1</td></tr>
<tr><td>Leopardo 1</td><td colspan="2">Ranas 1</td><td>Araras 9</td><td colspan="2">Rayas 3</td></tr>
<tr><td>Pantera Negra 4</td><td colspan="2">Camaleones 1</td><td>Pequeñas 41</td><td colspan="2">Caballos marinos 2</td></tr>
<tr><td>Gato salvaje 1</td><td colspan="2">Lagartos 1</td><td></td><td colspan="2">Morenas 1</td></tr>
<tr><td rowspan="3">Lobos 9</td><td>Guará 7</td><td colspan="2">Sapos 1</td><td></td><td colspan="2"></td></tr>
<tr><td>Siberiano 1</td><td colspan="2"></td><td></td><td colspan="2"></td></tr>
<tr><td>Americano 1</td><td colspan="2"></td><td></td><td colspan="2"></td></tr>
<tr><td rowspan="3">Delfines/ botos 51</td><td>Rotador 6</td><td colspan="2"></td><td></td><td colspan="2"></td></tr>
<tr><td>"grande de agua salada" 24</td><td colspan="2"></td><td></td><td colspan="2"></td></tr>
<tr><td>"Rosa de la Amazonia" 21</td><td colspan="2"></td><td></td><td colspan="2"></td></tr>
</table>

oso 42	Polar 24			
	Pardo 3			
	Panda 15			
Monos 28	Gorilas 6			
	Chimpancés 4			
	Orangután 2			
	Bugio/Guariba 3			
	"Pequeños" 11			
	Prego 1			
	Babuinos 1			
Peixe boi/Manatí 10				
Elefantes 26				
Búfalos 2				
Caballos salvajes 1				
Alces 1				
Antílopes 1				
Bisón Norte Americano 1				
Nutria/Ariranha 1				
Comadreja/doniña/hurón 3				
Coala 1				
Conejos/liebres 2				
Perezoso 1				

Un punto interesante en este contexto es que, a pesar de la importancia y singularidad de las tortugas marinas vistas en el proyecto supracitado, en esta investigación, se imagina que aparecieron en número inexpresivo por tratarse de un animal abundante en esta región y fácilmente observable.

Otra observación significativa sobre los resultados es que el birdwatching, aun siendo la actividad de observación de fauna más difundida en términos de número de turistas practicantes, no fue la que obtuvo mayor número de elecciones. Lo que se percibe es que este hecho se da por algunas razones tales como: facilidad de encontrar aves y diversidad de las mismas en el planeta; fascinación que ejercen para algunas personas; por la baja infraestructura necesaria para elaborar esta actividad y, principalmente, por que el objeto buscado está accesible, muchas veces en la copa de los árboles. Así se comprenden los motivos de por qué la actividad de observación de pájaros es tan difundida.

De esa forma, se entiende que la producción de algunos conocimientos genera más atracción de visitación que otras, en el contexto del turismo. Por otro lado el mosaico de investigaciones presentes en una región puede constituir un "producto" turístico de calidad en lo que se refiere a la viabilidad del proyecto. Hasta ahora, se utilizó el término producto sin que se hiciera ningún comentario acerca del mismo. Se subrayó este término considerando su significado asociado, en la mayoría de las veces, al resultado mecánico y directo dirigido al utilitarismo mercadológico actual. Como no es esta la dirección en la cual se camina, se consideró importante hacer comentarios al respecto.

El objetivo de tales cuestionamientos fue: verificar si los ecoturistas potenciales, conectados a una institución cuya dinámica está centrada en el conocimiento, y cuyos entrevistados habitan en las proximidades de la Ruta de las Emociones explicitan, nombrando claramente, sus preferencias, sobre las riquezas "naturales" o culturales propias de este recorte geográfico.

Algunos de los entrevistados ya participaron en proyectos de investigación y extensión ya realizados, sin embargo, las respuestas relacionadas a sus objetos de investigación en el trabajo de campo no fueron significativas como preferencias del ecoturismo en estos aspectos.

Es posible que el término "viaje promocional" constante en la pregunta central del cuestionario, haya provocado esta desviación, sin embargo, las respuestas permitieron inferir que a este ecoturista le interesa salir de su lugar de residencia para conocer algo que le es extraño. Como el perfil del ecoturista, en general, está marcado por la aventura de conocer, el ecoturismo de conocimiento, parece ajustarse, perfectamente a esta perspectiva.

Como el desplazamiento para espacios singulares también constituye un atractivo fundamental en la Ruta de las Emociones, como espacio/destino de sol y mar, puede complementar la motivación de los extranjeros a dirigirse a estos locales.

También, investigadores de instituciones nacionales e internacionales, afluyen a locales como este con el objetivo de profundización o aplicación de sus estudios. Invirtiendo el orden de sus actividades: si el primero sale para aventuras ecoturísticas y agrega conocimiento a ellas, los segundos agregan las profundizaciones y/o aplicaciones de sus conocimientos, las aventuras propias del ecoturismo.

Así, a partir de este indicador (Demandas del conocimiento) y de los otros, dada su subjetividad, se hizo necesaria una consulta con especialistas en turismo que conocen bien la región para llegar a una convergencia de ideas sobre las potencialidades y fragilidades locales para el desarrollo del EC. Para esto, fue realizada la aplicación de la metodología Delphi utilizando tales indicadores como puntos del mismo, con la idea de reunir informaciones balizadas para una mejor visualización de la situación real de los proyectos/locales, destacando los que poseen mayores condiciones para el desarrollo del EC.

V.4. Delphi con expertos a partir de los indicadores

Para aplicar la técnica Delphi fueron invitados algunos profesores/especialistas del Curso Superior de Turismo de la Universidad Federal de Piauí, compañeros del autor de la presente tesis y profesionales de instituciones públicas conectadas a cuestiones socioambientales para que opinaran (siguiendo los parámetros indicados por la técnica) sobre los indicadores anteriormente presentados, objetivando la obtención de una convergencia de ideas (cuestión central de un Delphi).

Los Indicadores para el Desarrollo del Ecoturismo de Conocimiento (IDEC) en las unidades de conservación del recorrido turístico integrado Ruta de las Emociones, fueron calificados por estos especialistas, que poseen conocimientos significativos en la interfaz turismo y "medioambiente" y considerados como expresivos conocedores de las potencialidades de la región, del flujo turístico del área y del cuadro de subdesarrollo local. Esto porque, los especialistas que son profesores universitarios, tienen participaciones directas en actividades que envuelven enseñanza, investigación y extensión, desarrolladas por esta universidad. De la misma forma, los profesionales de las instituciones citadas, son también expresivos conocedores del área.

Interesante subrayar, una vez más, que en el subcapítulo anterior, después de un breve diagnóstico, se presentó la UC prioritaria en el recorrido turístico integrado Ruta de las Emociones: la APA Delta del Parnaíba y, también, dos proyectos "ambientales" como prioritarios para el desarrollo del EC dentro de esta: el Proyecto Peixe Boi/municipio de Cajueiro da Praia y Proyecto Tartarugas do Delta/municipio de Luis Correia. De esta forma, fueron aplicados los indicadores utilizados como puntos del Delphi para la obtención de una caracterización hecha con la convergencia de ideas de los especialistas sobre la situación de estas localidades/proyectos para el desarrollo del EC.

Para la aplicación de este procedimiento en la presente tesis, fueron aplicados cuestionarios con 14 especialistas. El análisis de los cuestionarios fue hecho de forma anónima, informando al grupo sobre los resultados obtenidos anteriormente.

En el Primer paso, o momento: después de estar de acuerdo en participar en la investigación, a cada entrevistado le fue solicitado opinar sobre los IDEC en dos locales/proyectos, supracitados que, en consonancia con sus seis indicadores, podrían ser considerados más o menos significativos para el desarrollo del EC.

Segundo momento: los especialistas participantes tomaron conocimiento de las opiniones de los demás y confirmaron/alteraron poco, sus respuestas anteriores y la relación a las medias reflejadas.

Los datos obtenidos con la aplicación de la Técnica Delphi fueron analizados a través de la estadística descriptiva, en términos de media, y "desviación estándar". Los datos no cuantificables fueron analizados subjetivamente, buscando ser lo más fiel posible a la esencia de la respuesta original.

Se evidencia, en lo que se refiere a los indicadores, que se pudo observar una vez más que existen algunos de análisis más objetivo: "UC en la localidad", "Aspectos sociales" y "Turismo local", y otros con carácter mayor de subjetividad: "Patrimonio natural", "Patrimonio cultural" y "Demandas del conocimiento", como ya se había comentado. Tal constatación se reflejó en el desvío normalizado, donde estos indicadores más subjetivos aparecieron con menor consenso entre los especialistas.

Los participantes asignaron puntos, siendo 1 (uno) para poco significativo y 5 (cinco) para más significativo, en consonancia con las adaptaciones realizadas que serán explicadas a continuación. Este recurso metodológico fue utilizado con el programa Microsoft Office Excel 2007.

En un análisis Delphi normalizado, se considera que cuánto mayor la media, mayor es la importancia del indicador. También, que cuánto menor es el desvío normalizado, mayor es el consenso y convergencia de opiniones de los especialistas.

Sin embargo, en el caso de este Delphi, considerado por la presente tesis un "mini-Delphi-adaptado", se procedió de una forma diferenciada: en cuanto a la mayor y menor importancia, que posee aquí dos ópticas, dos abordajes distintos. Una, que debe ser aplicada en la interpretación de los indicadores más objetivos ("Aspectos sociales", "UC en la localidad" y "Turismo local"), donde realmente el puntaje sigue la lógica de un Delphi normalizado, con más importancia para la media mayor, revelando las potencialidades locales. Y, otra, que debe ser aplicada en la interpretación de los indicadores más subjetivos ("Patrimonio natural", "Patrimonio cultural" y "Demandas del conocimiento"), con la lógica numérica inversa, donde se hacen más importantes las notas más pequeñas. En esta situación, de indicadores más subjetivos, cuanto peor es la media más relevante, y necesario, es el desarrollo del EC, más beneficios el turismo puede generar.

Se hizo una breve justificación, introductoria al cuestionamiento, conforme sigue abajo:

Se evidencia que el Ecoturismo de Conocimiento (EC), descrito en la presente tesis:

- Respeta la premisa del "auténtico" ecoturismo e intenta promover una sostenibilidad efectiva o ética, dentro de todas las (im)posibilidades de que esto acontezca en la sociedad de la "economía del lucro" (Ouriques, 1998), con la valorización de los principios o premisas del ecoturismo ;

- Debe desarrollarse con base local, con la comunidad del local, por medio de cooperativismo y/o asociación, entre otros;

- Es realizado en áreas protegidas, en este caso las Unidades de Conservación de la Naturaleza (UC);

- Contiene actividades del descrito ecoturismo de aventura, por la relevancia y viabilidad, además de la "vocación" de la región y tendencias del turismo actual;

- Cuenta con la participación/contribución de Universidades Públicas vía Cursos Superiores de Turismo e instituciones públicas ligadas a cuestiones socioambientales;

- Posee énfasis en la elaboración de actividades que traigan como estandarte el conocimiento científico y popular, para mayor interacción del visitante con la localidad y consecuente valorización de los saberes de ambos, considerando que, si los conocimientos locales poseen significado importante para el turista, los de estos últimos pueden ampliar el conjunto de saberes de los primeros.

Por tanto, los especialistas consultados tuvieron conciencia de la subjetividad de algunos indicadores/puntos, y en particular al indicador "Demandas del conocimiento", para que pudieran ser lo más fieles posible retratando las potencialidades y fragilidades de cada localidad y sus respectivos proyectos ambientales y sus particularidades.

De los dos locales definidos como prioritarios se originaron dos evaluaciones distintas, una para cada local/proyecto individualmente, luego dos Delphis diferenciados, uno sobre el Proyecto Peixe-Boi con sede en el municipio de Cajueiro da Praia, y otro sobre el Proyecto Tartarugas do Delta en el litoral Piauiense, con sede en el municipio de Luis Correia.

Importante destacar, una vez más, que se trata de dos proyectos "ambientales" consolidados, con infraestructura adecuada con sedes dentro de estos municipios, investigaciones científicas en marcha, equipo de investigadores formada, mano de obra con financiaciones propias, lo que se considera que facilitará sobremanera el desarrollo del EC – características ya apuntadas en los capítulos anteriores, como propias de estos proyectos.

Así, se llegó a una cuestión introductoria hecha a los especialistas:

- En consonancia con los indicadores abajo presentados, califique los proyectos/locales (atribuyendo números de 1 a 5), objetivando evaluar sus potencialidades y fragilidades, caracterizando aquel(s) como el(s) de mayor idoneidad posible, en su interpretación, a la realización de actividades del ecoturismo de conocimiento.

Indicadores: "Patrimonio natural", "Patrimonio cultural" y "Demandas del conocimiento", considerados más subjetivos, y "UC en la comunidad", "Turismo local" y "Aspectos sociales" tenidos como más objetivos, ya que poseen fuentes objetivas para consulta.

De este análisis, según las particularidades de cada proyecto y localidad donde está insertado, se destaca:

Inicialmente fue posible constatar la presencia de un consenso, entre los 14 (catorce) especialistas en relación a la calificación solicitada, de hecho, mayor que lo conjeturado antes de la utilización de la técnica Delphi. Se imagina que este consenso se debe, principalmente, por ser este un grupo homogéneo. Es posible, también, que hayan oído conversaciones sobre las respuestas dadas, además del hecho de que los especialistas conocen muy bien la región y el turismo que acontece en ella. Y eso se confirmó después de la realización del segundo momento donde los especialistas ratificaron y/o cambiaron muy poco las respuestas dadas anteriormente.

En ninguno de los indicadores se llegó a un desvío normalizado de más de 2 (dos) puntos, lo que muestra que después del segundo momento, con las medias acertadas, hubo mayor convergencia de opiniones de los especialistas consultados. En algunos puntos, en el primer momento, habían aparecido divergencias mayores, que fueron minimizadas con la aplicación de la segunda ronda y la atribución de los valores finales a los indicadores. Al final del segundo momento, se constató que ya no había posibles problemas en términos estadísticos relacionados la presente investigación, no habiendo, por lo tanto, la necesidad de un tercer turno.

Así siguen los resultados obtenidos, para cada proyecto/local:

Delphi 1 - Proyecto Peixe-Boi/Cajueiro da Praia

CUADRO 18 – Resultados del Proyecto Peixe-Boi/Cajueiro da Praia

Indicadores	Media	Desv. típ.
Patrimonio natural	3,98	0,563
Patrimonio cultural	4,05	0,856
Demandas del conocimiento	4,41	0,641
UC en la localidad	2,84	0,745
Aspectos sociales	1,87	0,599
Turismo local	2,49	0,476

En lo que se refiere al Proyecto Peixe-Boi (PB), en la opinión de los especialistas, el considerado punto fuerte, el indicador que obtuvo la mayor media con 4,41 fue "Demandas del conocimiento". Importante evidenciar que se trata de la evaluación del conocimiento producido en el contexto del ecoturismo científico (EC), que agrega desde la naturaleza de las investigaciones científicas, periodicidad con la que acontecen, posibilidades de interacciones por parte del visitante y, principalmente, la potencialidad para el desarrollo del EC. Expresivo notar, una vez más, la predilección de los especialistas (que también son aquí considerados como potenciales ecoturistas, conforme con el capítulo anterior sobre el conocimiento científico como atractivo de visitación turística), por este mamífero de grande porte, el peixe-boi.

El mayor consenso verificado, con el menor desvío normalizado, apareció en el indicador "Turismo local" con 0,476. Este indicador hace referencia a la existencia de medios de hospedaje, vías de acceso y transportes locales, puestos de salud/hospitales, saneamiento básico, seguridad pública, limpieza pública, indicaciones turística, entre otros, donde vale el dicho: "un destino solamente es bueno para el turista si, antes de todo, es bueno para el que vive allí". Dicho análisis retrata en la localidad la falta de infraestructura pública de la región y consecuente déficit para el desarrollo del turismo local, lo que de cierta forma, también retrata el descaso del poder público con la región. Puede considerarse que la infraestructura turística es básicamente la infraestructura de la localidad añadida con algunas facilidades para los visitantes, tales como: indicaciones turísticas, medios de hospedaje, operadoras receptoras, entre otros. Este indicador se confunde, a veces, con el propio IDH de la localidad, enfocando principalmente los aspectos turísticos presentes.

La menor media, merece una interpretación no convencional, es decir, invertida, pues indica una real fragilidad aumentando la necesidad de desarrollo del EC. Así pudiendo ser considerada, también, como punto importante por tener peor media, según este indicador. Esta fue verificada entre las opiniones de los especialistas en el indicador "Aspectos sociales" con el 1,87, que refleja la realidad de subdesarrollo local, en un Estado brasileño (Piauí) que posee solo la tercera peor posición en lo que se refiere al Índice de Desarrollo Humano (IDH) de los 26 estados brasileños. Reafirmando la necesidad de un desarrollo turístico que promueva una sostenibilidad efectiva, con énfasis, en este caso, en la relevancia social, para esta localidad. El indicador "Aspectos sociales" hace referencia al IDH de la región y aspectos vinculados a él, tales como: escolaridad, opciones de ocio, salud pública, existencia de empleos. E incluso: posible mano de obra, iniciativas de EC, cómo la comunidad ve el turismo, posibilidades para cooperativismo, formación de actividades turísticas complementarias, que resultarían en una mejor calidad de vida, generación de empleos y renta, entre otros.

El menor consenso entre los especialistas fue el indicador "patrimonio cultural" con 0,856 que fue verificado con el mayor desvío normalizado, lo que refleja su subjetividad. Aspectos como la hospitalidad, sabidurías populares, alegría del pueblo, tolerancia racial/religiosa, posibilidades de tener experiencias cotidianas como actividad para el turista, ente otros, son de difícil mensuración y dependen, directamente, de la interpretación y conocimiento de la región y población local. Se imagina que tal resultado se dio, en parte, por la comunidad no valorar tanto la cultura local, lo que es trivial hoy en día en la sociedad de la aculturación que mereció reflexión en capítulo anterior.

Delphi 2 - Proyecto Tartarugas do Delta en el litoral de Piauí, con sede en el municipio de Luis Correia.

CUADRO 19 - Proyecto Tartarugas do Delta – Luis Correia

	Indicadores	Media	Desv. típ.
	Patrimonio natural	4,28	0,663
	Patrimonio cultural	3,93	0,829
	Demandas del conocimiento	3,61	1,016
	UC en la localidad	2,91	0,497
	Aspectos sociales	2,39	0,917
	Turismo local	3,04	0,745

En lo que se refiere al Proyecto Tartarugas do Delta (TD), en la opinión de los especialistas, la mayor media (4,28) y consecuente el punto de mayor importancia en este proyecto/localidad, para un análisis de un Delphi normalizado, fue el indicador "patrimonio natural". Se imagina que aconteció de esta forma principalmente por la dimensión del referido Proyecto, que se realiza en su totalidad en el pequeño litoral piauiense (solo 66 km), aglutinando los cuatro municipios, con regiones con playas, dunas, lagunas, ríos y paisajes notables, constituyendo gran potencialidad.

La menor media quedó con el mismo indicador que el Proyecto Peixe-Boi. Una vez más, según las opiniones de los especialistas, los "Aspectos sociales" (2,39) que reflejan también la realidad de subdesarrollo local y necesidad/relevancia para el desarrollo del EC. Sin embargo, en este proyecto/local la media no fue tan baja como la del Proyecto anterior (1,87), obteniendo una nota ligeramente mejor. Tal resultado se debe, principalmente, al hecho de que el municipio de Luis Correia, sede del TD es el más desarrollado, posee fácil acceso, con buenas carreteras, tiene mayor población y un centro urbano adaptado al turismo, cuenta con la playa de mayor flujo turístico del Estado, que es la Playa de Atalaia, destino conocido en la región, que posee un turismo de masas del segmento sol y playa. Cabe recordar que este indicador hace referencia al IDH de la región y aspectos vinculados a él, tales como: escolaridad, opciones de ocio, salud pública, existencia de empleos, posible mano de obra iniciativas de EC, cómo la comunidad ve el turismo, posibilidades para cooperativismo, formación de actividades turísticas complementarias, entre otros. Como ya fue destacado anteriormente, en este indicador, cuanto peor el resultado más relevante es para la aplicación de iniciativas de EC, de este modo se sigue una lógica numérica inversa para la interpretación de la media de este indicador.

Por otro lado, es importante destacar que la comunidad, en lo que se refiere al TD, de cierta forma ya participa, aunque tímidamente, en el referido Proyecto con informaciones sobre varados y puesta de huevos de estos animales. El equipo, según el Proyecto está compuesto por biólogos, estudiantes, voluntarios y representantes de la comunidad (pescadores y surfistas) que contribuyen con los levantamientos de datos sobre las tortugas marinas y auxilian en el monitoreo.

El mayor consenso verificado en la opinión de los especialistas fue el indicador "UC en la localidad", con el menor desvío normalizado (0,497). Como la Unidad de Conservación de la Naturaleza (UC) es muy extensa, los especialistas fueron alertados para evaluar la situación de la UC en la localidad donde el Proyecto está insertado y, en este caso, la abarcadura del mismo es de 66 km, toda la extensión del litoral del Estado del Piauí, con buenos y malos ejemplos para el indicador. Hubo la necesidad, aquí, de una aclaración mayor para la realización del segundo turno, donde se pidió que los especialistas evaluaran solamente el municipio que comprende la sede del proyecto, en este caso, Luis Correia. Después de la aclaración, y realización del segundo turno, vino el gran consenso sobre el indicador y el estado real de la UC en la localidad, puntualmente. Este indicador hace referencia a la real situación de la UC donde el Proyecto acontece. Si posee plan de manejo, que en este caso no posee, como se da el uso público para el ecoturismo, conservación del área, posibilidades para el EC, relación del área con la comunidad, con los objetivos de la UC, reciclado de residuos sólidos, obtención de energía limpia, entre otros.

Importante destacar que, a pesar del nombre del Proyecto hacer referencia a la región de la APA como un todo, las acciones están concentradas en la porción piauiense del Delta y prácticamente no hay acciones en el estado de Maranhão que también concentra gran parte del Delta. Significativo notar también en el indicador "UC en la localidad" que, aunque los dos proyectos/locales formen parte de la misma Unidad de Conservación, la propia implicación con el área protegida por la comunidad y sus particularidades son distintos en cada local.

El menor consenso verificado con la opinión de los especialistas fue el indicador "Demandas del conocimiento" (1,016), con el mayor desvío normalizado. Tal indicador hace referencia a la naturaleza de las investigaciones científicas, periodicidad, posibilidades de interacciones por parte del visitante, potencialidad para el EC, entre otros. Se cree que este resultado, con menor consenso, haya acontecido por el hecho de que este Proyecto, aunque tenga su base en Luis Correia, comprende la totalidad de los 66 Km del litoral piauiense, asumiendo en un área mucho mayor que la del proyecto anterior que ocurre, tan solo, en una comunidad puntual. De esta forma se imagina que los especialistas quedaron divididos entre la potencialidad de investigaciones con estas especies de tortugas marinas y la viabilidad real para el desarrollo del EC en un área más extensa. El Proyecto TD ocurre principalmente en 4 (cuatro) municipios, mucho más habitados y estructurados/desarrollados, incluso turísticamente, que el Proyecto anterior. Así, como el indicador contempla las posibilidades de desarrollo del EC en comunidades, los especialistas tuvieron opiniones distintas en relación a la viabilidad y principalmente en la aplicabilidad de una iniciativa de esta magnitud. En este último indicador, en especial, con vistas a la posibilidad de un desarrollo efectivo del EC en la región, se destaca que el Proyecto, según su web en internet, "parte de la premisa de que la investigación en asociación con la comunidad es fundamental en el contexto de la sostenibilidad" lo que se ve con buenos ojos, y reafirma las propuestas de la presente tesis, de trabajar en asociación con la comunidad local. El Proyecto realiza acciones de conservación de tortugas marinas en la región de la APA Delta del Parnaíba, en particular en el litoral del Piauí, a través del monitoreo de playa y acciones de educación ambiental, lo que confiere gran potencialidad para el desarrollo del EC.

Para la demostración de los resultados alcanzados, y tratando visualizar y aprehender, más claramente, los indicadores, se optó por presentarlos también en forma de gráfico. Aquí, el mismo será llamado de Estrella de los Indicadores para el Desarrollo del Ecoturismo de Conocimiento (EIDEC).

Subrayando una vez más que es importante para interpretar los indicadores en el gráfico que se sepa que los indicadores "UC en la localidad", "Aspectos sociales" y "Turismo local", considerados como más objetivos, siguen una lógica inversa, con más significado para medias más pequeñas, cuanto menor la media más relevante resulta. A diferencia de los otros tres indicadores, "Demandas del conocimiento", "Patrimonio natural" y "Patrimonio cultural", donde las mayores medias reflejan mayor significancia para el indicador.

Para suministrar una mejor visualización, siguen los resultados presentados en la forma de gráfico con diferenciación de figuras para las potencialidades en los indicadores más subjetivos y déficits relevantes en los indicadores más objetivos:

Para aclarar, y facilitar, esa interpretación sigue lo que sería un EIDEC con los resultados deseados, con los tres indicadores más objetivos con menor puntuación, dispuestos en color más claro, y los indicadores más objetivos donde más expresivos son los resultados con mayor puntuación, dispuestos en color oscuro. Así, la considerada estrella ideal, con indicadores más subjetivos con nota máxima (5), y los indicadores más objetivos con nota mínima (1):

GRÁFICO 6 - El "EIDEC ideal"

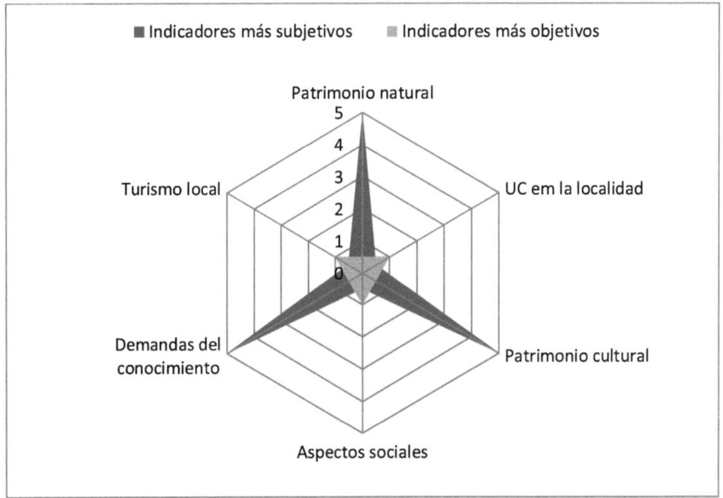

Y de esta forma, entonces, siguen las Estrellas de los Indicadores para el Desarrollo del Ecoturismo de Conocimiento de cada proyecto/localidad evaluado por los especialistas, en consonancia con sus medias y convergencia de ideas:

GRÁFICO 7 - EIDEC del Proyecto Peixe-Boi/Cajueiro da Praia

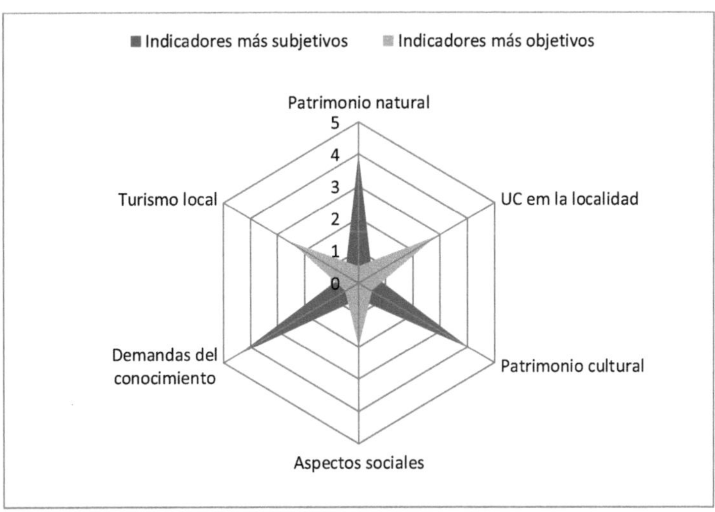

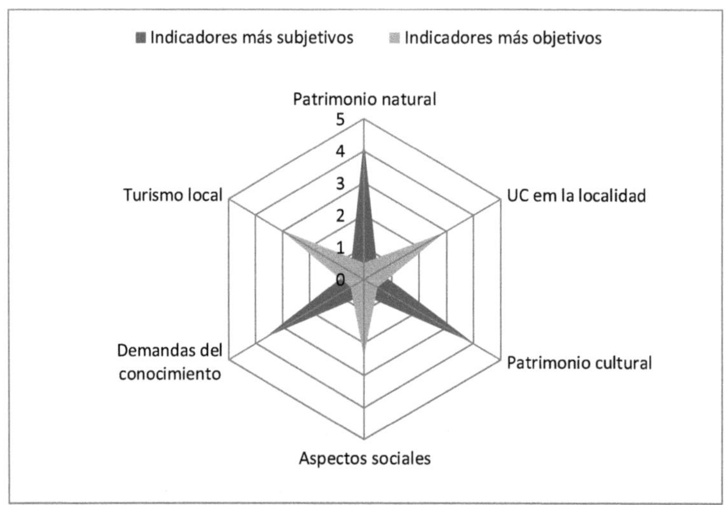

Expresivo notar, una vez más, el reflejo de la potencialidad/necesidad del desarrollo del EC en estas localidades a través de estos proyectos de investigación. Como se trata de actividades que se dirigen, fundamentalmente, a la producción/socialización de conocimientos, se destaca que con el acompañamiento/mediación de Universidades Públicas vía Cursos Superiores de Turismo con asociaciones posibles con instituciones ya caracterizadas anteriormente, el desarrollo del ecoturismo de conocimiento puede constituirse como una posibilidad de pensar en un turismo más humano, considerando que: En una sociedad que promueve, constantemente, la separación general entre los hombres y del hombre frente a sí mismos, las actividades turísticas no se constituyen en la superación del orden vigente.

CAPÍTULO VI. PROPOSICIONES

VI. PROPOSICIONES

A continuación serán presentadas algunas proposiciones provenientes de toda la trayectoria de estudios e investigaciones realizadas en la elaboración de la presente tesis. Entre ellas hay aquellas que podrán, en su caso, estar asociadas entre sí y otras que deberán, necesariamente, estar vinculadas. Por ejemplo, no es posible pensar en una formación especializada en servicio (como la de una residencia en ecoturismo de conocimiento, que será detallada "a posteriori"), sin que sea delineada, también, una propuesta relativa al espacio específico para la realización de ese tipo de curso, tal como un centro de visitantes, la asociación con universidades, los hospedajes comunitarios, entre otros.

VI.1. HOSPEDAJES FAMILIARES / COMUNITARIOS

Considerando que esta tesis tiene énfasis en el desarrollo local, se sugiere, para la permanencia de los visitantes interesados en el ecoturismo de conocimiento, los hospedajes familiares. Más baratas y viables que la construcción de infraestructuras, como hostales y hoteles, aunque no se descarten aquí iniciativas de esta magnitud, los hospedajes familiares, también conocidos como hospedajes domiciliares, pueden ser elaboradas a partir de una habitación libre en la casa de cualquier familia de la comunidad. Se trata del sistema conocido mundialmente como *bed and breakfast* (B&Bs), donde las familias locales ofrecen una cama, si es posible un cuarto, además de una comida al inicio del día. Es conocido en Brasil como "cama y café". Importante subrayar también que las posibilidades de hospedajes pueden ser organizadas para divulgación en el propio centro de visitantes local, que será aquí descrito posteriormente.

En ese sentido es significativo comentar que cada comunidad, con sus particularidades, decidirá por un modelo de gestión del turismo local que se adapte mejor sus potencialidades, necesidades y fragilidades. La Reserva Extrativista da Prainha de la Esquina Verde (Ceará – Brasil), por ejemplo, es una comunidad grande con más de 1.500 habitantes, que desarrolla, desde hace más de treinta años un modelo de turismo comunitario en que cada habitante puede tener su "negocio turístico" individualmente, es decir, como la iniciativa privada. Sin embargo en este local, por decisión de la Asociación de Habitantes, toda la oferta de servicios (paseos, bares, restaurantes, hostales, casas para alquilar, entre otros) contribuyen con un 10% de lo que ganan gracias a los los visitantes para la Asociación comunitaria, que lo invierte en mejorías y hasta financiaciones para que los habitantes inviertan en sus negocios turísticos. En otros casos exitosos en Brasil la comunidad hace su "negocio turístico" en conjunto, lo que normalmente se hace viable en comunidades más pequeñas y, entonces, toda la renta se revierte para la cooperativa o asociación que trabaja con el turismo local.

Pensando en hospedajes comunitarios, en el contexto de la propuesta del ecoturismo de conocimiento, es importante destacar que muchos (la gran mayoría) de los proyectos ambientales y consecuentes investigaciones relacionadas, tal vez no contemplen estructuras para que los visitantes pernocten, como, por ejemplo, el Proyecto

Tartarugas Marinas (Tamar) presente en diversos locales del litoral brasileño. De esta forma se evidencia que la comunidad puede y debe presentar la posibilidad, aunque bien simple, de acomodaciones para estos ecoturistas. Interesante recordar, en este contexto, que la aparente falta de una infraestructura sofisticada puede ser un diferencial para el visitante. Ofrecer para un ecoturista alemán, por ejemplo, un descanso en una hamaca después del almuerzo, ciertamente es un diferencial expresivo en el hospedaje. Obviamente que confort, acogida y seguridad son ítems deseados en cualquier hospedaje, sin embargo, las que sean desarrolladas en estas localidades deben reflejarse en otros locales exitosos y semejantes esparcidos por el mundo: un benchmarking con los mejores hospedajes comunitarios existentes, adaptándolo a la realidad de la localidad. Es decir, con sentido común, se alía el nivel de confort pretendido con las autenticidades locales.

En ese sentido, la experiencia de la Acogida de la Colonia en Santa Catarina/Brasil parece constituirse como una interesante forma de ofrecer hospedaje, que se aplicaría perfectamente a la propuesta de ecoturismo de conocimiento de la presente tesis. Se trata de una posibilidad de hospedaje regional que puede servir de soporte a iniciativas de ecoturismo de conocimiento y, así, la actividad turística puede garantizar otra contribución efectiva en la generación de renta para la región.

La Acogida de la Colonia es un ejemplo significativo en el turismo brasileño, creada en 1998, es fruto de la asociación de los habitantes de áreas rurales en el estado de Santa Catarina, sur de Brasil y la institución francesa Accueil Paysan (actuante en Francia desde 1987). El visitante es "acogido" en casas de productores rurales de baja renta, el principal atractivo es la hospitalidad de la vivencia típica del medio rural de colonización europea catarinense. Tiene la propuesta de valorar el modo de vida en el campo a través de lo que definen como "agroturismo ecológico". Siguiendo esa propuesta, los agricultores familiares abren sus casas para la convivencia de su día-a-día. El objetivo es compartir con el visitante el saber hacer del campo, de la región, las historias y cultura. Ofrecen hospedajes simples y acogedores, la tradicional abundancia de la gastronomía regional y vivencias de los productores rurales que conviven en harmonía con la naturaleza a su alrededor.

Se considera este ejemplo como uno de los fundamentales parámetros de hospedaje presentados en la presente tesis. Se destaca que la simplicidad de los servicios e infraestructura existentes en este modelo, que centra su atención en la hospitalidad, puede conquistar y satisfacer a los visitantes sin tener que invertir mucho financieramente. Se caracteriza, principalmente, por ser desarrollado por la comunidad, lo que está plenamente en consonancia con la tipología de ecoturismo aquí presentada.

Importante considerar, también, otro punto en lo que se refiere a los establecimientos, tales como hoteles y hostales: la negativa estandarización. Una cama común, con televisión, frigobar, en una suite, parece ser la "receta" de los medios de hospedaje actuales. Sin embargo, así, se caracteriza como un "no-lugar", ya mencionado en el segundo capítulo, que es aquel que es igual en todos los lugares. Un cuarto en estos moldes de estandarización puede ser encontrado en muchos lugares del mundo sin establecer cualquier relación con el local donde se encuentra.

Según Neiman (2008), aún en los lugares donde la personalidad de la cultura local es fuerte y expresiva, es perfectamente posible hospedarse en un pueblo de Bahia con el mismo patrón que en Santa Catarina o, aún, en Málaga. El mismo autor hace algunos cuestionamientos: - ¿Quién está induciendo ese proceso? - ¿Es una conquista en términos de confort, o una estandarización mundial de los medios de hospedaje? ¿Dónde queda la propuesta de respeto y valorización de las culturas locales? ¿(Solamente) en los eventos folclóricos pre-programados? ¿En el acento del camarero? ¿Por qué se definió que el ecoturista necesita televisión y frigobar en el cuarto? ¿Eso es compatible con los valores y la estética local? Y afirma: "La idea inflexible de patrón de calidad pone seriamente en riesgo los valores locales que, contradictoriamente, el ecoturismo pretende rescatar".

Si la propia población local está construyendo hostales con las características del visitante (¿qué sorpresa tendrá, si el hospedaje ya es prácticamente igual a los otros locales?), está haciendo el ecoturismo de una forma diferente a su estética y lógica propias, disminuyendo la posibilidad de experiencia del turista (NEIMAN et al, 2008). El autor supracitado aún complementa diciendo que el ecoturismo se hace así, infelizmente, "el propio ejemplo de la fábula del lobo con piel de cordero", donde "lo hace de una manera ingenua, una vez que el sector incluso cree que está de hecho contribuyendo para los procesos conservacionistas".

Así, la presente tesis evidencia que con la posibilidad de los hospedajes familiares se debe enfatizar la autenticidad del local. De cierta forma se cree que creando espacios de hospedajes dentro de viviendas locales, se puede minimizar este problema de la estandarización.

En la región del Delta del Parnaíba, dentro de la Ruta de las Emociones, existen incontables viviendas simples, sin embargo, se puede hacer, a bajo coste, un hospedaje confortable y único que, así, se caracterizará como diferencial para la localidad. La propia iniciativa privada de los alrededores del Parque Nacional de Jericoacoara ya lo hace, se encuentran hospederías con todo el confort hechas con materias de la región, como por ejemplo, tejados hechos con paja de carnaúba, una palmera típica, que además del confort térmico dan un efecto visual en el decorado expresivo. "Redários", que son ambientes con diversas hamacas colgadas, para que el turista se relaje, con una vista a la orilla del mar, en la compañía de los vientos alisios.

Por lo tanto, aquí, se evidenciará que los hospedajes familiares con la hospitalidad de las familias locales, donde los visitantes pueden alojarse en las casas de los habitantes y participar de las vivencias propias del lugar como el cultivo de frutas con agricultura orgánica, las pescarías y la recolección de camarones y cangrejos, son una óptima alternativa de generación de empleo y renta para la región y, por otro lado, para los turistas se destaca la posibilidad de tener un lugar acogedor para quedarse por un precio bastante accesible.

VI.2. El CENTRO DE VISITANTES – "NEC"

El espacio llamado Centro de Visitantes (CV) es una estructura que funciona como centro de apoyo para recibir al turista y orientarlo en la oferta de servicios turísticos, informaciones sobre historia y cultura local, características del "medioambiente" e interpretación ambiental. Puede aún concentrar otros aspectos relacionados con la oferta del turismo local, tales como: recorridos del turismo receptivo, medios de hospedaje y restaurantes disponibles, venta de artesanía, entre otros. Tal estructura sirve directamente a los programas relacionados al ecoturismo de base local en el uso público de una Unidad de Conservación (UC). Así este centro tiene como función aproximar al turista a la comunidad local y a los servicios ofertados por la misma, así como para filtrar la información de los habitantes, en lo que se refiere a las posibles contribuciones que el propio turista puede traer.

El CV es estructura importante para la consolidación del ecoturismo en áreas protegidas, objetivando la calidad de la experiencia de la visitación, el aprendizaje sobre el área "natural" y nociones de mínimo de impacto en la región. Ceballos-Lascuráin (2001) delimita la función del CV en las unidades de conservación:

> Centros de Interpretación de la Naturaleza o Centro de Visitantes son espacios destinados a presentar las características de una unidad de conservación o de áreas naturales para el público en general. A través de los museos, salas de proyección, visitas guiadas, paneles o folletos explicativos, el visitante puede ser informado sobre aspectos biológicos, geológicos, históricos o socioeconómicos de la región.

En consonancia con IBAMA (2000), de una forma general, forma parte de los objetivos de los CVs propiciar la aproximación de las personas con la naturaleza, permitiendo que ellas interioricen el significado de las áreas protegidas, su importancia en términos de preservación, manejo y aprovechamiento indirecto de los recursos naturales y culturales. El enfoque que cada área protegida da al centro de visitantes y su caracterización puede variar mucho en razón de las peculiaridades de cada área. De ese modo, el CV funciona como parte integrante del proceso de sensibilización, concienciación y educación "ambiental", tanto para el turista como para los habitantes locales. Así, esta propuesta será aquí llamada de Núcleo de Ecoturismo de Conocimiento (NEC).

En Brasil, hay un recurso significativo que puede contribuir con el desarrollo del NEC en determinada comunidad conectada a una UC, se trata de la "Sala Verde", que es un beneficio concedido por el Ministerio del Medioambiente (MMA). Según el MMA, el Proyecto Sala Verde consiste en el estímulo a la implantación de un tipo de Centro de Información Ambiental, cuyo objetivo es, en un primer nivel, socializar el acceso a informaciones, materiales y publicaciones ambientales a la población en general. En un segundo nivel, ofrecer actividades conectadas a la educación ambiental, en ese sentido la presente tesis sugiere los recorridos ecoturísticos con interpretación ambiental, a ser desarrollados por la comunidad.

La participación en el Proyecto está condicionada al envío de propuestas por medio de un proceso selectivo conducido por Edictos. Cualquier institución puede participar en el Proyecto, siendo necesarios algunos requisitos esenciales, como presencia de un equipo educativo, por ejemplo, con un mínimo de dos personas con habilidades de educador ambiental, pudiendo ser voluntarios, o del propio cuadro de la institución que lo proponga, en este caso la Universidad Federal de Piauí, vía curso de turismo, con sus profesores y académicos.

Otro recurso significativo es el llamado Punto de Cultura, que es una política pública considerada como acción prioritaria del Programa Cultura Viva del Ministerio de la Cultura (MinC) brasileño. Son iniciativas desarrolladas por la sociedad civil, que firman convenios con el MinC, por medio de selección de edictos públicos, se hacen Puntos de Cultura y se responsabilizan por articular e impulsar las acciones que ya existen en las comunidades.

El convenio del Punto de Cultura con el MinC, una vez firmado, recibe una cuantía para invertir conforme al proyecto presentado para adquisición de equipamientos que sean importantes para la consolidación del Punto de Cultura. El Punto de Cultura no tiene un modelo único, ni de instalaciones físicas, ni de programación o actividad. Un aspecto común a todos es la transversalidad de la cultura y la gestión compartida entre poder público y comunidad. Puede ser instalado en una casa, o en un gran centro cultural, que en el contexto de la presente tesis servirá como NEC.

Según el orientador de la presente tesis, Torres, el uso público/turístico de un centro de interpretación en área protegida debe ser repensado, pues "No es lo mismo que unas aulas en la naturaleza. Un centro de interpretación ha de ser un espacio de trasmisión de valores al turista "de base" (lo que yo digo "convertirlos", como a San Pablo cuando se cayó del caballo) y también un freno para preservar la capacidad de carga del parque. Por eso se debe poner en el borde de este, o en una zona "inocua". Además, puede ser un magnífico centro de venta y una oferta complementaria de turismo para las "masas". Las aulas de la naturaleza suelen tener su localización condicionada por el mejor disfrute de determinados aspectos de esta, y tiene un carácter de "ecoturismo de conocimiento".

La presente tesis considera que los cursos superiores de turismo de las Instituciones Federales de Enseñanza Superior (IFES) pueden mediar ese proceso junto al NEC (Sala Verde/Punto de Cultura), así como contribuir para la viabilidad de un espacio de estas características, que se muestra tan significativo tanto para la comunidad como para la propia Universidad. Como consecuencia del presente estudio la intención es que la UFPI - Campus de Parnaíba, a través de su curso superior de Turismo, inicie los procesos de mediación para la concreción del NEC en el Delta, sea a través de las prácticas obligatorias de los académicos, del Programa de Educación Tutorial (PET), o de la naciente propuesta de residencia multiprofesional en ecoturismo de conocimiento. Las instituciones, también de carácter público serán, ciertamente, compañeras en este tipo de inversión.

Es expresivo considerar que el Estado también debería apoyar de forma más efectiva iniciativas de esta magnitud con miras al incontestable beneficio que pueden traer en relación al "medio ambiente" presente en las UCs, comunidades del entorno y producción de conocimiento. Así, para la presente tesis, la efectiva implementación de estructuras NEC, específicamente, caracterizan una posible política pública dirigida al desarrollo de esta tipología turística descrita, y aquí propuesta: el Ecoturismo de Conocimiento.

Así, se subraya que existen diversos locales posibles y relevantes para la implantación de NECs dentro de las comunidades presentes en el recorrido turístico integrado Ruta de las Emociones. Por otro lado, en consonancia con las localidades establecidas por la presente tesis como prioritarias para el desarrollo del ecoturismo de conocimiento en la Ruta de las Emociones, se sugiere, inicialmente, el desarrollo de por lo menos dos NEC. Uno de ellos a ser desarrollado en el municipio de Cajueiro da Praia, con énfasis en las actividades de interacción por parte del visitante con las investigaciones en el local de mayor abundancia de manatís de Brasil, y otro en el municipio de Luis Correa, con la puesta de huevos de 5 de las 7 especies de tortugas marinas existentes en el mundo.

VI.3. El GUARDA-PARQUE / GUÍA DE TURISMO – "GPG"

Una propuesta significativa destacada por la presente tesis es la que versa sobre un nuevo oficio (si se puede llamar así) que agrega las funciones del conductor local/guía de turismo con las de los guardia parques de UCs. Esto, considerándose como importantísimo, en el caso, la situación de abandono de las UCs brasileñas que en mucho necesitan de monitoreo en sus áreas.

En este sentido los guías de turismo/conductores locales comunitarios pueden ser capacitados también para ser guarda-parques, trabajando en el monitoreo de las áreas protegidas y teniendo su renta procedente también del turismo, pues no se descarta la posibilidad de un vínculo con el poder público para el pago de remuneraciones. Este salario pagado por el Estado podría venir vía financiaciones públicas pudiendo, incluso, venir indirectamente de proyectos de la Petrobras Ambiental, por ejemplo.

El autor de la presente tesis fue profesor de cursos de guarda-parques en la Amazonia brasileña, inclusive de guarda-parques indígenas, en cursos desarrollados por el gobierno del estado de Amapá en asociación con la ONG ACT (Amazonian Conservation Team). En estos cursos fue observado que los actuales guarda-parques están, cada vez más, sustituyendo sus armas, que eran una herramienta común a los mismos otrora, por móviles vía satélite y mayores conocimientos sobre el "medio ambiente" y las interacciones con este "ambiente". Esto para que se desarrollen como transformadores de la realidad, "convirtiendo" posibles infractores en defensores de la "naturaleza". Haciendo de esa forma una transición de la actitud represora para una actitud sensibilizadora. La presente tesis considera que, en esta propuesta del "guarda-parque/guía de turismo" (GPG), el conductor local que desempeñará este oficio podrá integrar a los visitantes en las actividades turísticas existentes y, simultáneamente, estará haciendo el monitoreo necesario en la UC. También, este conductor será el que facilite la prestación y recolección de informaciones que se refieren a las experiencias y sugerencias de los visitantes apara el buen funcionamiento de las actividades, incentivando la participación de los mismos en aquellas que asientan sus objetivos fundamentales en la producción y socialización del conocimiento en investigaciones científicas y estudios presentes en la localidad. También, auxiliando de manera significativa al investigador que, muchas veces, no puede destinar su tiempo de producción a la tarea de acompañar e informar a turistas y estudiosos en actividades que se destinan al conocimiento de las características generales del área y, además, no está debidamente habilitado para tal efecto, o sea, para recibir y guiar a los ecoturistas o los interesados en los saberes locales. Así, ese trabajo de aproximación del visitante con la investigación, y con otras actividades que involucran el conocer y las demás actividades turísticas, será facilitado por la figura del GPG, que también actuará como guarda parque.

De las prácticas de aproximación con la fauna, en especial de aves (birdwatching), según Mourão (2003), en ninguna de las ciencias relacionadas con la naturaleza la línea que separa el amateur del profesional (ornitólogo) es tan tenue. Ese hecho hace con que el guía o *tour leader* sea una pieza fundamental en ese rentable segmento turístico. Simultáneamente, el conocimiento de las comunidades locales complementará los conocimientos del guía especialista y ecoturistas, en una asociación conveniente y necesaria, generando puestos de trabajo.

Otro punto importante a considerar es que, según la asociación internacional de los guarda-parques, en las figuras de Juan Carlos Gambarotta y Marcelo Segalerba, en testimonio al autor de la presente tesis, Brasil, proporcionalmente a la extensión de sus áreas protegidas, es el "campeón mundial en déficit de guarda-parques por área protegida". Afirmación que legitima la necesidad de iniciativas como la que ahora se presenta. Afirmaron también que, cada vez más, los guarda-parques cambian sus armas por herramientas pedagógicas, lo que produjo inicialmente cierta inquietud en el autor de la presente, llegando a pensar en esta posibilidad de fusión de los oficios.

Sin embargo, para la implementación efectiva y formación de una cuota de la población local, es importante destacar que este propuesto oficio necesita de una formación específica.

Así, se evidencia que la Universidad podría organizar tal formación vía curso de turismo en asociación con otras instituciones. Interesante considerar que como el cuidado de estas UCs es deber del Estado, en este contexto cabría una política pública de movilización del Ministerio del Medioambiente y Ministerio del Turismo para viabilizar tal formación en todo el País. En la propuesta de una residencia en ecoturismo de conocimiento, los residentes (cursando la especialización) en formación, serían los "eslabones de conexión" entre la universidad y la preparación de los GPG.

De esa forma, enfatizando nuevamente, el trabajo del GPG sería: 1º monitoreo de las áreas, el oficio propio del guarda parques; 2º conductor del ecoturismo local, trabajando con interpretación y percepción ambiental, en la presentación de las bellezas "naturales" y culturales para los visitantes; 3º mediador en el proceso de aproximación/interacción por parte del turista con los saberes locales, con las investigaciones científicas y otros estudios en marcha en la localidad. Por ejemplo, en el caso específico del recorte espacial realizado en la elaboración de esta tesis, las actividades de interacción por parte del visitante con la aproximación de manatís, tortugas marinas, aves migratorias, caballos marinos o la comunidad pesquera cómo uno todo, serán facilitados por la presencia de un GPG, que estará monitoreando el área protegida al llevar turistas para conocer la fauna, flora y cultura locales sin, no obstante, comprometer (estorbar) a algún investigador que esté presente en la región.

De esta forma el GPG media con visitas guiadas el turismo no agresivo a las áreas verdes, sensibiliza tanto a visitantes como a visitados, monitorea la región y suministra al turista la vivencia junto a los equipos de investigación de la localidad.

En este contexto se esbozó lo que sería la formación inicial de un GPG, que sigue abajo en la forma de tabla con posibles asignaturas y respectivos sumarios.

CUADRO 20 – Formación inicial de los GPG

ASIGNATURAS	SUMARIO
Turismo en la actualidad	Teoría y Técnica Profesional; Estudio de Recorridos Turísticos; Atractivos Turísticos; Relaciones Interpersonales en el Trabajo; Técnicas comunicacionales; Investigación y Organización de la Información.

Ecoturismo	Fundamentos del ecoturismo, conceptos y buenas prácticas. Impactos positivos y negativos. Guías y conductores. El perfil del ecoturista. Nuevas tendencias del ecoturismo. Sostenibilidad.
Turismo en áreas protegidas	Sistema Nacional de Unidades de Conservación. Gestión, planificación para el turismo en áreas protegidas. Atractivos Naturales. Recorridos Ecológicos. Recorridos en Unidades de Conservación.
Ecoturismo Científico y observación de fauna	Conceptos, buenas prácticas por el mundo. La *Ecovolunteers* y el *responsible travel*. Investigaciones en la región. Observación de fauna. Conductas éticas y morales del conductor. Normas para observación.
Turismo de base local/comunitaria	Cooperativismo y asociativismo, modelos de gestión comunitaria, estudios de caso, benchmarking.
Turismo de Aventura	Conceptos. Deportes radicales. Normas técnicas de seguridad. Actividades del turismo de aventura. Elaboración de actividades.
Actividades turísticas "puertas afuera" (clases prácticas)	Actividades del turismo en la naturaleza, actividades utilizadas en expediciones, camping ecológicamente correcto, prácticas de mínimo impacto. Nociones de caminata, senderos. Actividades posibles en el Delta del Parnaíba. Equipos. Técnica de Excursionismo.
Técnicas de Supervivencia en la naturaleza	Construcción de abrigos, orientación espacial y cartografía, obtención de agua y fuego, animales ponzoñosos y peligrosos, trampas, transposición de obstáculos. Nociones de montañismo y escalada en roca, nudos y amarres. Obtención de alimentos. Seguridad en el mar, reglas de navegación y cuidados en ambientes acuáticos.
Recreación en el Turismo	Técnicas de recreación para grupos. Recreación en la naturaleza. Dinámicas grupales. La importancia de lo lúdico en los recorridos.
Interpretación Ambiental	Conceptos y principios básicos de la Educación Ambiental. Potencial de interpretación ambiental del local. Interpretación de senderos dirigida a la visitación educativa. Planificación de la interpretación ambiental.
Percepción ambiental	Corporeidad (percepción por los cinco sentidos e interacción con el medio); Técnicas de conducción: ambientes, situaciones y procedimientos; Cooperación (dinámicas grupales).
Hospitalidad	Fundamentos, concepto y prácticas.
Historia Regional (palestras con antiguos habitantes)	Las Actividades y experiencias de los nativos. Historias regionales. Visita a los testimonios locales (antiguos habitantes). La utilización de la Historia Oral. Leyendas locales. Elaboración de atractivos con historias locales.
Turismo y Cultura	Trazos de la cultura local; La importancia de la cultura; Identidad cultural. Manifestaciones de la Cultura Popular.

Primeros Auxilios	Conceptos y función del socorrista. Nociones básicas de primeros auxilios: ahogamientos, insolación, deshidratación, heridas de tejido blando, fracturas, hemorragias, desmayos, convulsiones, hipotermia, accidentes con animales ponzoñosos y con animales marinos (medusas, erizos del mar, etc.). Rescates y búsquedas en áreas naturales.
Medio Ambiente y turismo	Geografía local, Biología local, Botánica local. Agro ecología. Permacultura y construcciones ecológicas. Ecología y Preservación Ambiental. Problemas ambientales en la región. Legislación ambiental.
El oficio del guarda parques	Geografía local, Biología local, Botánica local. Agro ecología. Permacultura y construcciones ecológicas. Ecología y Preservación Ambiental. Problemas ambientales en la región. Legislación ambiental.

La propuesta de la presente tesis es que esta formación de GPG sea registrada en el Ministerio del Turismo (MTur) y reconocida por la Embratur y por los Consejos Estaduales de Educación.

La profesión de guía de turismo está reglamentada en Brasil por la Ley Nº 8.623, de 28 de enero de 1993. Garantiza singularidad a los profesionales habilitados en el ejercicio de la profesión. Las categorías existentes en el País son: Guía Regional – actúa dentro de determinado Estado. Guía Nacional - acompañamiento en el recorrido de viajes interestaduales. Guía Internacional - acompaña en viajes para otros países. Guía Especializado en Atractivos Naturales - actúa solamente en atractivos naturales, como áreas protegidas, por ejemplo.

De esa forma, se sugiere la propuesta de reglamentación del oficio de GPG, el encuadramiento junto al MTur sería como conductor local de atractivos naturales, simultáneamente como guarda parques.

Así se reafirma que el Delta del Parnaíba y la Ruta de las Emociones como un todo poseen un rico acervo natural, que ofrece muchas oportunidades sostenibles para el ecoturismo de conocimiento. Un profesional reconocido y registrado en el MTur podrá, además de monitorear la región de la UC, conducir grupos en paseos por la naturaleza, ayudando a las personas a conocerla y preservarla.

Por lo tanto, aquí se inició un abordaje sobre el tema que deberá ser discutido y ampliado. También es interesante discutir, posteriormente, otras formaciones específicas de este nuevo oficio tan necesario y relevante, que quedará para un estudio más profundizado en la continuidad de esta tesis. Se considera que este nuevo oficio abrirá espacio para la formación de recursos humanos para las nuevas generaciones de este país, y un ambiente para la discusión de las dificultades del mundo del trabajo en el área del turismo, aspecto este que raramente es tratado en los libros y artículos específicos.

VI.4. LA RESIDENCIA MULTIPROFESIONAL EN ECOTURISMO DE CONOCIMIENTO (ReMEC)

Desde el año de 2005, el Ministerio de la Educación (MEC) y el Ministerio de la Salud (MS) se asociaron para la formación de residencias multiprofesionales en área de salud (ley nº 11.129). También, el Ministerio del Desarrollo Agrario/INCRA promueve una residencia, pautada en los mismos moldes, para el área de las agrarias. En función de estas se pensó que sería estratégica una residencia multiprofesional en el área de EC, aquí llamada de Residencia Multiprofesional en Ecoturismo de Conocimiento (ReMEC).

La propuesta de una residencia, en términos generales, es la de asociar el proceso de enseñar y aprender a un servicio práctico, en marcha. A su vez, la de una residencia multiprofesional, además de esto, es la de producir y socializar un conocimiento que transcienda lo especifico de cada curso de graduación, envolviendo nuevos saberes que, en el intercambio con las otras profesiones, cree un nuevo cuerpo. La expectativa es formar a un profesional que, además de los atributos básicos específicos de su profesión, esté en posesión de conocimientos nuevos e interdisciplinares que permitan desarrollar trabajos en interfaz con otras áreas. Y que esté apto, también, a transmitir sus conocimientos en la formación de graduandos de las diversas áreas del conocimiento que podrán constituir los equipos multidisciplinares para atender las demandas del ecoturismo en la actualidad, como también, en el caso de esta tesis, en la formación de técnicos en ecoturismo del conocimiento, como los GPG que necesitan urgentemente ser capacitados. Necesitando, también, que sea ampliado exponencialmente tanto el número de tales técnicos, como el número de profesionales capacitados para formarlos a partir de las experiencias y problematizaciones con profundización teórica que dé cuenta de aquella realidad local insertada en una realidad más amplia en términos sociales.

Esas vivencias deben, necesariamente, estar relacionadas con el cotidiano de las comunidades, toda vez que las mismas constituyen una asociación indispensable con los demás integrantes de los equipos que gestionan estas iniciativas: para la instalación de los hospedajes familiares/comunitarios, para los visitantes del programa de EC, como también, en el NEC (sala verde/punto de cultura), desde su implantación, al recibimiento de turistas, produciendo y socializando el conocimiento y estableciendo procesos educativos, tanto para los habitantes de las localidades como para los visitantes. Y, también, como se destacó arriba, en la formación de guías y técnicos en EC\ GPG. Por otro lado, el contenido teórico tendría espacios de profundización en el núcleo de conocimiento original, pero también y, principalmente, en el nuevo campo que está siendo creado, fundando el espacio amplio que significa el EC.

La formación en servicio, con inmersión en la realidad social, es una alternativa educacional que huye, por principio, del hacer-hacer de las demandas de la sociedad del conocimiento que está preocupada con la productividad y el desarrollo de las llamadas habilidades y cualificaciones necesarias al dominio de las tecnologías que se colocan, ciegamente (considerando la dimensión social de cualquier tipo de trabajo), a servicio de la economía capitalista vigente. La formación en servicio, como la propuesta en este tipo de residencia, puede ser considerada como una de las mejores maneras de formar profesionales dentro de una modalidad educacional integrada entre las necesidades de la población y las académico/científicas. Este modelo de especialización, bien conocido en las especialidades médicas, fue reproducido en otras profesiones teniendo en su esencia el aprendizaje en servicio, bajo supervisión, durante un periodo mínimo de 2 años, diversificando actividades, pero dando el tiempo necesario para sedimentarlas con la práctica.

Por ejemplo: para resolver un deficiencia en la organización del sistema público de salud brasileño, carente de profesionales dedicados a la atención primaria (aquella que caracteriza la puerta de entrada en el sistema), fueron creadas residencias multiprofesionales en salud de la familia (ReMSF), con financiación del Ministerio de la Salud (MS), en 2002, habiendo sido reglamentadas y asumidas por el MEC en 2005. En ellas, cada profesión integrante (por ejemplo, en Florianópolis: médico, enfermero, dentista, farmacéutico, nutricionista, psicólogo, asistente social, educador físico), preserva su núcleo de formación profundizando cuestiones específicas de aquello que en la graduación es dado de forma superficial (o a veces ni siquiera es dado), para el tipo de problemas generados en aquel tipo de práctica, en unidades de salud del municipio (conveniado con la ReMSF), con una reflexión sobre la práctica y con una teoría crítica sobre ella. Por otro lado, hay conocimientos, en el caso de la salud de la familia, que transcienden las áreas específicas, como por ejemplo: promoción de salud, o vigilancia epidemiológica, o educación en salud, u organización de los programas de prevención, reuniones comunitarias o gestión de la Unidad de salud. ¿A cuál profesional caben esas funciones? A todos. ¿Y cómo hacerlas bien? Ese es el contenido extra que caracterizará el nuevo campo, la creación de lo nuevo, y la importancia de la Interdisciplinaridad.

Paralelamente a la construcción de la residencia multiprofesional, en relación a la residencia en ecoturismo de conocimiento, se aplica si se tiene en consideración la gama de complejidades que emergen de las realidades de las áreas protegidas brasileñas, las Unidades de Conservación (UC) y, en el caso de la presente tesis, la problemática de la Ruta de las Emociones (RE) y el área de Protección Ambiental Delta del Parnaíba más específicamente, con una población pobre (3º peor IDH del País) y las posibilidades provenientes de la propuesta de la tipología de ecoturismo de conocimiento como Guarda parque/Guía de turismo (GPG), así como la creación de los Núcleos de Ecoturismo de Conocimiento (NEC), con la involucración de una Universidad Pública y su curso superior de turismo, esto interesaría simultáneamente al Misterio del Turismo (MTur), Ministerio del Medioambiente (MMA) y Ministerio de la Educación (MEC) de Brasil.

La propuesta de una ReMEC que sería iniciada por la UFPI en su campus de Parnaíba, podría servir como laboratorio de otras universidades que se proponen un posicionamiento en relación al pueblo que les rodea, y a las áreas protegidas nacionales.

Así, la propuesta de la creación de esa residencia puede encontrar respaldo financiero para financiar a sus alumnos, de por lo menos 3 ministerios diferentes. En la logística de su implantación, una primera etapa sería la modificación curricular del contenido del curso de turismo, ofreciendo una práctica obligatoria de 6 meses al final del curso, específicamente en el área de desarrollo de la Ruta de las Emociones.

Esta práctica podría también ser ofrecida, como actividad académica voluntaria para el final del curso de otras áreas afines, objetivando el inicio de las experiencias multiprofesionales.

El alumno que está haciendo prácticas es candidato a la residencia y, si aprobado para tal, ingresa como R1, el residente en el primer año de residencia, y R2 el segundo año de residencia. Los residentes ganan bolsa y viven en la comunidad por 2 años. La R1, colabora con la formación de los alumnos en prácticas y la R2 recibe los "científicos", programa en conjunto, prepara el GPG, monitorea el NEC, es monitor de la R1. Al final, la perspectiva es la de que se constituyan como profesionales que entiendan de teoría y práctica – de la biología a la sociología o historia, de la administración al turismo, de la pedagogía a la ingeniería de pesca, de la economía o geografía a la psicología, por ejemplo, caracterizando las áreas que podrían ser incluidas en las residencias multiprofesionales en Ecoturismo del Conocimiento, con posibilidades amplias de actuación, inclusive en otras áreas de Brasil.

Hay que considerar que los mismos (alumnos en prácticas, R1 y R2) no podrán dominar todas las singularidades de cada ciencia (ya que el conocimiento está compartimentado cartesianamente), pero lo que se anhela es que la acción de cada uno de los profesionales, con su formación específica (ingeniería ambiental, administración, pedagogía, biología, turismo...) esté permeado por una visión de totalidad que requiere, socialmente, la producción de interfaces que puedan restituir mínimamente, la necesidad imperiosa de romper con el encasillamiento de los saberes instituido por la ciencia de la modernidad. De esta manera, los lugares, las personas, la historia, el arte, el "medio ambiente", los saberes científicos y populares expresarán en sus contenidos, a través de las interfaces de unos con los otros, las relaciones sociales como un todo. Esta visión, que algunos llaman de holística, será fundamental en la propuesta de interdisciplinaridad destacada en el inicio de este trabajo de tesis.

Una forma resumida de cómo podría ser distribuido el tiempo para la formación en la residencia está presentada en la tabla a continuación.

CUADRO 21 - Funciones y tiempo de permanencia en la ReMEC para el R1

Locales donde actuarán los R1	Duración	Observaciones
Formación de Guarda parque/Guía de turismo (GPG)	4 meses	- Al final del curso de graduación en turismo el alumno tendrá una práctica obligatoria de 6 meses, que será supervisada por la R1
Organización y gestión del Centro de visitantes – el Núcleo de Ecoturismo de Conocimiento (NEC)	4 meses	- En todas las etapas la asesoría pedagógica cabrá al curso superior de turismo de la Universidad Federal de Piauí (UFPI)
Sensibilización y supervisión de los Hospedajes Familiares	4 meses	

CUADRO 22 - Funciones y tiempo de permanencia en la ReMEC para la R2

Actuación de los R2	Duración	Observaciones
Organización de otros NEC en la región del Delta y supervisión.	4 meses	- El R2 supervisionará la actuación del R1
Vivencias en otros programas similares en Brasil y/o en el mundo	4 meses	Para un benchmarking en locales de éxito en ecoturismo de base local, turismo científico,

		Unidades de Conservación con turismo, entre otros.
Trabajo de conclusión de curso	4 meses	- Podrá ser el embrión para una futura disertación una vez creada la pos graduación en EC

Y además, las posibles cualificaciones institucionales para la ReMEC:

CUADRO 23 - Cualificaciones institucionales para la ReMEC

Actor social/ institución vinculada	Local	Cursos de integración
Ministério de la Educación	UFPI – Campus de Parnaíba	Extensión/práctica obligatoria - Supervisión de los residentes - Coordinación de la residencia multiprofesional - Colaboración en la gestión del NEC
Ministerio del Turismo y Ministerio del Medio ambiente	Unidades de Conservación de la Ruta de las Emociones Énfasis en la APA Delta del Parnaíba	- Financiación de la Residencia multiprofesional (con bolsa de estudios para los residentes) - Formación de GPG - Formación de NEC - recepción, atractivos que involucran ciencia, conocimiento. Formación de hospedajes familiares
Población local/ ayuntamientos municipales	Municipios	Intercambio de saberes - Arte, cultura y conocimiento popular Gestión en medios de hospedaje

Así, se sugiere abajo la posible implementación para los años siguientes:

Etapa 1 (2013)

- Núcleo interdisciplinar (investigación y extensión) de Ecoturismo de Conocimiento "EC", formación del embrión del centro de visitantes denominado Núcleo de Ecoturismo de Conocimiento "NEC" con recursos públicos. Inicio de la práctica multiprofesional en el Delta.

    - UFPI busca convenios públicos para viabilización de las etapas subsecuentes.

    - Asociaciones con otros cursos y propuestas para recibir alumnos en prácticas.

Etapa 2 (2014)

- Búsqueda de financiación en los 3 ministerios directamente involucrados, para la construcción de la residencia.

- Continuidad en la práctica

- Ampliación de los cursos involucrados - proyectos de intervención en la lógica del EC (otros cursos superiores determinan, juntos, la inserción de sus alumnos en prácticas).

- Curso con grupo piloto de GPG.

- Levantamiento y formatación de los hospedajes familiares.

Etapa 3 (2015)

- Inicio de la residencia – bolsas/transporte.

- "NEC" en el Delta.

- Se forman los primeros GPG.

- Inicio del funcionamiento de los hospedajes familiares para turistas.

Etapa 4 (2016)

- Inicio de los R2.

- Ampliación de los GPG.

- Ampliación del área de actuación para la Ruta de las Emociones.

- Trabajos de Conclusión de Curso con propuestas de intervención asociada, en la lógica del EC.

- Inicio del Máster en EC.

VI.5. LA CONTRIBUCIÓN DE LAS EXPERIENCIAS RESCATADAS POR LA HISTORIA ORAL

Se caracteriza como un recurso metodológico y como una posibilidad significativa para el conocimiento popular que se relaciona con la historia del local. Es de cierta forma, también, una alternativa para sistematizar algunos elementos del conocimiento popular, dando a los mismos un carácter de conocimiento sistematizado.

Al reflexionar a fondo sobre el desarrollo de un destino turístico, asociándolo a los efectivos beneficios de los pilares de lo que se está denominando sostenibilidad ética, y en especial, sostenibilidad cultural, surge una necesidad más: saber cosas que no están registradas en libros y documentos sobre la historia de ese lugar y que puedan agregar valor significativo al producto turístico que se desea. Se llega a la historia oral, por ser una modalidad de obtención de informaciones históricas muchas veces sin ningún material escrito.

De esta forma, amparado en Thompson (1998), especialista en historia oral, se consideró que la historia de la localidad podría atender a ese propósito, una vez que, si "el proyecto enfoca las raíces históricas de alguna preocupación contemporánea, eso demostrará muy bien la importancia del estudio histórico para el medioambiente inmediato" (ídem), tanto físico como cultural. Especialmente, historias capaces de motivar programas educativos direccionados a la preservación de las riquezas culturales del local. En estos casos es de extrema importancia recolectar testimonios directos, mediante conversaciones con habitantes de la localidad y de sus alrededores que están/estuvieron, en algún momento de sus vidas, involucrados con esa historia o que convivieron con parientes ya fallecidos que tuvieron esa experiencia. Eso porque, en la historia oral, "[...] el uso de la voz humana, viva, personal, peculiar, hace el pasado surgir en el presente de manera extraordinariamente inmediata. Las palabras pueden ser emitidas de manera idiosincrática, pero, por eso son aún más expresivas. Ellas insuflan vida en la historia" (ídem, p.41).

La historia oral es muy antigua, es la primera forma de historia, contada de boca en boca, de generación en generación, una vez que los registros escritos eran raros o inexistentes en determinadas sociedades en el pasado, "[...] más tarde, la escritura, cuando inventada, no fue más que una nueva cristalización del relato oral", según Queiroz, citada por Meihy (2002, p.30).

La historia oral se construye en torno a personas y es practicada hace muchas generaciones en los más diversos lugares del mundo. "Es imposible apuntar un lugar en el globo en que las personas no estén haciendo historia oral", es lo que dice Ritchie, citado por Meihy (2002, p.13).

Los sujetos contadores de las historias de un lugar, en un determinado tiempo, son considerados testigos orales, también llamados por algunos autores de fuentes orales. Lo que cuentan, y prácticamente todo lo que es grabado y que tenga vestigios de manifestaciones de oralidad presente en la cultura popular, son considerados documentos orales.

La historia oral es abierta, transmitida por narraciones que obedecen a algunas definiciones, pues ni todo lo que deriva del habla humana es historia oral. Así, es hace importante calificar tres términos: oralidad; fuentes orales e historia oral. Según Patai (in MEIHY, 2002), por oralidad se entiende la propia habla, o sea, los sonidos articulados y organizados emitidos por quienes están contando la historia, son las expresiones verbales de quienes están dando su testimonio. Es importante que se diferencie oralidad de fuentes orales, la oralidad, una vez grabada, se hace fuente, es decir, se hizo fuente, porque fue registrada en función de proyectos de grabación, como banco de entrevistas o investigaciones dirigidas. La historia oral es, entonces, el resultado del proceso de recolección de informaciones derivado de proyectos de investigación (ídem). Es relevante recordar que, si la historia oral tuvo, en su inicio, predominio de registros de testimonios orales, hoy, tiene asociada a ella una serie de otros registros que la enriquecen, como es el caso de la fotografía, de las grabaciones en vídeo e incluso de documentos escritos, a veces dispersos, o sea, el sonido y también la imagen integran la historia oral.

Las informaciones obtenidas por la historia oral – caracterizada por Thompson (1998) como una historia viva – no pueden tener el mismo destino que muchos trabajos académicos tienen, o sea, el archivado. Ellas necesitan estar conectadas a proyectos de cambio, de acciones que vislumbren transformaciones.

Hay académicos que continúan haciendo investigación factual sobre problemas remotos, evitando cualquier implicación con interpretaciones más amplias o con cuestiones contemporáneas, insistiendo solo en la búsqueda del conocimiento por el conocimiento (saber-saber). Poseen algo en común con un correcto tipo de turismo contemporáneo que hace excursión por el pasado como si fuera un país extranjero más hacia donde evadirse: una herencia de edificios y de paisajes tan tiernamente apreciadas que llega a ser casi inhumanamente confortable, expurgada del sufrimiento social, de la crueldad y del conflicto, a punto de transformar en verdadero placer el trabajo de los esclavos en una hacienda (ídem).

La característica fundamental del historiador oral que tiene el ideal de contribuir con su trabajo en la elaboración de una memoria más democrática del pasado, en consonancia con Thompson (1998), es saber oír a las personas y, tras eso, asumir el compromiso político de estudiar, sistematizar las informaciones, relacionándolas.

Sintetizando, es posible decir que los principales pasos para la obtención de las informaciones y utilización de la historia oral como propuesta metodológica en el contexto del turismo, así como su sistematización, pueden ser:

– Establecer interlocuciones, a través de conversaciones informales o en entrevistas que permitan que sean recolectadas y resignificadas, una vez que están siendo vistas con una mirada muchas veces distantes de los acontecimientos, las experiencias más significativas de lo cotidiano, según los habitantes locales, y su relación con la historia del lugar.

– Registrar y sistematizar tales historias en interlocuciones que comparten los diversos sentidos producidos por aquellos que las cuentan y las escuchan, comprendiendo que ambos participan de sus autorías por las actualizaciones que van haciéndose al enfocar las mismas.

– Analizar las historias reconstruidas colectivamente con miras a su importancia para la comunidad en lo que se refiere a aquello que sea considerado como importante para la implementación de iniciativas dirigidas a la tipología ecoturismo de conocimiento.

Por lo tanto, se destaca este recurso metodológico como una propuesta significativa para el rescate y valorización de la cultura local, así como expresiva herramienta para la sistematización del conocimiento popular, y posibles contribuciones al conocimiento científico.

Tanto para los cursos universitarios como para las localidades, la recuperación de otras caras de la historia, y experiencias culturales, tiene la pretensión de ensayar la viabilidad de la interacción por parte del visitante con las investigaciones científicas relacionadas y de involucración de los testigos orales en programas de ecoturismo direccionado al patrimonio cultural, o sea, aquél que relaciona turismo, educación, cultura y preservación, y puede, sin sombra de duda, ser objeto de investigación de la UFPI, así como fuente y fin de los trabajos de conclusión de curso de las graduaciones y, también, de disertaciones-tesis para un futuro máster-doctorado en ecoturismo del conocimiento.

VII. CONCLUSIONES

VII.2. BREVES CONSTRUCTOS PARA LA FORMULACIÓN DE LAS CONSIDERACIONES FINALES

Se consideró, en la presente tesis, que el turismo se convirtió en un producto del capitalismo cuando los viajes, los monumentos, los paisajes, los pueblos "exóticos", se transforman en bienes de consumo, mercancías, especialmente, a partir de los años 50 del siglo pasado (OURIQUES, 2005). Al considerarse mercancía, se catalogan como cosa, de tal forma que, convertidos en "cosa", sin estar encuadrados dentro de un sector propio, y justamente por ese motivo, pasan a ser bienes que se cambian por una cierta cantidad de dinero. El consumo parece adquirir vida en el turismo: el intercambio y producción de dividendos, sin que importe que el ocio o el conocimiento sean realmente ocio y conocimiento, sobre todo si la vida de seres humanos está implicada en los mismos. De este modo, las comunidades que habitan los locales turísticos acaban siendo perjudicadas, sin poder disfrutar del posible beneficio procedente del turismo en su región. Afirmación que se verifica tanto en el Delta del Parnaíba como en otros lugares del nordeste de Brasil como un todo.

El ir y venir de las parcelas de la población que se desplazan dentro de sus propios países y, en aumento en los últimos años, hacia el exterior es algo que muchas veces se considera como ocio/conocimiento que no contamina, casi un 'eco-ocio' promovido por la actividad turística. Actividad considerada neutra frente a los estragos ocasionados al 'medio ambiente', que aquí se considera también como social, y que supone un encuentro de sujetos (actores) que interaccionan socialmente.

Neutralidad propia del modo de pensar de la modernidad que se asienta en la racionalidad científica que, muchas veces, separa a los seres humanos, con sus conocimientos, cultura y saberes, del llamado medio ambiente natural. Desgraciadamente, muchos autores del área del turismo – algunos de ellos citados en el presente texto (tesis) – no consideran cuestiones como esta en sus teorías sobre la actividad turística, inclusive aquellos que se consideran adeptos de la perspectiva salvadora de la sustentabilidad, de la generación de empleos y otros "bienes" que el turismo acarrea.

Mucho se ha hablado, en esta tesis, sobre la creación de empleo y la mejora de renta de las poblaciones locales, pero los mismos cuidados que se deben tener con las cuestiones señaladas anteriormente, se deben tener, también, con la siguiente: generar empleos. Implementar un mercado de trabajo puede llevar, apenas, a lo que sucede en toda sociedad relacionada con el trabajo: bajos salarios, subempleo, explotación, exclusión. En la inmensa mayoría de las veces, los que trabajan con el turismo, incluso los profesionales del área, son vistos como individuos que no precisan de una formación y remuneración adecuada. Al final, lo que cuenta en la labor de estos trabajadores, para quien los ve de este modo, es la obtención de un lucro resultante de su mano de obra, consiguiendo el capital, de esta forma, lo que precisa para regenerarse a bajo coste, también con el turismo y el ecoturismo.

Por eso el esfuerzo, en la presente tesis, para agregar al término ecoturismo, algunos adjetivos que, como contrapunto a la realidad social actual, puedan apuntar a posibles actitudes y resistencia. Por eso, hay que pensar en alternativas para el desarrollo del ecoturismo en las áreas protegidas, practicado en colaboración con instituciones públicas, y protagonizado por la población local de los destinos turísticos - que pasa a ser vista y valorizada para mostrarse no solo como un simple destino o como un destino regido ajeno a sus propias vidas (concepción corriente del término destino).

A propósito de esto, y de acuerdo con Ouriques (2005), el término destino ya apunta a esta visión de turismo generado por las formas de comercialización del mercado de los tiempos posteriores a la II Guerra Mundial: destino del lucro frente a los considerados escenarios de los grandes hechos, de las obras arquitectónicas, ciertas obras de arte o de las comunidades periféricas, empobrecidas, convertidas en algo "exótico" por una visión dada por la cultura dominante. En el último caso, cabe resaltar, que las "leyes" de este tipo de relación con estos pueblos son tan fuertes que los observadores y los observados se convierten en cómplices de una misma acción: la de convertir en cosas, "cosificar", marginalizando lo humano, al colocar, en el estadio superior, la mercancía comprendida como algo que atiende la necesidades del mercado, sin importar si satisface o no las necesidades de hombres y mujeres en la sociedad en la que viven (*ídem*).

También, en las grandes urbes, se reproduce esta dinámica: las plazas, las avenidas con árboles, las fachadas de las tiendas con escaparates seductores, los restaurantes típicos, los cafés con vida propia sin necesidad de personas que los frecuenten. Y de nuevo, la "cosificación", una vez que todo, y todos, carecen de un sector que los represente: componiendo, apenas, un destino donde se compra la imagen del lugar o la imagen de aquel viejecito, típico de la ciudad, sentado en el banco (rústico y de madera típica) en un jardín florido, leyendo el periódico. El "romanticismo" de la escena se convierte en cosa, con el objetivo de ofrecer sucesivas degustaciones de lo típico fotografiado, donde banco, viejito y jardín, equivalen al marco folclórico esperado del destino turístico. Y, es en este contexto donde proliferan los discursos sobre sustentabilidad.

Por este motivo, cuando se habla en esta tesis de sustentabilidad ética o responsable, o cuando se habla de ecoturismo auténtico, no se ignora lo insustentable de acciones que pretenden garantizar una vida digna a todos, en este momento histórico. Esto sería una utopía en la sociedad actual, no porque sea algo fuertemente pretendido de una forma individual, sino porque no "cabe" dentro del capitalismo.

Sustentabilidad y ecoturismo, aquí adjetivados con estas cualidades, se asocia a aquello que, de forma contradictoria y remando contra la marea (término *ad hoc* a una de las mayores características del Delta del Parnaíba), tal vez se pueda hacer. Alejado, dentro de lo posible (ya que soy fruto de esta sociedad y colaboro con/en ella), de la visión ingenua o fantasiosa que anhela hacer algo con vocación de salvar y salvaguardar, invertir 'plenamente' el "mal" actual. O dicho de otra forma, ajustar la coherencia al deseo y a las intenciones.

La defensa de las políticas públicas, que se hizo en algún momento, encaja, también, en este esfuerzo de remar contra la marea, una vez que es sabido que por sí mismas no provocarán cambios en el amago de un proceso utilitarista en el que el turismo fertilice como un bien de consumo.

La perspectiva del ecoturismo de conocimiento (EC) no está emparentado con aquello que justifique su hacer en la política de lo ecológicamente correcto. Quién sabe, como filosofía de base que sirva para esconder la falta de respeto que la sociedad en general practica, y precisa practicar, para mantenerse capitalista: respeto al 'medio ambiente' olvidando que no existe la llamada "naturaleza/ambiente natural", porque al ser social y erguirse mediante la explotación, no puede desprenderse de la falta de respeto por completo. Si se alzan banderas que claman por una vida digna es porque la indignidad se propaga, majestuosamente, por todas las poblaciones. El prefijo eco, por él mismo, no cambiará esta realidad, a pesar de lo incentivados que estén los defensores del ecologismo.

El EC, en los espacios viabilizados por las contradicciones del capital, pretende decir no a este estado de degradación, proponiendo una alternativa donde se "puedan respirar otros aires" (aunque la contaminación del aire esté generada por la propia sociedad). No pretende defender un desarrollo con sustentabilidad, definida dentro de una generalidad, en la que entran todos los artificios del turismo redentor. El turismo precisa ser comprendido como parte de un todo social propio de la sociedad capitalista. De este modo, y repitiendo, la "cosificación" y la mercantilización de sus actividades, y de los sujetos involucrados, son su primera realidad (aunque no la única).

Incluso con una necesaria dosis de claridad, en lo que respecta al significado de la relación entre turismo y consumo, se advierte una cuestión importante: el conocimiento, en el caso de la propuesta de ecoturismo, aquí defendida, ¿no se constituye como una mercancía?

Se corre el riesgo de que esto sea verdad, ya que, al final, marchamos por los terrenos y senderos del capital. Trazar caminos que no conduzcan únicamente a él es el mayor deseo. El sí y el no (la afirmación y la negación) poseen las mismas oportunidades de realizarse, aunque existan, normalmente, muchas más facilidades para que se realice la afirmación. Resta el esfuerzo de que, orientado por las memorias de futuro (BAKHTIN, 2003), se pueda soñar con la superación de lo que se considera como *status quo*.

VII.2. CONSIDERACIONES FINALES

Es notable, para el desarrollo del ecoturismo, la potencialidad del Área de Protección Ambiental (APA) Delta del Parnaíba que compone, junto a otros dos Parques Nacionales ('Lençóis Maranhenses' y 'Jericoacoara'), la ruta turística integrada denominada Ruta de las Emociones. Esta ruta fue elegida en 2009 como la mejor de Brasil, aunque paradójicamente, está situada en una región que detenta el 3° peor IDH del país. Esta ruta posee un flujo turístico significativo que se concentra principalmente en los Parques Nacionales situados en sus límites, del APA Delta, y cuenta con un turismo modesto en sus áreas generador de tímidos beneficios que, normalmente, van a parar a manos de unos pocos empresarios que no son oriundos de la región. De este modo, esta APA fue considerada como área prioritaria, entre las tres áreas protegidas presentes, y como la de mayor relevancia para el desarrollo del ecoturismo de conocimiento (EC).

El APA posee el único delta en mar abierto de América, siendo el segundo del mundo. Está formado por el mayor río del nordeste, el Parnaíba. Se trata de un área expresiva con su "naturaleza" todavía preservada: caracterizada por dunas de arenas blancas, manglares ricos en fauna, innumerables lagunas formadas por el agua de las lluvias, mar limpio con playas conservadas, vientos alisios, sol constante y población hospitalaria. La región también cuenta con el único bioma genuinamente brasileño, la "Catinga", que en este local hace transición con los biomas: "Amazônia" y "Cerrado", componiendo una belleza escénica significativa.

Entre las localidades del interior del APA que contienen proyectos ambientales consolidados con investigaciones científicas relacionadas con la fauna, conforme la argumentación del indicador "Demandas del conocimiento", hay que destacar posibilidades relacionadas con el "Proyecto Peixe-boi Marinho" en el estuario del río Timonha en Cajueiro da Praia – PI, y con el "Proyecto do Delta", con actuación en todo el litoral donde viven cinco especies de tortugas marinas, de las siete existentes en el mundo, que buscan estos lugares para la puesta de huevos, anualmente. Además de estos proyectos fueron verificadas, también, otras potencialidades, como por ejemplo, la existencia de caballitos de mar en la región del APA Delta, que ya atrae visitas y genera una tímida fuente de renta para los habitantes locales. Al mismo tiempo, diversas especies de aves migratorias, con posibilidades para la práctica de *birdwatching*. Sin olvidar la importante comunidad pesquera, que como un todo, forma parte de la riqueza cultural local.

Fue evidenciado en el cuerpo de la presente tesis que, en la actualidad, hay una búsqueda creciente por parte del turista de interacciones directas con la "naturaleza", aventuras, vivencias con la singularidad de las culturas nativas y, además, acceso a los saberes en general y a proyectos científicos específicos allí localizados. Así, se acuñó y se caracterizó una nueva tipología de ecoturismo, denominado como **Ecoturismo de Conocimiento**.

La existencia de esta nueva tipología de ecoturismo, enfatizando nuevamente, se asienta obedeciendo, necesariamente, los siguientes preceptos:

- Respeta las premisas de lo aquí considerado "auténtico ecoturismo", descrito anteriormente, con vistas a una sustentabilidad efectiva, valorizando el "medio ambiente" como patrimonio social;
- Se desarrolla con base local, es decir, por y con la comunidad de la localidad que pasa a ser protagonista del ecoturismo en su región;
- Enfatiza la elaboración de atractivos ligados al conocimiento y, paralelamente, combina las posibilidades de producción/socialización del conocimiento científico con interacción popular;
- Concebido, en sus actividades, en asociación con otras tipologías de turismo como a los de aquí llamados "eco"-turismo de aventura, "eco"-turismo científico, "eco"-turismo cultural y otros que pueden hacer interfaz con el mismo;

- Mediado en su desarrollo y gestión por los cursos superiores de turismo de las universidades públicas, además de posibles colaboraciones por parte de otras instituciones de cuño político.
- Situado en Unidades de Conservación brasileñas y/o en sus alrededores.
- Retorno financiero destinado íntegramente a los fines de las propias iniciativas del llamado ecoturismo del conocimiento.

La tipología se sustenta, fundamentalmente, en actividades que contemplen la relación entre el conocimiento científico y popular con la perspectiva de producción y socialización de los mismos, en la áreas protegidas y mediadas por instituciones públicas.

Posee interfaces con otros segmentos del turismo, tales como: turismo científico, cultural, de aventura, de base local, social, entre otros. Por tanto, se hace necesario explicitar de qué manera ciertas características de estas tipologías podrán ser consideradas como características de EC.

- Del Ecoturismo, "en general", según es conocido, el EC admite la posibilidad de adoptar solamente aquellas prácticas que la presente tesis consideró como "auténticas" de ecoturismo: obedeciendo, necesariamente, a las premisas de sustentabilidad efectiva ("ecopremisas"); de base local; con la participación obligatoria de las universidades públicas; con el desarrollo de actividades donde el conocer se caracterice como aventura, con énfasis en actividades donde haya interacción entre el conocimiento científico y el popular.
- Del Turismo de Aventura, también, y, necesariamente, cuando obedezca a lo que fue resaltado anteriormente en el ecoturismo "general", y desarrolle actividades de lo aquí considerado Ecoturismo de Aventura estando, por tanto, de acuerdo con las "ecopremisas" con énfasis en actividades que den prioridad a la aventura de conocer.
- Del Turismo Cultural, del mismo modo y en consonancia con la "ecopremisa" dando énfasis a la base local, o sea, envolviendo activamente a la comunidad en las actividades de interacción con los visitantes en acciones que den valor al conocimiento. La cultura no es algo que pueda ser transmitido mecánicamente por algunos conocedores de la misma. Necesita ser socializada, e intercambiada, a través de interlocuciones vivas entre las poblaciones locales y los visitantes.
- Del Turismo Científico, también aquellas actividades que atiendan a la "ecopremisa" y estén asociadas al conocimiento popular, socializando formas de sistematizarlo.
- Del Turismo de base local acatando, igualmente, la "ecopremisa', contando con la participación obligatoria de las universidades públicas y otras instituciones públicas ligadas a las cuestiones "ambientales", dando énfasis a las actividades ligadas al conocimiento.

En cuanto al potencial de esta nueva tipología, se puede decir que las alternativas ecoturísticas consonantes con aquello que fue formulado, descrito y propuesto en la presente tesis, asociadas a las riquezas "naturales" expresivas de todas las áreas protegidas brasileñas, son fuertemente significativas para el éxito de la actividad, principalmente por el hecho de atender a demandas actuales (nacionales e internacionales) del ecoturismo y, también, por prever la participación interdisciplinar de profesores y estudiantes de universidades públicas (integrando diversos cursos como el de Turismo), y de instituciones públicas afines.

Otro punto significativo a ser destacado es el de las comunidades como protagonistas del turismo, a través de la participación en el planteamiento y ejecución de los proyectos de estudios e investigaciones en curso, o a ser desarrollados en los locales elegidos para la realización del EC. O sea, aquellos que ya poseen proyectos científicos susceptibles de interacción con los saberes populares locales, o que puedan ser creados con estas características. La creación de nuevos empleos, y la extensión de proyectos educacionales para todos, pueden mejorar el IDH de dichas localidades, aunque esto signifique apenas un paliativo a su condición de extrema exclusión en la cual vive una significativa parte de la población brasileña, en el caso, generalmente aquella que habita en las inmediaciones de las áreas protegidas.

La perspectiva de <u>no</u> reproducir lo que habitualmente se hace en el trabajo de aquellos profesionales que están presos a las demandas tecnológicas que enfatiza, con gran estilo, el capital y no los seres humanos y de la vida en general, en la actualmente denominada sociedad del conocimiento tiende, también, a potencializar lo que pretende el EC. La perspectiva crítica, anhelada y necesaria, para esta tipología ecoturística caminará en sentido contrario a lo que se ve en la sociedad actual, que es depredadora en principio.

Considerando lo expuesto, es necesario pensar que con estas iniciativas el visitante no es apenas un contemplador. Participará de forma activa y comprometida en las acciones realizadas, pudiendo contribuir con lo que sucede en los locales, en la medida en que sus conocimientos y experiencias serán valoradas, de la misma forma que las de otros integrantes de los proyectos. Esto modificará las actividades de interacción, por parte del visitante con la producción y socialización del conocimiento al participar en una investigación determinada como la del 'peixe-boi' marino o las tortugas marinas, en el caso de la ofrecidas y ya existentes en el APA Delta dentro de la Ruta de las Emociones. Además, se debe considerar que aunque el viaje tenga como motivación principal la investigación científica o el conocimiento popular, interesará todavía más a los visitantes si estos pueden, al mismo tiempo, disfrutar de otras opciones de ocio como paseos, contemplación de bellezas naturales, el sol y las playas, vivencias culturales, fiestas regionales, entre otras. Sobre esto último, sirve como ejemplo la actividad creada por los nativos de Barra Grande (comunidad del Delta), donde el turista baja por el río contemplando todos sus atractivos. El nombre dado por los autóctonos a esta actividad fue "fraldão" (pañal), ya que el visitante usa un chaleco salvavidas en las piernas, que se asemeja a un gran pañal.

Este agregado al turismo local es un punto que deberá constar en los programas, y que podrá ser administrado por la población local, vía guarda parques/guías de turismo (GPG) debidamente formados para para tal efecto. Contando con la participación de los estudiantes, investigadores locales, alumnos de la residencia multidisciplinar, que contribuirán con las especificidades como un todo. Por ejemplo, un residente cuya formación académica es Historia, y que amplió y cotejó sus conocimientos específicos con la de otros profesionales residentes, dentro de la perspectiva interdisciplinar - teniendo el EC de conocimiento como base, y eje central de la formación, en esta modalidad del curso de pos-graduación - ciertamente ganará la admiración del visitante ecoturista, que ampliará su visión sobre el turismo socialmente entendido. Las relaciones históricas que demandan nuevos cambios en el ecoturismo en la actualidad, necesitan ser entendidas para que ganen fuerza, y así poder transformar, dentro de lo posible, la sociedad del capital. Lo mismo podrá suceder con otros especialistas. Se enfatizan aquí, también, las posibilidades de las propuestas de extensión que generan autonomía y respeto entre ellas.

Es fundamental adecuar la investigación y las visitas a la fragilidad del local y a las particularidades del mismo. Establecer criterios para la participación del ecoturista en determinadas investigaciones, de acuerdo a sus especificidades: como observador de algunas, como ayudante en otras, por ejemplo. También, establecer el tiempo y la forma de participación adecuada para la investigación en cuestión, su periodicidad, etc. Estos cuidados se consideran como altamente incentivadores del EC al ser, por sí mismos, educativos y cuidadosos con la vida del planeta.

La presente tesis que se propone ser propositiva, presentó algunas ideas tales como: Hospedajes familiares/domiciliares; el oficio de Guarda parque/Guía de turismo (GPG); centros de visitantes realizados con financiamiento público, los Núcleos de Ecoturismo del Conocimiento (NEC); Residencias multiprofesionales en ecoturismo del conocimiento (ReMEC); rescate y valorización de la cultura vía oral; incluso otras posibilidades de obtención de renta, por ejemplo, con arte (artesanía), gastronomía, paseos diferenciados, actividades de aventura, vivencias culturales, entre otras. Asociadas a lo fue anteriormente presentado, estas últimas propuestas son, también, incentivadoras del EC porque se integrarán a otras opciones que pueden componer una unidad revestida de los mismos objetivos del EC: respeto a la vida, al otro, al "medio ambiente", a las riquezas simbólicas (saberes, conocimientos, cultura) y resistencia a la depredación de la sociedad actual.

En esta tesis, se sugirió la participación de los cursos superiores de turismo de universidades públicas, y de profesionales de instituciones afines, para la generación de perspectivas del trinomio que une a la enseñanza, la investigación y la extensión. Por otra parte, la interdisciplinaridad con otros cursos, participación obligatoria toda vez que el punto centralizador, el eje, de todas las actividades del EC gira en torno al conocimiento.

Así, para alcanzar la vertebración del deseado trinomio, y para que la participación de la universidad con su curso de turismo, y otros, se haga con interdisciplinaridad, existe la necesidad de un delineamiento de la sectorización y aislamiento de los cursos, dentro de un campus, y una abertura de la universidad hacia colaboraciones con otras instituciones cuyo foco sea el "medio ambiente".

Todavía es pronto para concretar algo para tal efecto, aunque las publicaciones conjuntas de los artículos de los diversos cursos mediadas por las premisas del EC (producción de ciencia en un nuevo modelo universitario), podrán actuar para que este objetivo comience a mostrar viabilidad. El trabajo interdisciplinar, el modelo de universidad integrada, los nichos para segmentos diferenciados de turismo y un modelo pedagógico 'ecocentrado', son posibilidades de la ciencia para esta región. Los departamentos/cursos de turismo pueden facilitar la participación del ecoturista en proyectos de investigación desarrollados en el contexto del EC, hacer colaboraciones con otros departamentos/cursos que realizan investigaciones de campo en áreas protegidas para la elaboración de un producto turístico efectivamente sustentable.

Los Cursos Superiores de Turismo pueden auxiliar directamente al proceso de elaboración y concepción (adecuación) de los destinos para el desarrollo del EC, además de prestar acompañamiento cuando sean accionados con este matiz de interdisciplinaridad, pudiendo aproximar el tema a la universidad como un todo. Incluso porque el nordeste brasileño, en especial, es el objetivo de muchas búsquedas en lo que se refiere al turismo.

La perspectiva de interdisciplinaridad, a su vez, proporcionará una dimensión de totalidad social que permite pensar en el EC, más allá de una actividad turística en sí, como algo socialmente ampliado, abriendo puertas para que se vislumbre esta tipología como expresión y fundamento de las relaciones sociales vigentes. Así, será posible anhelar lo que fue denominado en esta tesis como sustentabilidad efectiva y ética, en la medida en que no se medirán esfuerzos para cuestionar las máximas del capitalismo contemporáneo, donde la depredación de la vida parece ser su *modus operandi*. La perspectiva metodológica que relaciona dialécticamente todo, y parte, en los análisis cualitativos de estudios de viabilidad, planteamientos y diseños de proyectos para la realización práctica en una acción como la que aquí se pretende, ganará más fuerza con la interdisciplinaridad.

También, en ese sentido, la residencia multiprofesional aumentará el flujo de personas, que estarán estudiando, y al mismo tiempo, pagando por los servicios y opciones de ocio de la localidad donde se encuentre. De cierta forma funcionará como una prueba de producto turístico, esto es, desde el principio la región recibirá potenciales ecoturistas, y podrá perfeccionar el turismo local. Las múltiples visiones son importantes para el conocer, obteniendo una percepción del todo, y para la producción de bases para que la dimensión, necesariamente social, del EC pueda cumplirse.

En un futuro próximo, quien sabe, la Universidad Federal de Piauí (UFPI), sede pretendida para el desarrollo de las acciones iniciales del EC, pueda extender su práctica hacia otras universidades públicas donde haya cursos de turismo (es más, casos raros e inadmisibles en un país donde el turismo es fuente importantísima de divisas). Los intercambios culturales entre universidades, dentro del país y con algunas en el exterior, serán el objetivo de estudios y proyectos futuros.

Esta tesis presentó el esbozo de un primer paso, asumiendo que otros estudios e investigaciones serán necesarios. Evaluaciones sucesivas constantes hablarán de la viabilidad de esta propuesta, y de los ajustes que la práctica y la perspectiva teórica que la conforman demandarán. Las consecuencias anteriormente expuestas no constituyen un cierre, son apenas finales temporales.

En otro momento, por ejemplo, sería importante desarrollar la misma lógica de esta tesis, explícita en la Estrella de Indicadores para el Desarrollo del Ecoturismo del Conocimiento (EIDEC), para otros proyectos/locales a ser desarrollados vía EC.

Torres, en conferencia realizada en 2008, recuerda que "es preciso que se cree el diferencial para que una iniciativa se consolide dentro de las perspectivas del turismo contemporáneo". El EC pretende ser una de ellas. El ecoturismo es una actividad creativa que puede aproximarse sobremanera a la búsqueda de una efectiva sustentabilidad, intentando compatibilizar, dentro de los estrechos límites que la sociedad actual marca, cuestiones económicas con preocupaciones ambientales y sociales. Cabe destacar, de esta forma, que el manantial de posibilidades turísticas de la región, el desarrollo del ecoturismo de conocimiento se constituye como una importante alternativa para el desarrollo de la misma, desde una perspectiva no depredadora del "ambiente".

En lo que se refiere a la fuerte inclinación, en la presente tesis, hacia la búsqueda de la pretendida sustentabilidad tan comentada hoy en día, es importante matizar que, aunque se considere contradictorio este intento de compatibilizar las tendencias económicas actuales con preocupaciones sociales y ambientales, el Ecoturismo del Conocimiento no escatima esfuerzos en su pretensión de llegar a una "sustentabilidad efectiva" o a una sustentabilidad posible. La intención, con esto, es que se intentará, como mínimo, disminuir los impactos y postergar la depredación del "medio ambiente", luchando, al mismo tiempo, por la promoción del IDH de la región propiciando una vida más digna a todos, indistintamente.

BIBLIOGRAFIA

AKATU. Relatório Estado do mundo 2010. Disponível em: <http://www.akatu.org.br/akatu_acao/publicacoes/reflexoes-sobre-o-consumo-consciente/estado-do-mundo-2010-transformando-culturas-2013-do-consumismo-a-sustentabilidade> Acesso em agosto de 2010.

ALMEIDA, C. P. C. e COSTA. L. P. Meio Ambiente, Esporte, Lazer e Turismo: Estudos e Pesquisas no Brasil 1967– 2007. Rio de Janeiro: Editora Gama Filho, 2007.

AMARAL, V. e SILVA, M. C. (organizadoras). Fazenda Rio Negro: tradição e conservação no Pantanal Mato-Grossense / Conservação Internacional – Brasil. 116 p. Campo Grande, MS : Ed. UNIDERP, 2007.

ANDRADE, José Vicente de. Turismo: fundamentos e dimensões. 8ed. São Paulo: Ática, 2004.

ANDRADE, J. V. Gestão em lazer e turismo. Belo Horizonte. Autêntica, 2001.

ANSSON, R.J. "Our National Parks – Overcrowded, Underfunded and Besieged with a Myriad of Vexing Problems: How Can We Best Fund our Imperiled National Park System?" Journal of Land Use & Environmental Law. 1996.

ASPAS, J.M. (2000). Los deportes de aventura. Consideraciones jurídicas sobre el turismo activo. : Zaragoza, Prames, ano, 2000.

AUGÉ, Marc. Golobovante, M. C. e Peixoto, E. *Entrevista com o antropólogo francês Marc Augé, realizada em 2002, na Ècole des Hautes Études em Sciences Sociales, Paris.* Disponível em <http//:www.intercom.org.br/papers/nacionais/2007/resumos/R1560-2.pdf> Acesso em maio de 2009.

ARENDT, H. *Entre o passado e o futuro*. 4 ed.São Paulo: Perspectiva, 1997.

ARAÚJO, S. M. Artifício e Autenticidade: O Turismo como experiência antropológica. *In:* BANDUCCI, A; BARRETO, M. (Orgs.). Turismo e identidade: uma visão antropológica. Campinas, SP: Papirus, 2001 (Coleção Turismo), pp. 49-54.

BAHIA, Mirleide Chaar . ESPORTE E NATUREZA: aproximações teórico-conceituais e impactos ambientais no Estado do Pará. Belém, PA: Núcleo de Meio Ambiente/Universidade Federal do Pará, 2002 (monografia)

FONTES

BANDUCCI JR, Á. ; BARRETTO M. (Orgs.) Turismo e identidade local: uma visão antropológica. Campinas, SP: Papirus, 2001.

BARBOSA, Ycarim Melgaço. História das Viagens e do Turismo. São Paulo: Aleph, 2002.

BARRETO, M.; TOMANINI, E.. (Org.). Redescobrindo a Ecologia no Turismo. Caxias do Sul: EDUCS - Editora da Universidade de Caxias do Sul, 2002. Pp. 31-39.

BARRETO, M. O imprescindível aporte das *ciências sociais* para o planejamento e a compreensão do *turismo*. Horizontes Antropológicos, Porto Alegre, ano 9, n. 20, p. 15-29, outubro de 2003. Disponível em: http://www.uazuay.edu.ec/bibliotecas/cibercultura/Aporte%20Ciencias%20Sociais%20a%20Planejamento%20e%20Compreensao%20Turismo.pdf Acessado em 14/08/2010.

BASSO, Karen G. Furlan. Políticas públicas do turismo em áreas naturais e evolução do conceito de ecoturismo no Brasil. Disponível em <http://www.physis.org.br/ecouc/Resumos/Resumo169.pdf> Acesso em agosto de 2010.

BAKHTIN, M. *Estética da criação verbal*. 4. Ed. Tradução de Paulo bezerra. São Paulo: Martins Fontes, 2003.

BAPTISTA, LUCIENE CRISTINA IMES, Epistemologia do Turismo: o materialismo histórico dialético como metodologia de pesquisa social. 35 páginas. Trabalho de Conclusão de Curso (Graduação em Turismo com ênfase em Hotelaria) – Centro de Ciências Empresariais e Sociais Aplicadas, Universidade Norte do Paraná, Londrina, 2010.

BARTHOLO R., SANSOLO, D. G. E BURSZTYN, I. (org.). Turismo de Base Comunitária: diversidade de olhares e experiências brasileiras. Letra e Imagem, Rio de Janeiro: 2009.

BAUDRILLARD, J. *A Sociedade de Consumo*. Tradução de Artur Morão. Edições 70: Lisboa, 2010.

BAUMAN, Z. *Modernidade Líquida*. Tradução de Plínio Dentzien. Ed. Jorge Zahar: Rio de Janeiro, 2001.

BENI, Mário Carlos. Analise estrutural do turismo. São Paulo: Editora SENAC, 2000.

BENI, Mário Carlos. Análise estrutural do turismo. 8ª Ed. Atual. – São Paulo: Editora Senac São Paulo, 2003.

BENI, M. C. Planejamento Territorial e Dinâmica Local: Bases para o Turismo Sustentável . In: RODRIGUES, B. A. (Org.). Turismo e Desenvolvimento Local. São Paulo: Hucitec, 1997. Pp. 87-98

BENI, M. C. Política, Planejamento e Desenvolvimento Sustentável do Turismo. In: LAGE, B. H. G.; MILONE, P. C. (Org.). Turismo Teoria e Prática. São Paulo: Atlas, 1999.Pp. 165-182.

BINDE, J. L. *Não-Lugares – Marc Augé.* Revista Antropos – Volume 2, Ano 1, ISSN 1982-1050 Maio de 2008. Disponível em <http//:*www.ufrgs.br/ppgas/ha/pdf/n2/HA-v1n2a26.pdf*>Acesso em junho de 2009.

BOSI, E. *Memória e Sociedade: Lembranças dos velhos.* 3ª ed. Companhia das Letras. São Paulo, 1994.

BORN, R. H. Compensação por serviços ambientais: sustentabilidade ambiental com inclusão social. *In:* BORN, R. H. *Et all.* (Org.) Diálogos entre as esferas global e local: contribuições de organizações não-governamentais e movimentos sociais brasileiros para a sustentabilidade, equidade e democracia planetária. São Paulo: Peirópolis, 2002, pp. 49-66.

BOO, E. Ecotourism: the potential and the pitfalls. Washington DC: WWF, 1990.

BRASIL - EMBRATUR. PLANO NACIONAL DE DESENVOLVIMENTO SUSTENTÁVEL DO TURISMO DE AVENTURA: Relatório da Oficina de Planejamento. Caeté, MG: EMBRATUR, 2001.

BRASIL-MICT/MMA. Diretrizes para uma Política Nacional de Ecoturismo. Brasília, 1994.

BRASIL. Segmentação do Turismo: Turismo Cultural – Orientações Básicas. Brasília: Mtur, 2006.

BRASIL. Ministério do Turismo. Benchmarking em turismo : aprendendo com as melhores experiências. – 1. ed. – Brasília : Sebrae, 124 p., 2007.

BRASIL – SNUC. Lei nº 9.985 de 18 de julho de 2000. Institui o Sistema Nacional de Unidades de Conservação e dá outras providências. Brasília, DF, 2000.

BRASIL. Plano Nacional do Turismo: Diretrizes, Metas e Programas. *2003-2007.* Ministério do Turismo. Brasília. Abril de 2003. BRASIL. MINISTÉRIO DO TURISMO. Segmentação do Turismo: marcos conceituais. Brasília, 2006.

BRASIL. MINISTÉRIO DO ESPORTE E TURISMO. Manual Operacional de Ecoturismo. Brasília, 1991. 174p. (não publicado)

BRASIL. Ministério da Indústria Comércio e Turismo. POLÍTICA NACIONAL DE TURISMO. Diretrizes e Programas. Brasília, 1996-1999.

BRASIL. CONGRESSO NACIONAL. Os Programas Governamentais para o

Desenvolvimento do Turismo, Incluindo o Turismo Ecológico. Por Sílvia Maria Caldeira Paiva. Consultoria Legislativa, 25 de abril de 2001. Disponível em: http://www.senado.gov.br/conleg/artigos/economicas/OsProgramas Governamentais.pdf

BRASIL. Ministério do Meio Ambiente. Diretrizes para visitação em Unidades de Conservação. Brasília: 206, p. 59.

BRASIL. IBAMA, Ecoturismo Brasil – Parques Nacionais, Oportunidades de Negócios, Brasília. (sem data)

BRASIL. MINISTÉRIO DO MEIO AMBIENTE. Curso capacitará profissionais para desenvolver ecoturismo na Amazônia. Disponível em <http://www.mma.gov.br>. Acesso abril de 2005

BRASIL. INSTITUTO BRASILEIRO DE TURISMO – EMBRATUR. Relatório da oficina de planejamento: plano nacional de desenvolvimento sustentável do turismo de aventura. Caeté, 2001.

BRASIL. Pólos de ecoturismo: Brasil. Wendel, G. de M. (coordenador). IEB, EMBRATUR, MINISTÉRIO DE ESPORTES E TURISMO. 1. ed. — São Paulo: Editora Terragraph, 2001.

BRASIL. CONSTITUIÇÃO DA REPÚBLICA FEDERATIVA DO BRASIL. 1988.

BRANDÃO, C. R. Pesquisa Participante. São Paulo. Brasiliense,1986.

BRANDINI, F. Áreas marinhas desprotegidas. Artigo publicado em 25 Mai 2009. Disponível em <http://www.oeco.com.br/frederico-brandini/21748-areas-marinhas-desprotegidas> Acesso em agosto de 2010

BROWN, C. "Visitor use fees in protected areas:synthesis of the north american experience and recommendations for developing nations" , The Nature Conservancy, Washington D.C. , 2000.

BRUHNS, H. T. A busca pela natureza: turismo e aventura. Barueri, São Paulo: Manole, 2009.

BURSZTYN, i. et al. Programa de promoção do turismo inclusivo na ilha grande, RJ. in: Encontro Nacional do Turismo com Base Local. Paraná: Curitiba, 2004.

BUTLER, R. W. Alternative Tourism: pious hope or Trojan horse? Journal of Travel Research, 28 (3): 40-45, 1990.

CAMARGO, L. O. L. O que é lazer? São Paulo: Brasiliense, 1992.

CARVALHO-JUNIOR, O., SCMIDT A. "Ecotourism as a tool for the conservation of endangered species in the coastal region of Santa Catarina, Brazil". Journal of Coastal Research, special issue 39: 959 – 961". 2006.

CARVALHO, F. V. (2007). O turismo comunitário como instrumento de desenvolvimento sustentável.   Disponível   em: <http://www.revistaecotour. com.br/novo/home/default.asp?tipo=noticia&id=1759> Acesso em março de 2009.
CAMARGO, Luiz Otávio. O que é lazer. São Paulo: Brasiliense, 1992.
CARVALHO JUNIOR, Oldemar de Oliveira. Turismo de Conservação e Biodiversidade. JMA-Jornal   Meio   Ambiente.   Disponível   em: <http://jornalmeioambiente.com/materia/1975/turismo-de-conservacao-e-biodiversidade> Acesso em fevereiro de 2012.

CLARKE, J.E. "Biodiversity and protected areas thailand". 1997.

COSTANZA ET AL, 1997, AN INTRODUCTION TO ECOLOGICAL ECONOMICS, ST LUCIE PRESS, BOCA RATON

COSTA, Vera Lúcia de M. Esportes de aventura e risco na montanha: um mergulho no imaginário. São Paulo: Manole, 2000.

CHAMAS, C. A. P. C. A gestão de um patrimônio arqueológico e paisagístico: ilha do Campeche/ SC. Dissertação de mestrado. Programa de Pós-Graduação em Geografia, área de concentração Utilização e Conservação de Recursos Naturais, do Centro de Filosofia e Ciências Humanas da Universidade Federal de Santa Catarina. 2008.

COHEN, E. Alternative Tourism – a critique. Tourism Recreation Research 12 (2): 13-18, 1987.

CEBALLOS-LASCURÁIN, H. O Ecoturismo como um fenômeno Mundial. In:__ Ecoturismo: Um guia para planejamento e gestão. Kreg Lindberg e Donald E. Hawkings (1ª ed.) São Paulo: SENAC, 1995. pp. 23-30.

CEBALLOS - LASCURÁIN, H. Tourism, ecotourism and protected areas. UK: IUCN - *Protected Areas Program*, 1996.

CONSERVATION INTERNATIONAL / CI-BRASIL. Turismo Científico na Fazenda Rio Negro. Disponível em <Http://www.conservation.org.br>, acesso em maio de 2009.

COELHO, Maria Célia N. Reflexões sobre ecoturismo na Amazônia. In: Figueiredo, Sílvio Lima (Org.). O ecoturismo e a questão ambiental na Amazônia. Belém: UFPA/NAEA, 1999.

CORIOLANO, Luzia N. M. T. Turismo Sustentável: uma nova proposta de planejamento turístico. In: FIGUEIREDO, Silvio Lima (org). O Ecoturismo e a questão ambiental na Amazônia. Belém: UFPA/NAEA, 1999.

CORIOLANO, L. N. M. T. Do local ao global: O turismo litorâneo cearense. Campinas, São Paulo: Papirus, 1998

CORIOLANO, L. N. M. T. O Turismo nos discursos, nas práticas e no combate à pobreza. São Paulo: Annablume, 2006.

CORIOLANO, L. N. (2006). Reflexões sobre o Turismo Comunitário. Disponível em:<http://www.etur.com.br/conteudocompleto.asp?idconteudo=11164.> Acesso em março de 2009.

CORIOLANO, L. N. M. A exclusão e a inclusão social e o turismo. Revista de Turismo y Patrimônio Cultural. v. 3, n. 2, 2005.

CORIOLANO, L. N. M.; LIMA, L. C. Turismo comunitário e responsabilidades socioambiental. 1 ed. Ceará: EDUECE, 2003.

CORNELL, J. A alegria de aprender com a natureza. São Paulo, Melhoramentos/SENAC, 1997.

CORNELL, J. Vivências com a Natureza. – 3ª ed. – São Paulo: Aquariana, 2008.

CERTEAU, Michael de. A invenção do cotidiano: arte de fazer. Petrópolis, RJ: Vozes, 1994.

COMISSÃO MUNDIAL SOBRE O MEIO AMBIENTE E DESENVOLVIMENTO. Nosso Futuro Comum. Rio de Janeiro: Fund. Getúlio Vargas, 1988.

CONFERÊNCIA DAS NAÇÕES UNIDAS SOBRE MEIO AMBIENTE E DESENVOLVIMENTO (1992: Rio de Janeiro). AGENDA 21.3. ed. Brasília: Senado Federal, Subsecretaria de Edições Técnicas, 2001.

COSTA, Patrícia Côrtes. Unidades de Conservação: matéria-prima do ecoturismo. São Paulo: Aleph, 2002

CUNHA, Maria Carolina da Silva et al. "Turismo Educacional: Que viagem é essa?". São Paulo, 2002. Disponível em: http://www.unibero.edu.br/download/revistaeletronica/Set03_Artigos/Turismo %20Educacional.pdf. Acesso em 20/05/2008.

DA ROS, J. P. Turismo: algumas memórias sobre a Ilha do Campeche. Dissertação (Mestrado em Mídia e conhecimento) – Curso de Pós-graduação em Engenharia de Produção. Universidade Federal de Santa Catarina (UFSC). Florianópolis, 2003.

DERNOI, L. A . Alternative Tourism: towards a new style in North-South relations. Tourism Management, 2:253-264, 1981.

DIEGUES, Antonio C. S. As áreas naturais protegidas, o turismo e as populações tradicionais. In: SERRANO, Célia e BRUHNS, Heloísa T.(orgs). Viagens à natureza: turismo, cultura e ambiente. Campinas, SP: Papirus, 1997.

DINES, M. (coord.) Pega Leve - mínimo impacto em áreas naturais. Centro Excursionista Universitário. Disponível em <http://www.pegaleve.org.br> Acesso em fevereiro de 2010

DRUMM, A e MOORE, A. Desenvolvimento do ecoturismo – um manual para profissionais de conservação. Arlington, Virgínia: The Nature Conservancy, v. 1, 2003.

DUMAZEDIER, Joffre. Valores e conteúdos culturais do lazer. Tradução Regina Maria Vieira. São Paulo: SESC, 1980.

ECOBRASIL. Programa MPE - Melhores Práticas de Ecoturismo Disponível em: <http://www.ecobrasil.org.br> Acesso em fevereiro de 2008.

ESCOBAR DE MOREL, M. Necesidades de fortalecimiento de la extensión universitaria como componente del proyecto académico, con miras a la evaluación y acreditación. 2003. Disponível em < http://www.universidadur. edu.uy/bibliotecas/resultado_busqueda_bases.php?VAR1=transinformacao&VAR4=eub ca> Acesso em outubro de 2009.

EKKO BRASIL. Ecovoluntários. Disponível em <http://www.ecovoluntarios.org> Acesso em julho de 2009.

FERREIRA, A. B. H. Novo Dicionário Aurélio da Língua Portuguesa. 3ª. ed, Editora Positivo, revista e atualizada do Aurélio Século XXI, 2004.

FIGUEIREDO, Silvio L. Ecoturismo e Desenvolvimento Sustentável: Alternativa para o desenvolvimento da Amazônia? In: FIGUEIREDO, Silvio Lima (org). O Ecoturismo e a questão ambiental na Amazônia. Belém: UFPA/NAEA, 1999.

FENNELL, D. A. Ecoturismo: uma introdução. São Paulo: Ed. Contexto, 2002, 281p.

GASTÓN, J. e CAÑADA, E. El turismo y sus mitos. il. Alberto Sánchez Argüello. -- 1a ed. - Managua : Enlace, 2007.

GOLOBOVANTE, M. C. e Peixoto, E. *Comunicação e espaço urbano: entrevista com o antropólogo francês Marc Augé.* Disponível em <http://www.compos.org.br/seer/index.php/e-compos/article/viewFile/280/264 > Acesso em outubro de 2011.

GORDON, T. J. The Delphi Method, United Nations University, USA, 1994.

GUATTARI, Felix. As três ecologias; tradução Maria Cristina F. Bittencourt. Campinas, SP: Papirus, 1990.

GIL, Ana Maria Luque. El uso recreativo de los senderos: Turismo, Deporte y Territorio. Sevilla: Ed. Sevilla: Wanceulen Editorial Deportiva, S.L., 2007.

GUIMARÃES, S. T. L. Dimensões da percepção e interpretação do meio ambiente: vislumbres e sensibilidades das vivências na natureza. OLAM - Ciência & Tecnologia Rio Claro/SP, Brasil Vol. 4 No 1 Pag. 46 Abril / 2004, ISSN 1519-8693. Disponível em <http://www.olam.com.br> Acesso em maio de 2008.

GUTIERREZ, G. L. Lazer e Prazer – Questões metodológicas e alternativas políticas. Campinas – SP: Autores Associados. 2001.

HAM, S. H. Interpretación ambiental: guía práctico para gente con grande ideas e presupuestos pequeños. Nova York, North America Press, 1992.

HALL, C. M. Tourism and politics: policy, power and place. Chichester, England: Wiley, 1998.

HORA, A. S. S; CAVALCANTI, K. B. Turismo Pedagógico: Conversão e Reconversão do Olhar. In: Turismo Contemporâneo: desenvolvimento, estratégia e gestão. REJOWSKI, Mirian; COSTA, Kramer (Orgs.). São Paulo: Atlas, 2005.

INSTITUTO DE DESENVOLVIMENTO SUSTENTÁVEL MAMIRAUÁ – IDSM. Disponível em <http://www.mamiraua.org.br>. Acesso abril de 2005.

IRVING, M. de A. Turismo, ética e educação ambiental: novos paradigmas em planejamento e Participação: questão central na sustentabilidade de projetos de desenvolvimento. In: IRVING, M. A. & AZEVEDO, J. (Org.) Turismo: O desafio da Sustentabilidade. São Paulo: Ed. Futura, 2002.

JANÉR A e MOURÃO, R.M.F Parque Nacional de Tijuca – Plano de Ecoturismo e Uso Público em Plano Estratégico do Parque Nacional de Tijuca, Consórcio Amigos do Parque. 1998.

JANÉR A. e VASCONCELOS A, 2002, "Roteiro para Elaboração de Planos de Negócios e Estudos de Viabilidade para JANÉR A. e VASCONCELOS A., 2002, Parque Nacional de Brasília – Plano de Negócios", IBAMA, Brasília DF

JANÉR A., 1999, "Terceirização de Infra-estrutura e Serviços do Parna Foz de Iguaçu", Parecer Técnico, WWF-Brasil, Brasília

JANÉR, Ariane. Turismo em Parques Nacionais – Estudo de Caso. ECOBRASIL-MPE. Disponível em http://www.ecobrasil.org.br/publique. Acesso em março de 2003.

JANSEN, G. R.; VIEIRA R.; KRAISCH, R. A educação ambiental como resposta à problemática ambiental. Fundação Universidade Federal do Rio Grande. Revista eletrônica do Mestrado em Educação Ambiental. Volume 18, janeiro a junho de 2007. Disponível em <http://www.remea.furg.br/edicoes/vol18/art22v18a14.pdf> Acesso em julho de 2010.

KOBAYASHI, T. A Suggestion about Environment Education Using the Five Senses. Marine Pollution Bulletin, Vol. 23, pp. 623-626, 1991.

KRIPENDORF, JOST. Sociologia do turismo: para uma nova compreensão do lazer e das viagens. Jost Kripendorf (tradução Contexto Traduções). São Paulo: Aleph, 2001.

KRIPPENDORF, J. Towards new tourism policies. Tourism Management, 3; 135-148, 1982.

KURY, L. Viajantes-naturalistas no Brasil oitocentista: experiência, relato e imagem. *História, Cências, Saúde – Manguinhos.* Vol. VIII (suplemento) 863-80, 2001.

LABATE, B. C. A experiência do 'Viajante-turista' na contemporaneidade, In: Olhares contemporâneos sobre o Turismo/ Serrano, C; Bruhns, H. T.; Luchiari, M. D. P. (Orgs.). Campinas, SP: Papirus, 2000, pp. 55-80.

LEFF, Enrique. Discursos sustentáveis. São Paulo : Cortez, 2010. 293 p.

LUCAS, K. *Arte Rupestre em Santa Catarina.* Florianópolis: Rupestre, 1996.

LIMA, S. T. "Trilhas Interpretativas: a aventura de conhecer a paisagem", Cadernos Paisagens 3. Rio Claro, UNESP, n.3, pp.39-44, maio/1998.

LINDBERG, E. HAWKINS, D. Ecoturismo: um guia para o planejamento e gestão. 3ª ed. São Paulo: SENAC, 2001.

LINDBERG, E. ; HAWKINS, D. Ecoturismo: um guia para o planejamento e gestão. São Paulo: SENAC, 1995. Originalmente publicado em 1993.

MIECZKOWSKI, Z. Environmental issues of tourism and recreation. University Press of America, Inc: Lantarn, Maryland, 1995.

MANÇO, D.G. Turismo científico no pantanal Sul–mato-grossense: divulgando e fomentando a atividade por meio da internet. Monografia, Curso de Pós Graduação em Jornalismo Científico, Universidade Estadual de Campinas. Campinas – Sp, 2008.

MARCELLINO, Nelson C.. Lazer e educação. Campinas-SP: Papirus, 1987.

MARCELLINO, Nelson C.. Lazer e humanização. Campinas-SP: Papirus, 1983.

MARCELLINO, Nelson Carvalho. Lazer e qualidade de vida. In: Qualidade de vida: complexidade e educação. Campinas, SP: Papirus, 2001.

MARCELINO, N. C. Políticas públicas e setoriais de lazer. Campinas – SP: Autores Associados, 1996.

MARCONDES DE MORAES, M. Célia. Proposições acerca da produção de conhecimento e políticas de formação docente. In: MARCONDES DE MORAES, M. Célia (org.). *Iluminismo às avessas*. Rio de Janeiro: DP&A, 2003.

MARINHO, Alcyane ; BRUHNS, Heloísa T.(orgs);Turismo, Lazer e Natureza. Barueri, SP: Manole, 2003.

MARX, Karl. O Capital. Livro 1, Vol. I., 9ª ed., Trad. Reginaldo Sant´Anna. São Paulo: Difel, 1984.

MARX, K. , ENGELS, F. *A ideologia alemã: Teses sobre Feuerbach.* São Paulo: Editora Moraes, 1984.

MEIHY, J. C. S. B. *Manual de História Oral.* 4. ed. São Paulo: Edições Loyola, 2002.

MENDONÇA, R.; NEIMAN, Z. Ecoturismo: discurso, desejo e realidade. *In*: NEIMAN, Z. (Org.). Meio Ambiente, Educação e Ecoturismo. Barueri: Editora Manole, 2002, 190p..

MENDONÇA, T. C. de Turismo e participação comunitária: Prainha do Canto Verde a "Canoa" que não quebrou e a "Fonte" que não Secou?. 192 f.. Dissertação (Mestrado em Psicossociologia de Comunidade e Ecologia Social)– Universidade Federal do Rio de Janeiro - UFRJ, Programa EICOS/IP, Rio de Janeiro. 2004.

MENDONÇA, P. Os Problemas dos Parques Nacionais do Brasil. Revista eletrônica de turismo – edição de maio de 2003. Disponível em < http://www.revistaturismo.com.br > Acesso em agosto de 2007.

MENDONÇA, R. A experiência na natureza segundo Joseph Cornell. *In* SERRANO, C. (org.) "A educação pelas pedras-ecoturismo e educação ambiental", São Paulo: Editora Chronos, 2000.

MEIRELLES FILHO, J. O equilíbrio entre a atividade econômica e a sustentabilidade socioambiental. *In*: MENDONÇA, R.; NEIMAN, Z. (Orgs.) Ecoturismo no Brasil. São Paulo, Ed. Manole, 2005, pp. 41-60.

MÉZÁROS, I. Educação para além do capital. São Paulo, Campinas: Boitempo, UNICAMP, 2006.

MINC. C. Ministro do Meio Ambiente do Brasil. Em entrevista a ASSCOM, Assessoria de Comunicação do Ministério do Turismo. Disponível em <http://www.turismo.gov.br> Acesso em agosto de 2010.

MITRAUD, S. (Org.). Manual de Ecoturismo de Base Comunitária: ferramentas para um planejamento responsável. Brasília: WWF, 2003, 454p.

MOLINA & RODRÍGUEZ, S. Planejamento integral do Turismo: um enfoque para a América Latina. São Paulo: Editora: Educs, 2001.

MOLINA, E. S. Turismo e ecologia. Bauru, SP. EDUSC, 2001.

MATAREZI, J. Trilha da vida: (re)descobrindo a natureza com os sentidos. Ambiente & Educação – Revista de Educação Ambiental da FURG, Rio Grande (RS): Fundação Universidade do Rio Grande, v. 5/6, p. 55-67, 2001.

MONTBELLER-FILHO, Gilberto. O Mito do desenvolvimento sustentável: Meio ambiente e custos sociais no moderno sistema produtor de marcadorias. Florianópolis: Ed. Da UFSC, 2001

MOURÃO, R. M. F. (org.). Manual MPE de Boas Práticas de Ecoturismo. Fundo Brasileiro para a Biodiversidade – Funbio. Instituto EcoBrasil, 2003. Disponível em <http://www.ecobrasil.org.br> Acesso em julho de 2008.

MOUSINHO, P. A. Indicadores de desenvolvimento sustentável: modelos internacionais e especificidades do Brasil. Dissertação de mestrado em ciência da informação. UFRJ. Rio de Janeiro, 2001.

NEIMAN, Z.; MENDONÇA, R. Ecoturismo: discurso, desejo e realidade. Turismo em Análise, São Paulo, V. 11 (2), pp. 98-110, 2000.

NEIMAN, Z.; CARDOSO-LEITE, E.; PODADERA, D.S. Planejamento e implantação participativos de programas de interpretação em trilhas na "RPPN Paiol Maria", Vale do Ribeira (SP). Revista Brasileira de Ecoturismo, São Paulo, v.2, n.1, 2008, pp.11-34.

NEIMAN, Z.; RABINOVICI, A. Trilhas na Natureza e Sensibilização Ambiental. *In*: COSTA, N. M. C., NEIMAN, Z. e COSTA, V. C. da. (Orgs.). Pelas Trilhas do Ecoturismo. São Carlos, SP. Ed. Rima, 2008, pp. 73-86.

NEIMAN, Z.; RABINOVICI, A. Envolvimento sustentável em Comunidades de Conservação. OLAM: Ciência & Tecnologia, Rio Claro, vol.8, nº 1 e 2, jan-junho/2008, pp. 6-30.

NELSON, S. P.; PEREIRA, E. M. Ecoturismo – práticas para turismo sustentável. Manaus: Valer, 2004.

NETO, Oduval Lobato. Ecoturismo: o exemplo do Amazonas. In: FIGUEIREDO, Silvio Lima (org). O Ecoturismo e a questão ambiental na Amazônia. Belém: UFPA/NAEA, 1999.

NIEVES, S. G. El Desarrollo Turístico Imaginado: Ensayos sobre un Destino Mexicano de Litoral. Ed. Universidad de Guadalajara, Mexico. 2005.

OKTIVA – UFC, 2010 UFC – PRÓ-REITORIA DE EXTENSÃO: Programa parque vivo: CIÊNCIAS, DIVERSÃO E ARTE. Disponível em: <http://www.oktiva.net/oktiva.net/1364/nota/18281> Acesso em junho de 2011.

OMT - ORGANIZAÇÃO MUNDIAL DO TURISMO. Introdução ao Turismo. Direção e Redação: SANCHO, A. Traduzido por Corner, D. M. R. São Paulo: Roca 2001.

OMT - ORGANIZAÇÃO MUNDIAL DE TURISMO. Guia de desenvolvimento do turismo sustentável. Tradução de Sandra Netz. Porto Alegre: Bookman, 2003.

OMT - ORGANIZAÇÃO MUNDIAL DE TURISMO. Desenvolvimento sustentável do ecoturismo: uma compilação de boas práticas/ Organização Mundial de Turismo : [tradução técnica Gleice Regina Guerra, Daniel Souza Carletto]. – São Paulo : Rocca, 2004.

OMT - ORGANIZAÇÃO MUNDIAL DO TURISMO. Código Mundial de Ética do Turismo. Disponível em http://rec.web.terra.com.br/hoteltur/codigo.htm. Acesso em 09 de novembro de 2005.

OMT (WTO), Dados sobre a atividade turística. Disponível em <http://www. unwto.org> Acesso em maio de 2009.

OLIVEIRA. Turismo sustentável. Disponível em <http//: www.ecobrasil.com.br> Acesso em maio de 2009.

OFICINA DE PLANEJAMENTO Agenda Ambiental para o Turismo. Relatório Técnico Mtur MMA. Brasília, 2004.

OURIQUES, H. R. A produção do turismo – fetichismo e dependência. In: OURIQUES, H. R. O turismo na periferia do capitalismo. São Paulo: Alínea, 2005.

OURIQUES, Helton Ricardo. Turismo em Florianópolis: uma crítica à indústria pós-moderna. Florianópolis: Ed. da UFSC, 1998.

OURIQUES, Helton Ricardo. A produção do turismo: fetichismo e dependência. Campinas – SP: Ed. Alínea, 2005.

PÁDUA, S.; TABANEZ, M. (orgs.). Educação ambiental: caminhos trilhados no Brasil. São Paulo: Ipê, 1998.

PAGE, S. J. Transporte e turismo. Porto Alegre: Bookman, 2001.

PALHARES, Guilherme Lohmann. Transportes Turísticos. São Paulo: Aleph, 2002.

PALHARES, Guilherme Lohmann. Transporte Aéreo e Turismo: Gerando Desenvolvimento Socioeconômico. São Paulo: Aleph, 2001.

PANACHÃO, F. Turismo de observação de baleias. 2010. Disponível em <http://mundopossivelvidaspossiveis.blogspot.com/2010/02/turismo-de-observação -de-baleias.html> Acesso em outubro de 2010.

PARK, M. B. *Memória em movimento na transformação de professores: prosas e histórias*. Campinas, SP: Mercado de Letras. 2000.

PELLEGRINI FILHO, A. Dicionário Enciclopédico de Ecologia e Turismo.
1 ed. Manole: São Paulo, 2000.

PESAVENTO, Sandra Jatahy. *O imaginário da cidade:* visões literárias do urbano.
Porto Alegre: Editora da Universidade, 1999.

PERALTA, N. B. Os ecoturistas estão chegando - Aspectos da Mudança Social na RDS Mamirauá, AM. 2005. Dissertação (Mestrado em Planejamento do Desenvolvimento). UFPA, Pará.

PEREIRA, M. E; ORNELAS, T. Esteriótipos e Destinos Turísticos: o uso de esteriótipos nos folders de uma agência de fomento ao turismo. Caderno Virtual de Turismo, Rio de Janeiro, vol. 5, n. 3, 2005. Disponível em: <http://www.ivt.coppe.ufrj.br>. Acesso em: 19 de fevereiro de 2009.

PIRES, E. V. Impactos Socioculturais do Turismo sobre Comunidades Receptoras: Uma Análise Conceitual. Caderno Virtual de Turismo, Rio de Janeiro, vol. 4, n. 3, 2004. Disponível em: <http://www.ivt.coppe.ufrj.br>. Acesso em: 15 de fevereiro de 2009.

PIRES, S. *Gestão estratégica da produção*. Piracicaba: Editora Unimep, 1995.

PIRES, Paulo dos Santos. Dimensões do ecoturismo. São Paulo: Editora SENAC, 2002.

PIRES, P.S. Ecoturismo no Brasil: uma abordagem histórica e conceitual na perspectiva ambientalista. 1998. 218 f. Tese (Doutorado) - Universidade de São Paulo, Faculdade de Filosofia, Letras e Ciências Humanas, São Paulo. 1998.

PIRES, M. J. Lazer e turismo cultural. Barueri, SP: Manole, 2001.

PONTO de cultura. Disponível em<http://www.cultura.gov.br/culturaviva/ponto-de-cultura> Acesso em novembro de 2011.

PRADO, A. C. A. Impactos do ecoturismo no Parque Estadual da Serra do Mar – Núcleo Cubatão. (Dissertação). São Paulo: ECA/USP, 2001.

PRADO, A. C. A. ; LOURIVAL, R. . A Gestão do Ecoturismo e a Sustentabilidade: desafios na operação do ecoturismo na Fazenda Rio Negro no Pantanal do MS. Anais do VIIº Encontro Nacional sobre Gestão Empresarial e Meio Ambiente, 2003.

PULIDO, J.I. F. UNIVERSIDAD DE JAÉN. Criterios para una política turística sostenible en los parques naturales de Andalucía. Tesis DOCTORAL. Jaén, 2005.

RAUBER, S. B. Extensão universitária e formação profissional: indissociaveis no processo de aprendizagem da Universidade Católica de Brasília – UCB. Disponível em < http://www.pucpr.br/eventos/educere/educere 2008/anais/pdf/792_883.pdf> Acesso em janeiro de 2010.

RYLANDS, A. B. e BRANDON K. Unidades de Conservação brasileiras. <http://www.conservation.org.br/publicacoes/files/06_rylands_brandon.pdf> Acesso em agosto de 2010.

RUSCHMANN, D. Turismo e Planejamento Sustentável: A Proteção do Meio Ambiente. Campinas, São Paulo: Papirus, 2001.

RABINOVICI, A.; LAVINI, C. ONGs: ecos de um Turismo Sustentável. *In*:
MENDONÇA, R.; NEIMAN, Z. (Orgs.). Ecoturismo no Brasil. São Paulo, Ed. Manole, 2005, pp. 105-130.

RABINOVICI, Andrea. Organizações não governamentais e turismo sustentável: trilhando conceitos de participação e conflitos. Tese Programa de Doutorado em Ambiente e Sociedade. Universidade Estadual de Campinas – UNICAMP. Núcleo de Estudos e Pesquisas Ambientais – NEPAM. Campinas, SP : 2009.

REJOWSKI, Mirian. Turismo no Percurso do Tempo. São Paulo: Aleph, 2002.

REIGOTA, M. Desafios à educação ambiental escolar. In: JACOBI, P. et al. (orgs.). Educação, meio ambiente e cidadania: reflexões e experiências. São Paulo: SMA, 1998.

RODRIGUES, A. B. (Org.) Turismo e ambiente: reflexões e propostas. São Paulo: Hucitec, 2002.

RODRIGUES, O. D. Um modelo de ecoturismo competitivo como modelo para o desenvolvimento local: o caso de Paraúna / GO. Dissertação (Mestrado em Engenharia de Produção) – UFSC. Florianópolis SC, 2003.

RUSCHMANN, D. V. D. M. Turismo e planejamento sustentável: a proteção do meio ambiente. Campinas, SP: Papirus, 1997, 199p..

SACHS, Ignacy. Estratégias de Transição para o Século XXI. In: BURSZTYN, Marcel (org). Para Pensar o Desenvolvimento Sustentável. São Paulo, Brasiliense, 1993.

SAMPAIO, Tânia Mara V. "Avançar sobre possibilidades": horizontes de uma reflexão ecoepistêmica para redimensionar o debate sobre esportes. IN: MOREIRA, Wagner Wey (org.). Esporte como fator de Qualidade de Vida. Piracicaba: UNIMEP, 2002.

SELVA, V.S.F., e COUTINHO, S.F.S. "Ecotourism X Ecological Tourism in Brazil: A necessary distinction?" In: Annals of the Second International Ecotourism Congress & Exihibition abril. Salvador, 2000, pp. 26-28.

SERRANO, Célia (org). A educação pelas pedras: ecoturismo e educação ambiental. São Paulo: Chronos, 2000.

SERRANO, Célia e BRUHNS, Heloísa T.(orgs). Viagens à natureza: turismo, cultura e ambiente. Campinas, SP: Papirus, 1997.

SCWARTZ, Gisele Maria. Emoção, Aventura e Risco – A dinâmica metafórica dos novos estilos – Lazer e Estilo de vida. São Paulo: Lazer, ano 2009.

SCHLUTER, Regina G. Metodologia da pesquisa em turismo e hotelaria/ Regina G. Schlüter. Tereza Jardini (trad.). São Paulo: Aleph, 2003. – (Série Turismo)

SMITH, Tony (1993). Cérebro e Sistema Nervoso. Lisboa: Círculo de Leitores, 1993.

SWARBROOKE, J.; BEARD, C.; LECKIE, S.; POMFRET, G. Turismo de Aventura: Conceitos e Estudos de Caso. Rio de Janeiro: Elsevier, 2003.

SALVATI, S. S. Turismo responsável como instrumento de desenvolvimento e conservação da natureza. In: BORN, R. H. [Org.]. Diálogos entre a esfera global e local: contribuições de organizações não governamentais e movimentos sociais brasileiros para a sustentabilidade, equidade e democracia planetária. São Paulo: Peirópolis, 2002.

SALVATI, S. S. Planejamento do Ecoturismo. In: MITRAUD, S. (Org.). Manual de Ecoturismo de Base Comunitária: ferramentas para um planejamento responsável. Brasília, DF: WWF, 2003, 454p..

SANSOLO, D. G. Turismo e sustentabilidade na Amazônia: um novo conteúdo territorial e a experiência no Município de Silves, Amazonas. PASOS: Revista de Turismo y Patrimonio Cultural. 1 (1):39-50, 2003.

SEABRA, G. (Org.). Turismo de Base Local: identidade cultural e desenvolvimento regional. João Pessoa: Editora universitária/UFPB, 2007, 358p..

SERRANO, C.; BHRUNS, H.; LUCHIARI, M. T. D. P. (Orgs.). Olhares contemporâneos sobre o Turismo. Campinas: Papirus, 2004, 206p..

SERRANO, C. M. T. Uma introdução à discussão sobre turismo, cultura e ambiente e A vida e os parques: proteção ambiental, turismo e conflitos de legitimidade em Unidades de Conservação. *In*: SERRANO, C.M.T.; BRUHS, H.T. (Org.). Viagens à natureza: turismo, cultura e ambiente. 7ª ed. Campinas: Papirus, 2005, pp. 11-26 e pp. 103-124

SWARBROOKE, J. Turismo Sustentável. São Paulo: Editora Aleph, 2000.

SEVERINO, Joaquim Antônio. Metodologia do Trabalho Científico. 23ed. São Paulo: Cortez, 2007.

SILVEIRA, E. "Pagar para caçar sapos". Jornal O Estado de São Paulo em 21/11/2004

STRASDAS, W. The ecotourism training manual for protected areas managers. Zschortau: German Fundation for International Development (DSE), 2002.

TAKAHASHI, L. Uso Público em Unidades de Conservação. Cadernos de Conservação, ano 2 nº2. Fundação O Boticário de Proteção a Natureza. Curitiba, 2004

TILDEN, F. Selecciones de "interpretando Nuestra Herencia". CATIE, Turrialba, Costa Rica, 1977.

TRIGO, Luiz Gonzaga Godoi, Turismo Básico. 7ed. São Paulo: Senac, 2004.

TRIGO, L. G. G. Entretenimento. São Paulo: SENAC, 2003.

TRIBE, J. Economia do lazer e do turismo. 2ª ed. São Paulo: Manole, 2003.

THOMPSON, P. 1935. *A voz do Passado – História Oral*. Rio de Janeiro: Paz e Terra, 1992.

TUAN, Yi-Fu. Landscape of Fear. Oxford: Basil Blackwell, 1979.

TUAN, Yi-Fu. Topophilia: a study of environmental perception, attitudes, values. New Jersey: Prentice-Hall, 1974.

UVINHA, Ricardo R. Juventude, lazer e esportes radicais. São Paulo: Manole, 2001.

UVINHA, Ricardo R. Turismo de aventura: uma análise do desenvolvimento desse segmento na Vila de Paranapiacaba. 2003. Tese (Doutorado em Turismo e Lazer) – Escola de Comunicação e Artes, Universidade de São Paulo, São Paulo, 2003. 184 p.

UVINHA, Ricardo Ricci (ORG). Turismo de Aventura: Reflexões e Tendências. São Paulo: Aleph 2005.

UVINHA, Ricardo Ricci. MARINHO, Alcyane. (org). Lazer: esporte, turismo e aventura: a natureza em foco. Campinas, SP: Editora Alínea, 2009.

VASCONCELLOS, J. M. de O. Bases Gerais da Educação Ambiental e Interpretação da Natureza *in:* Curso de Manejo de Áreas Naturais Protegidas: Teoria e Prática. Curitiba e Gauraqueçaba, UNILIVRE. 1996.

VISCOVINI, Lenir. Visão de mundo Positivista x Visão de mundo Dialética. Disponível em: http://pt.scribd.com/doc/23101262/Positivismo-e-dialetica. Acesso em julho de 2011.

VITAE CIVILIS; WWF-BRASIL. Sociedade e ecoturismo: na trilha do desenvolvimento sustentável. São Paulo: Peirópolis, 2003.

WEARING, S.; NEIL, J. Ecoturismo: impactos, potencialidades e possibilidades. Barueri, SP: Ed. Manole, 2001 (256p.).

WALLACE, G. e PIERCE, S.M. An evaluation of ecoturism in Amazonas, Brazil, Annals of Tourism Research, 1996.

WEAVER, D. B. Comprehensive and minimalist dimensions of ecotourism. Annals of Tourism Research, Vol. 32, No. 2, pp. 439–455. Published by Elsevier Ltd. Printed in Great Britain, 2005.

WRIGHT, James T. C. GIOVINAZZO, Renata A. Delphi – Uma ferramenta de Apoio ao Planejamento Prospectivo. Caderno de Pesquisas em Administração, São Paulo, v. 01, nº 12, 2º trimestre/2000.

WORLD TRAVEL AND TOURISM COUNCIL – WTTC. Agenda 21 for the Travel and Tourism Industry Towords Environmentally Sustainable Development. Disponível em <www.wttc.org>. Acesso em: 29/10/2001.

YÁZIGI, E. A alma do lugar: Turismo, planejamento e cotidiano. São Paulo, Contexto, 2001.

ZIFFER, K. Ecotourism: The Uneasy Alliance. Conservation International and Ernst and Young, Washington, DC, 1989.

Printed by Books on Demand GmbH, Norderstedt / Germany